高层办公建筑设计
管理咨询实践

北京双圆工程咨询监理有限公司　组织编写

程　峰　主　编

郭劲光　潜宇维　安　民　寿建绍　副主编

中国建筑工业出版社

图书在版编目（CIP）数据

高层办公建筑设计管理咨询实践/北京双圆工程咨
询监理有限公司组织编写；程峰主编；郭劲光等副主
编. —北京：中国建筑工业出版社，2022.10（2023.10重印）
ISBN 978-7-112-27784-1

Ⅰ. ①高… Ⅱ. ①北…②程…③郭… Ⅲ. ①高层建
筑-办公建筑-建筑设计-咨询服务 Ⅳ.①TU243

中国版本图书馆 CIP 数据核字（2022）第 153439 号

　　高层建筑体量大、建筑功能多，普遍具有技术难度大、管理复杂、审批程序多、社会
影响显著等特点，本书结合多个高层办公建筑项目设计管理咨询工作实例，介绍高层办公
建筑工程项目设计管理的实际措施、方法及效果等，对近年快速发展的工程总承包、全过
程咨询等建设管理模式下的项目设计管理工作进行了探讨，可供建设单位、项目管理单
位、全过程咨询单位、监理单位、施工单位等参考，也可供相关咨询管理单位及工程类院
校师生参考。

责任编辑：曾　威
责任校对：张辰双

高层办公建筑设计管理咨询实践

北京双圆工程咨询监理有限公司　组织编写
程　峰　主　编
郭劲光　潜宇维　安　民　寿建绍　副主编

*

中国建筑工业出版社出版、发行（北京海淀三里河路 9 号）
各地新华书店、建筑书店经销
北京科地亚盟排版公司制版
建工社（河北）印刷有限公司印刷

*

开本：787 毫米×1092 毫米　1/16　印张：13¾　字数：332 千字
2022 年 9 月第一版　　2023 年 10 月第二次印刷
定价：**58.00** 元
ISBN 978-7-112-27784-1
（39930）

本书编委会

组织编写单位：北京双圆工程咨询监理有限公司

主　　　　编：程　峰

副　主　编：郭劲光　潜宇维　安　民　寿建绍

编　　　委：李　佳　娄晞欣　陈　明　罗　镭　刘　东　牟　彤
　　　　　　李　峥　马　锴　张　杰　关伯卿　刘永忠　狄　超
　　　　　　刘博洋　张达祥　陶利兵　蔡永华

第 1 章编写人员

　　1.1　程　峰　李　佳

　　1.2　程　峰　隗功辉　陈　明

　　1.3　程　峰　高才源

第 2 章编写人员

　　2.1　隗功辉　程　峰

　　2.2　蔡永华　张一萌　张一豪　刘晏麟

　　2.3　仝　征　尚少革

第 3 章编写人员

　　3.1　梁　咏　罗　镭

　　3.2　高才源　仝　征

　　3.3　高才源　聂文彪

　　3.4　王　涛　刘梦孟

第 4 章编写人员

　　4.1　程　峰　牛晓宁　刘齐鑫

　　4.2　张　婷　刘梦孟

　　4.3　程　峰　王浩宇　陈红利

　　4.4　李文利　尚少革　李　洋

第 5 章编写人员

　　5.1　安　民　王　涛

　　5.2　石景贤　张向前

　　5.3　王　涛

第 6 章编写人员

　　6.1　程　峰　胡彦良

　　6.2　寿建绍　杨　灼　邢　涛

　　6.3　隗功辉　高才源

第 7 章编写人员

　　7.1　寿建绍　张向前　耿国强

　　7.2　隗功辉　张一萌

　　7.3　高才源　华　丽

第 8 章编写人员

　　8.1　郭劲光　胡彦良

　　8.2　潜宇维　张　杰

　　8.3　张一萌　黄　河

主要审查人：高玉亭　王　远　刘明学　刘向东　曹　力　陈　滨

　　　　　　张新军　周卫新

前　　言

北京双圆工程咨询监理有限公司是全国首批工程建设监理试点单位之一，并首批荣获全国甲级监理资质。国内每年在建的高层办公建筑工程超过千项，北京双圆工程咨询监理有限公司有幸参加了其中一些项目的建设，服务范围包括技术咨询、项目管理及工程监理等，在高层及超高层办公建筑的工程技术及管理方面积累了丰富经验。

设计管理是工程项目管理的核心工作，高层办公建筑工程体量大、功能多、技术复杂，项目设计管理工作的环节增多、风险加大，由于制约因素多、协同管理难、投资控制难给设计管理工作带来了巨大的挑战。

本书结合北京双圆工程咨询监理有限公司在高层办公建筑项目管理实践中的近五十个工作过程的实例，涉及的高层办公建筑包括某 400m 地标性超高层办公建筑项目，某 360m 地标性超高层商务办公建筑项目，某 120m 超高层保险企业总部办公建筑，某高层行政办公建筑，某高层商务办公建筑等近二十个项目。

本书共分 8 章，第 1 章概述了项目设计管理服务方式、工作内容与重点、高层办公建筑项目设计管理难点，第 2 章介绍分析了项目设计目标管理，第 3 章介绍分析了重要专项设计管理，第 4 章介绍分析了深化设计管理，第 5 章介绍分析了基于 BIM 的项目设计管理，第 6 章叙述了工程总承包模式下的项目设计管理，第 7 章介绍分析了工程设计监理，第 8 章概述了全过程咨询模式下的项目设计管理。本书可供建设单位、代建单位、项目管理单位、监理单位、总包单位等参考，也可供相关咨询管理单位及工程类院校师生参考。

北京双圆工程咨询监理有限公司以此书纪念工程监理在我国开展三十年的艰辛历程！向提供支持与帮助的政府管理部门、建设单位、设计单位、施工单位等表示感谢，并祝愿咨询监理企业能够适应时代发展需要，不断向社会提供更为优良与有效的服务。

服务——永无止境！

目　　录

第1章　项目设计管理概述

工程项目管理是运用系统的理论和方法，对建设工程项目进行的计划、组织、指挥、协调和控制等专业化活动，国家标准《建设工程项目管理规范》GB/T 50326—2017 中的"项目设计管理"是"对项目设计工作进行的计划、组织、指挥、协调和控制等活动"，项目设计管理是工程项目管理中最为重要的组成部分。

本书中的项目设计管理是针对具体工程项目，由建设单位授权委托的项目管理单位按照既定目标开展的专业服务过程，包含建设单位方对项目设计及相关过程的管理以及依照合同对设计单位的管理等。

本章结合项目管理工作实践，展示高层办公建筑项目设计管理模式、工作内容及重难点等的实际情况。

1.1 项目设计管理服务方式

1.1.1 项目管理的基本模式

(1) 设计-招标-建造模式。该管理模式在国际上最为通用，世行、亚行贷款项目及以国际咨询工程师联合会（FIDIC）合同条件为依据的项目均采用这种模式。最突出的特点是强调工程项目的实施必须按照设计-招标-建造的顺序方式进行，只有一个阶段结束后另一个阶段才能开始。在设计-招标-建造模式中，参与项目的主要三方是业主、建筑师/工程师、承包商。

(2) CM模式。业主在项目开始阶段就雇用施工经验丰富的咨询人员，即CM经理，参与到项目中来，负责对设计和施工整个过程的管理。它打破了过去那种待设计图纸完成后才进行招标建设的连续建设的生产方式。其特点是由业主和业主委托的工程项目经理与工程师组成一个联合小组共同负责组织和管理工程的规划、设计和施工。完成一部分分项（单项）工程设计后，即对该部分进行招标，发包给一家承包商（无总承包商），由业主直接按每个单项工程与承包商分别签订承包合同。

(3) 设计-建造模式，在项目原则确定后，业主只选定唯一的实体负责项目的设计与施工，设计-建造承包商不但对设计阶段的成本负责，而且可用竞争性招标的方式选择分包商或使用本公司的专业人员自行完成工程，包括设计和施工等。在这种方式下，业主首先选择一家专业咨询机构代替业主研究、拟定待建项目的基本要求，授权一个具有足够专业知识和管理能力的人作为业主代表，负责与设计-建造承包商联系。

(4) 交钥匙模式，是一种特殊的设计-建造方式，即由承包商为业主提供包括项目可行性研究、融资、土地购买、设计、施工直到竣工移交的全套服务。项目实施过程中保持单一的合同责任，在项目初期预先考虑施工因素，减少管理费用，减少由于设计错误、疏忽引起的变更，以减少对业主的索赔。但业主无法参与建筑师/工程师的选择，业主代表担任的是一种监督的角色，因此工程设计方案可能会受施工者的利益影响。业主对此的监控权较小。

(5) 项目承包模式，即业主聘请专业的项目管理公司，代表业主对工程项目的组织实施进行全过程或若干阶段的管理和服务。项目管理公司在项目的设计、采购、施工、调试等阶段的参与程度和职责范围不同，具有较大的灵活性。

1.1.2 项目设计管理的服务方式

作为项目管理的重要组成部分，项目设计管理的服务方式服从于项目管理模式，在高层办公建筑工程项目管理实践中，项目设计管理的服务方式及范围与建设单位的经验、能力及组织方式等密切相关，与设计单位的能力与服务方式密切相关，与工程的复杂程度密切相关，较为成熟的项目设计管理的服务方式如下。

(1) 类型一"建设单位直接管理"。即建设单位组建工程设计管理机构负责工程设计管理，并可聘请专家或咨询公司协助其进行设计管理。在建设工程实践中有代表性的是基建指挥部模式、开发设计施工一体化模式等。直接管理模式的特点是：

① 建设单位有很强的专业技术力量和较高的设计管理水平，具有设计评审经验和判

断能力。

② 建设单位可聘请专家或咨询公司协助进行设计管理，专家或咨询公司不承担设计管理职能，由建设单位与设计单位订立工程设计合同，咨询公司和设计单位没有合同关系。

③ 建设单位自己组建的工程设计管理机构，优点是有利于对工程的三性目标和风险控制，但对设计介入过深易造成设计方案反复变更，不易发挥设计单位系统分析综合比选的作用。

（2）类型二"顾问管理"。即建设单位聘请专业咨询公司代其进行设计管理工作，由建设项目业主和设计单位订立设计合同，专业咨询公司和设计单位没有合同关系，但建设单位将委托专业咨询公司代理设计管理的具体内容、要求及职能书面告知设计单位。

① 对专业咨询公司的工程设计管理水平、能力和资质有严格的要求，专业咨询公司对工程设计单位必须具有独立性。

② 专业咨询公司长期从事工程咨询服务工作，经验比较丰富，代替建设单位进行设计管理有利于保证质量、进度和节约投资。

（3）类型三"委托管理"。即建设单位委托项目管理公司。项目管理公司实际上是作为建设单位的延伸，对项目进行集成化管理，承担受委托管理范围的责任，但属于非决策机构，重大方案仍由建设单位决策。

① 建设单位和设计单位没有合同关系，由项目管理公司独立负责组织完成工程设计或通过设计招标选择设计单位承担工程设计，建设单位有关工程设计意见和要求须通过项目管理公司才能得以实现。

② 不要求建设单位具有设计管理能力和专业技术力量，项目管理公司全权负责设计委托和设计管理工作。

（4）其他的服务方式包括专业团队提供技术支持与伴随服务等。

不论采用何种服务方式，项目设计管理的最终决策人和最终风险承担人都是建设单位，项目设计管理的内在需求是一定的，建设单位应基于风险控制与能力需求开展项目设计管理。首先应选择适当的设计单位并明确界定其职责，并应根据项目特点和需要确定项目设计管理的服务方式，必要时聘请技术及管理专家或专业公司，组织有效的项目设计管理与支持团队，保障项目设计管理的决策和实施。

1.1.3 项目设计管理的常见问题

（1）虽然建设单位期待以先进的模式实现完美的项目设计管理，但在实践中只有可行或较为适用的模式，项目设计管理无法回避矛盾、冲突与困难，解决这些困扰正是项目设计管理的重要任务，理论上的项目设计管理的理想化模式无法在项目实践中直接套用。

（2）项目设计管理的最终决策人和最终风险承担人是建设单位，在工程管理实践中，某些建设单位倾向于转嫁风险、倾向于低参与度的管理模式，但实践中往往导致项目参与方互相推诿、规避风险，项目需求与审批等矛盾难以有效协调解决，最终造成设计工作拖期及投资"三超"等后果，这种项目设计管理"模式"应予以避免。

（3）设计单位的意识、能力与经验对项目设计管理影响巨大，不论是先进或传统的"建筑师负责""设计总包""按任务书设计"等设计模式都有其适用的条件，且都需要展开后续的项目设计管理工作。

（4）近年国内工程建设发展过程中，管理组织模式以责任明晰、集成化、全过程为发展方向，全过程咨询与工程总承包的推行给项目设计管理增加了新的发展机遇，同时也带来了更大的挑战，许多问题需要在项目实践过程中寻找答案。

1.2 项目设计管理工作内容与重点

1.2.1 项目设计管理的阶段与过程

开展项目设计管理工作，首先要从项目管理的不同维度充分了解项目设计管理的工作内容，项目管理的维度包括各参建单位维度、项目管理各阶段维度、项目管理的要素维度等。

我国建筑工程建设的相关管理制度中，建筑工程设计是指根据建设工程的要求，对建筑工程所需的技术、经济、资源、环境等条件进行综合分析、论证，编制建筑工程设计文件的活动。建筑工程设计一般分为方案设计、初步设计和施工图设计三个阶段，方案设计文件用于办理工程建设的有关手续，应满足方案审批或报批的需要，应当满足编制初步设计文件和控制概算的需要。施工图设计文件用于施工，应满足设备材料采购、非标准设备制作和施工的需要，技术要求简单的民用建筑工程且没有初步设计阶段审查要求的可不进行初步设计。在建筑工程建设的实践中，还包括建筑概念设计、招标图设计、专项及深化设计等，其中建筑概念设计的开展已超过二十年，招标图是建设单位用以进行施工单位招标的图纸，专项设计包括建筑幕墙、基坑工程、建筑智能化、预制装配式结构等。

2004年11月16日发布了《建设工程项目管理试行办法》（建设部建市［2004］200号），其工程项目管理业务范围包括：协助业主方提出工程设计要求、组织评审工程设计方案、组织工程勘察设计招标、签订勘察设计合同并监督实施，组织设计单位进行工程设计优化、技术经济方案比选并进行投资控制。

中国建筑工业出版社出版的《建筑工程项目管理服务指南》中列举了项目设计管理的主要内容为"协助业主编制设计要求、选择设计单位；组织评选设计方案与设计招标、协助业主签订设计合同、对各设计单位进行协调管理；监督合同履行；审查设计进度计划并监督实施；核查设计大纲和设计深度、使用技术规范合理性；提出设计评估报告（包括各阶段设计的核查意见和优化建议）；协助审核设计概算等。"

上海市建设工程咨询行业协会《建设工程项目管理服务大纲和指南（第一版）》："规划与设计阶段的项目管理作为建设工程管理的重要组成部分，本部分内容包括对规划设计、勘察设计、方案设计、初步设计（扩初设计）、施工图设计和专业深化设计等工作的管理。依据项目发包方式的不同，本阶段与其他阶段可能在时间上有交叉。本阶段的项目管理工作共分为九条，20100是规划设计管理，20200是总体与单体设计任务的委托与合同管理，20300是勘察设计管理，20400到20800则是依据管理职能进行划分，而未按照方案设计、扩初设计、施工图设计等进行划分，具体包括20400设计阶段的造价控制、20500设计阶段的质量控制、20600设计阶段的进度控制、20700设计协调及文档管理和20800设计阶段的报批报建及配套管理，以及20900专业深化设计管理。"

1.2.2　项目设计管理的实际工作内容

以下提供三个项目设计管理文件的内容实例，用于直观地体现项目设计管理的实际工作内容。

【实例1-1】　某超高层商务办公建筑项目管理服务协议中的设计管理工作内容

一、项目设计管理主要内容

1) 负责组织设计单位协调项目与市政规划、项目与当地政府、设计单位与顾问单位（包括设计与地震安全评价、风洞试验、消防性能化单位）等的关系，负责设计与管线单位、交通水务管理等有关单位的协调工作。

2) 配合建设单位完成本项目的消防、人防、超高层建筑抗震设防专项审查等工作；配合建设单位组织专家、顾问进行设计优化和施工图报批等工作；协调各方实现本项目的国家二星级绿色建筑设计标识。

3) 负责督促设计单位按时提供满足办理本项目有关手续、招标、施工等的相应设计文件。

4) 负责施工组织阶段的设计管理：负责组织相关单位参加图纸会审；负责组织建设过程中的设计技术协调、设计现场办公等；负责组织设计对二次深化设计文件进行审核签认。

5) 负责组织顾问、施工、监理、咨询等参建单位对设计文件进行审图，对设计过程中可能出现的疏漏缺陷或资料提供不全，负责督促设计单位进行改正。

6) 若与交通、规划、周边环境协调中发现需进行重大设计变更时，督促设计单位以书面提出技术、经济变更方案并及时报建设单位审核。

7) 根据合同约定以及有关法律、法规、政策文件的规定，对项目的重要内容、重大变更、关键环节等重大事项（主要包含：建设规模、建设标准、建设功能的变更及调整、主要建筑材料价格变化造成追加投资的变更，主体结构和使用功能的变更以及主要设备的变更，工期及质量标准的变更等），提出具体实施意见和建议方案，报建设单位审阅决策，涉及主要建筑材料价格变化造成追加投资的变更、主体结构和使用功能的变更以及主要设备的变更，由建设单位确认。

二、设计工作管理程序

1) 编制设计工作计划，根据建设单位要求，配合设计单位编制设计工作进度计划表，报建设单位审核备案，并督促执行。

2) 设计任务书，根据建设单位下发的设计任务书，督促设计单位落实任务书中的各项要求。

3) 顾问单位，协调建设单位现已选定的地震安全评价、风洞试验等顾问单位及建设单位同意选定的其他顾问单位与设计单位的关系，确保设计工作顺利衔接。

4) 方案设计，本项目方案设计的批复文件已取得，建设单位根据已批复的方案设计文件督促设计单位开展初步设计工作。

5) 初步设计文件及初步设计概算，按建设单位批准的设计工作计划，督促设计单位按计划完成初步设计文件及初步设计概算；配合相关单位审核初步设计文件是否符合需求；配合相关单位审核初步设计文件是否符合限额设计的要求；设计单位编制初步设计概算后报建设单位认可概算，调整初步设计和设计概算至认可程度。

6）施工图设计文件及施工图预算，按建设单位批准的设计工作计划，督促设计单位按计划完成施工图设计文件，符合建设单位的需求并满足手续办理、招标等要求；法定图审机构审核施工图设计文件是否符合国家规范的要求；建设单位审查施工图预算与初步设计概算差值是否可接受，若不能接受，则调整施工图至可接受范围。

【实例 1-2】 某行政办公建筑项目管理服务大纲中设计阶段管理工作

一、方案设计阶段的项目管理

1. 管理目标

通过过程控制使设计单位提供的方案设计文件符合设计合同或招标文件，满足批准的项目建议书和政府主管部门提供的规划要点和规划设计条件，并获得主管部门批准。

2. 管理工作内容

（1）协助建设单位进行方案设计招标。

（2）协助建设单位收集和提供方案设计所需的基础资料和条件，在授权情况下，并为此与设计单位沟通。

（3）经建设单位授权对方案设计进行跟踪。

（4）对设计单位提交的方案设计和可行性研究进行评审：是否满足项目建议书要求，行政主管部门的规划要点、规划设计条件要求及建设单位招标文件要求，并向建设单位提交评审报告。

（5）对设计单位提交方案的设计投资估算进行评审，并向建设单位提交投资估算评审报告。

3. 主要管理措施

（1）编制方案设计招标文件，明确方案设计的规模、功能和技术要求、深度要求、投资控制要求。

（2）项目管理部将协助建设单位用相约互访、文件交换或传真方式对设计单位或投标单位的进度情况进行检查和确认。

（3）建设单位委托（或建设单位授权项目管理部委托）有资格的咨询机构对方案设计进行评审或评选，提出评审或评选报告，向项目决策部门报批方案设计。项目管理部组织造价工程师对投资估算进行评审，并向建设单位提交评审报告。

4. 方案设计评审或评选的主要内容

（1）方案设计是否与批准的概念设计保持连续性。

（2）方案设计是否满足区域整体规划对方案的要求。

（3）方案设计是否满足建设行政主管部门规划要点和规划设计条件的要求。

（4）方案设计是否与周边在建和已建工程相协调特别是与一期工程及周边大楼相协调。

（5）方案设计是否满足投资估算的深度。

（6）各专业方案的施工技术可行性和施工工期可行性。

（7）各专业方案是否可以指导扩初设计。

（8）各专业方案是否满足项目建议书的技术指标要求。

（9）各专业方案是否协调一致。

（10）结构方案设计是否满足结构安全的国家规定，并满足建筑方案设计要求。

（11）机电方案设计是否满足功能要求和舒适度要求，机电装备有升级换代的可能性。

（12）机电方案和建设方案设计是否满足节能要求。

（13）机电方案应便于物业管理和维护保养。

（14）外部环境设计应满足总体建筑风格和总体环境要求。

（15）交通方案是否满足各种车辆的行驶、停泊和紧急疏散要求。

（16）市政方案应满足周边市政条件和规划要求。

（17）室内装修方案应体现以人为本，满足环境质量要求。

二、扩初设计阶段的项目管理

1. 管理目标

通过对扩初设计的过程控制，使扩初设计文件与方案设计保持连续性，完成扩初设计合同约定，符合设计任务书要求，满足建设主管部门的审批要求。控制设计概算不超过投资估算。

2. 管理工作内容

（1）协助建设单位办理设计委托或设计招标，根据批准的方案设计和可行性研究报告编写设计任务书或设计招标文件，报建设单位批准。

（2）协助建设单位评选设计单位、签订设计合同。

（3）审核设计单位主要设计人的资质及组织安排。

（4）审核设计单位的扩初设计进度计划，经建设单位批准后执行。跟踪进度计划的执行情况，发现偏离应立即纠正。

（5）实行过程控制，随时检查扩初设计形成过程中是否满足设计合同和设计任务书的要求，发现偏差应提出改正要求，并检查执行情况。

（6）协助建设单位组织协调外部供水、排水、供电、供热、供气、通信及政府职能部门的联系、沟通，获得支持和配合。

（7）组织对扩初设计文件（含设计概算）的检查、验收、评审，向建设单位提供评审报告。

（8）对设计费拨付签署意见。

（9）协助建设单位向建设主管部门报批扩初设计文件，申报年度建设计划。

（10）扩初设计阶段总结。

3. 主要管理措施

(1) 组织有建筑、结构、水电、环保、造价、法律专家顾问参加项目管理的咨询工作。

(2) 针对管理工作内容，编制扩初设计项目管理细则，明确管理人员的职责、分工和工作要求。

(3) 在建设单位主持下召开扩初设计阶段项目管理交底会，建设单位明确对项目管理部的授权范围和职责；项目管理部向设计单位提出管理内容、方法和要求。

(4) 项目管理部派出扩初设计项目管理组进驻设计院跟踪设计合同执行情况，参加扩初设计工作的全部会议，发现问题，及时提交专家顾问研究解决，重大问题报建设单位批准，发专题整改通知。

(5) 根据批准的扩初设计进度计划，跟踪检查设计流程各阶段、各专业的作业图、资料流程图是否完整、及时、合理、合法，并填写跟踪检查记录单。

(6) 实行限额设计，将批准的控制投资按单位工程、单项工程切块分解，在方案没有原则性变更时，各专业单位工程概算，各单项工程的综合概算和总概算不能突破各自切块的目标和总投资。

(7) 要求设计单位按设计原因和非设计原因填写方案设计变更单，列出变更的依据和理由、变更后投资增减数；凡属扩大规模提高标准、新增项目的重大变更，项目管理部应报请建设单位批准，并呈投资主管部门审批。

(8) 项目管理部每周向建设单位通报扩初设计进展情况，每月报送管理工作月报。

(9) 在扩初设计完成后，组织建设单位、设计单位和相关协作单位召开审查会，共同对扩初设计文件进行接收和评审。

(10) 扩初设计文件经审查并通过修正后，项目管理部协助建设单位完成扩初设计报批工作，申报年度建设计划和领取规划许可证。

4. 扩初设计评审工作的主要内容

(1) 审核扩初设计文件是否满足合同规定的内容、数量、深度，是否满足设计任务书及建设行政部门的要求。

(2) 审核扩初设计文件对现行法律、法规、规定和标准规范的执行情况。

(3) 审核工程的完整性、可靠性及使用功能是否满足要求。

(4) 审核采用的新技术、新工艺、新材料、新设备是否满足工程总目标要求，审核其可靠性、安全性、经济性是否有利于技术经济的持续发展。

(5) 审核供水、排水、供热、供气、交通、通信、施工用地的用量和条件是否与相关部门签订的协议一致，消防、环保、交通、卫生、绿化是否能满足规范和相关部门的要求。

(6) 审核设备选型与配套的合理性，各种参数应满足订货要求。

(7) 审核建筑造型与立面设计要满足建设单位要求与城市总体规划要求。

(8) 审核建筑设计、装饰设计应满足功能要求，要满足健康、环保、安全、方便的要求。

（9）审核结构设计的安全性、可靠性和经济性，特别是结构参数的合理性、结构施工的可行性。

（10）审核建筑、结构、水暖、机电、交通、环境、市政、装修、楼宇自控、园林绿化方面的协调性、完整性。

（11）审核设计概算编制依据和设备、材料价格取定的正确性，审查概算文件内容的完整性，审查工程计量的准确性。

（12）审核扩初设计文件的完整性、规范性。如图纸编号、名称，设计、校核、审查的签署，版次的标注等是否齐全。

三、施工图设计阶段的项目管理

1. 管理目标

通过对施工图设计的过程控制，促使设计单位按合同约定的时间提交符合合同约定数量、质量，达到规范要求并能指导施工的设计文件。控制施工图预算不超过设计概算。

2. 管理工作内容

（1）协助建设单位签订施工图设计合同。

（2）编制施工图设计阶段管理细则。

（3）审核参加施工图设计的主要人员资格及人力安排，必要时提出调整建议，向建设单位提交相关报告。

（4）审核施工图设计进度计划，提出审核意见报建设单位批准执行。

（5）跟踪设计进度的执行情况，提出相关意见和要求。

（6）跟踪设计力量（包括人员数量和资质）配备情况，必要时提出调整意见。

（7）跟踪检查施工图设计使用规范版本是否受控，施工图设计是否满足合同和受控规范版本。

（8）协助建设单位提供施工图设计所需基础资料、基础数据和外协条件。必要时应委托有资质的咨询机构或聘请专家对重要设计基础资料和数据进行论证，并报请相关管理部门批准使用。

（9）施工图设计文件的检查、验收。

（10）签署设计费拨付意见。

（11）协助建设单位委托有资质的咨询机构，审查施工图设计。

（12）组织专家和造价工程师审查施工图预算，并提交审查意见。

（13）进行阶段性总结。

（14）施工图审查后，协助建设单位据此和相应的必要证件办理开工证。

3. 主要管理措施

（1）组织有建筑、结构、水电、环保、造价、法律专家顾问参加项目管理部的咨询工作。

（2）组织项目管理部人员学习和理解设计合同，找出执行合同的重点和难点，并对合同进行风险分析，提出防止风险的预案，报建设单位。

（3）审核设计单位的设计进度计划，针对工程总进度网络提出调整意见，报建设单位批准执行。

（4）根据施工图管理细则，明确管理部机构设置职能分工、人员安排和岗位责任要求。

（5）收集施工图设计所需资料：扩初设计文件及批件，规划设计条件，用地规划许可证，工程建设规划许可证，消防、人防、交通、园林审批意见，市政、水电、气、热、通信设计协议和条件，主要设备订货样本、水文及工程地质详勘报告及论证意见，工程使用年限及荷载取值论证意见，地震设防烈度论证意见，规划红线及水准点、坐标点等。

（6）由建设单位主持召开设计阶段管理交底会，建设单位明确对项目管理部的授权范围和职责；项目管理部向设计单位提出管理内容、方法和要求。

（7）项目管理部派出施工图设计项目管理组，参加设计的全部会议，检查设计流程和作业图的及时性、可靠性、规范性。发现问题及时提交专家顾问研究解决，重大问题报建设单位批准，发专题整改通知。

（8）在跟踪检查过程中，填写设计跟踪检查记录单，对发现问题、处理方案、整改结果作详细记录，并报建设单位备案。

（9）实行限额设计，要求各专业设计不突破单位工程概算。各专业设计如有变更，应填写扩初设计变更单，列出变更依据和理由，变更后投资增减数报建设单位批准执行。凡属扩大规模、提高标准、改变功能、新增项目的重大变更，项目管理部应报请建设单位批准，并呈投资主管部门审批。

（10）项目管理部每周召开一次有建设单位、设计单位项目管理部参加的设计协调会，检查设计进度，协调解决存在问题，每月向建设单位提交工作月报。

（11）施工图设计完成之后，组织建设单位，设计单位及相关协作单位对施工图设计进行检查验收。

（12）协助建设单位委托有资格的咨询机构对施工图设计进行审查，取得施工图设计审查签证。

（13）组织造价工程师对设计预算进行审查，审查编制依据的可靠性，设备材料价格取值的合理性，各项取费的合法性，预算文件的完整性，工程计量的准确性，并向建设单位提出审查报告。

（14）项目管理部在工作中，要主动与建设单位沟通，及时传递设计信息，使建设单位掌握设计动态，对建设单位的要求和意见要及时与设计单位沟通、研究、贯彻。要与建设单位充分协商，取得一致意见，保证对设计单位口径一致，有利于项目管理顺利进行。

（15）项目管理部在施工图设计过程中与消防、人防、交通、环保、市政等主管部门要主动沟通，及时汇报，认真听取各主管部门对设计的意见和要求，有利于主管部门对施工图设计的核准。

【实例1-3】　某超高层保险业总部办公建筑项目管理合同中的设计管理内容

1. 项目前期管理及设计管理

（1）在项目进度总控制计划的基础上，乙方负责组织设计、勘察、施工总包单位、专业分包单位设备采购的招投标工作，包括制定招投标工作程序、编制招投标文件，选择投标单位并作资格审查，组织回标、开标、答辩、现场考察，编写评标报告，协助甲方完成决标直至合同签署。

（2）办理项目初步设计审批手续，并将初步设计文件报送有关土地、规划、消防、通信、环保、环卫、卫生防疫、交通绿化、劳动保护、人防、抗震、监测、上水、电力等部门审批。

（3）协助甲方撰写本工程的设计任务书，配合设计方进行相关工作，并负责审查本工程涉及的包括并不限于建筑方案设计阶段、建筑初步设计阶段、施工图设计阶段等设计方提供的各专业设计施工图。管理设计方并提供其技术可行性、合理性、经济性的审查意见和改进建议，努力使工程设计成果符合项目的功能要求和满足甲方使用要求。

（4）进行施工图深化设计的管理工作。

（5）设计资料档案管理，负责图纸接收和发放工作，确保图纸和变更通知的及时发放，监督管理设计单位在项目建设期间履行其合同义务。

（6）办理施工图委托审核手续，并将审核意见及时反馈给甲方和设计单位。

（7）对施工、监理招标代理工作进行监督、协调，为招标工作顺利开展提供相关资料，对施工合同条款提出合理性意见。

（8）按工程开工条件要求，办理施工场地、申办临时用水、用电、建筑红线、水准点等手续。

（9）协助甲方审核监测合同，在甲方的授权下选择符合资质的专业监测单位进行地下管线监测，申报地下管线监测保护。

（10）协助甲方申领规划许可证，联系与规划部门做好基地红线测放。

2. 政府部门的协调工作

协助甲方办理本工程的各种政府报审报批手续（包括开工许可证、消防、卫生防疫、燃气等）；根据各种报审报批手续，在甲方的授权下办理实施相关工作。

1.2.3　项目设计管理的工作重点

以上的项目管理实例中，设计管理的工作内容各有侧重，具体内容与项目所处阶段、管理服务范围、工程建设目标、运行管理方式等密切相关。

1. 抓住项目设计管理的主要环节

（1）确定项目设计管理模式，确定建筑设计、专项设计等的范围与内容，明确建筑设计单位对专项设计的咨询及管理工作内容，明确建筑设计单位对专项设计文件的审核及签署责任，明确协调配合的主要信息手段。

（2）划分并逐步细化、确定设计界面，包括专业、系统、区域、部位等界面。

（3）组织制定专项设计技术要求及投资控制要求，按内控及外控程序进行评审，确保高层办公建筑的品质、功能、市场、文化等方面的目标要求，处理好关键技术的合理性与先进性的关系，注重与其他设计的衔接、与采购施工的衔接等。

（4）进行专项设计招标策划，确定专项设计合同包、招标模式、专项设计单位能力和经验的要求等。在高层办公建筑项目管理实践中，以能力优先、合作良好为选择设计单位的原则，宜采取直接委托或议标等方式，重视专项设计单位的技术水准，同时应重视其管理能力与服务意识。

（5）专项设计与施工一体化时，应特别重视质量保障与造价控制，选择适用的合同文本，细化品牌、功能、配置、检测试验等标准，加强审批与确认、强化缺陷责任等。

（6）制定专项设计控制性计划，按计划进行设计招标、合同谈判及签订等工作，开展造价控制及合约管理工作。

（7）建立项目管理工作制度、建立项目管理信息平台及BIM管理平台等，督促设计单位提供设计文件，组织建筑设计单位及专业顾问进行评审，督促BIM责任单位开展相关工作，定期沟通协商，对跨专业、交叉区域及系统等的设计文件进行会签，按内控及外控程序进行专项设计的评审签署等。

（8）开展设计文件管理、选择封样、样板评审、设计变更管理等工作，及时完成相关深化设计等。

以下提供某超高层保险业总部办公建筑项目专业设计管理方案实例及某超高层商务办公建筑项目土建专业深化设计管理办法实例。

【实例1-4】　某超高层保险业总部办公建筑项目专业设计管理方案（部分内容）

1. 管理目标

通过过程控制使设计单位提供的专业设计文件符合专业设计任务书和合同要求，满足扩初设计和施工图设计对专业设计的原则要求，能据此实现建设项目的使用功能和服务功能，设计预算控制在扩初设计概算之内。

2. 管理内容

（1）协助建设单位选择专业设计单位，并签订合同。

（2）协助建设单位编制专业设计任务书。

（3）编制专业设计阶段项目管理实施细则。

（4）审核专业设计进度计划。

（5）审核专业设计资质和人力资源安排。

（6）跟踪专业设计进度计划执行情况。

（7）跟踪专业设计人力资源调整情况。

（8）跟踪专业设计设备、材料选择的功能性、可靠性、经济性、环保性。

（9）专业设计文件的检查、验收。

（10）审查专业设计文件和设计预算，提交审查报告。

（11）签署专业设计费拨付意见。

（12）进行阶段性总结，并报建设单位。

3. 主要管理措施

（1）组织专业设计相关顾问专家参加项目管理部的咨询工作。

（2）在专业设计任务书中，明确专业设计的使用功能、装备水平、技术标准、设计周期和投资限额。

（3）根据专业设计阶段项目管理细则，明确管理部机构设置、职能分工、人员安排和岗位职责。

（4）跟踪专业设计过程，对所选用的设备、材料、技术特别是新设备、新材料、新技术必须符合适用、可靠、经济、环保的原则，方可使用。

（5）跟踪检查专业设计，发现随意改变已施和在施工程，特别是破坏承重结构和防水措施的情况，应责令改正。

（6）实行限额设计，要求各专业设计不突破扩初设计概算，各专业设计如有变更，应填写设计变更单，列出变更理由和依据，以及变更后投资增减数额，报建设单位批准后执行。

（7）各专业设计文件都必须送建筑设计单位审核签署。

（8）各专业设计文件完成后，组织建设单位、设计单位和相关协作单位对专业设计文件进行检查验收。

（9）组织专业咨询顾问专家对专业设计文件和设计预算进行审查，并提出审查报告，报送建设单位审批。

【实例1-5】 某超高层商务办公建筑项目土建专业深化设计管理办法实例（部分内容）

本土建专业深化设计管理办法用于指导本工程土建专业开展专项设计工作，配合其他承包商深化设计，明确所承担的深化设计的范围及要求、明确设计依据、图纸审批流程及总包管理职责。本工程土建专业深化设计工作包括为满足承包范围内工程需要所承担的土建类深化设计，以及其他承包商深化设计需要的协调配合工作。

审核、配合单位：业主项目部、业主设计部、监理单位。审批单位：业主设计部。

1. 土建专业深化设计主要工作内容

（1）二次结构深化设计施工图：依据建筑施工图和相关图集、规范确定墙体及洞口位置高度、构造柱、抱框柱编号、平面位置及截面尺寸、配筋。依据结构设计总说明确定建筑施工图中墙体洞口过梁的编号、位置、截面尺寸、配筋。依据综合管线图与精装设计配合确定砌筑墙体检修口位置及洞口加固措施。

（2）设备基础深化设计施工图：依据各设备供货厂家的安装条件确定设备基础的位置、尺寸、埋件及配筋。

（3）栏杆预埋件图：依据建筑施工图和园林施工图栏杆的排列原则确定栏杆预埋件的定位和大样图。

（4）防水深化设计图：依据建筑施工图、标准图集、国家地方规范，确定防水选材及各防水薄弱环节的节点做法。

（5）水沟算子排列图：依据园林施工图和建筑施工图水沟算子标准规格确定算子的排列和非标规格尺寸。

（6）园林地面铺装排列图：依据园林施工图铺装地面的范围和铺装材料（石材、木地板）、规格尺寸及起铺点位置确定铺装地面的排列。

2. 配合室内精装修施工图设计

依据建筑施工图、精装施工图核对精装区域各种门、窗位置和洞口尺寸及数量。配合室内精装施工图设计确定精装区吊顶高度、机电末端定位。配合室内精装施工图设计确定检修口位置。配合橱衣柜深化设计确定柜体机电设施的开孔位置和开孔尺寸。配合防火门窗、钢制门、防火卷帘、耐磨地面、车库划线、擦窗机等土建专业深化图设计；依据建筑施工图、机电管线综合图核对防火门窗、钢制门和防火卷帘的位置、洞口尺寸、数量；配合防火门窗、防火卷帘深化确定防火封堵的方式；配合防火卷帘深化设计确定防火卷帘的控制开关位置；配合耐磨地面、车库划线、擦窗机等土建专业其他施工单位的深化设计。

3. 土建专业深化设计依据

经业主设计部发确认的正式施工图及其设计变更文件、《机电综合深化设计原则》《精装设计机电末端定位原则》《室内净高控制表》、国家和地方现行技术规范、规程及相关图集。

4. 土建专业深化设计的组织管理

土建专业深化设计组织管理工作由业主项目部各标段土建专业工程师负责，总包深化设计机构设置、人员配置、进度计划、内部管理体系由业主项目部各标段土建专业工程师实施管理；业主设计部负责深化设计的技术管理和设计质量管理。

5. 土建专业深化设计的计划管理

总包应根据本标段总控计划和本项目设计计划安排深化设计计划，经业主项目部审核批准后组织实施，并定期跟踪计划执行情况，项目土建专业深化设计计划详见各标段总包单位编制的土建专业深化设计计划。

6. 土建专业深化设计的管理流程

（1）总包深化设计图纸须经"审核单位"审核和"审批单位"审批后方能成为正式施工图纸，此审批流程也适用于土建专业其他施工单位的深化设计图纸的审批。

（2）审核和审批流程见《项目土建专业深化设计管理流程》。

（3）图纸均以"套"为出图单位，图纸内容应系统完整。

（4）深化设计单位须根据部位列出详细的图纸目录。

（5）整套图纸应包括封面、目录、设计说明和图示内容。

（6）报审深化设计图纸时，需同时提供纸质的图纸和电子版图纸，电子版图纸包含 DWG 文件和 PDF 文件。

（7）深化设计图纸经过各方审批后，由施工单位组织办理《土建专业深化设计图纸审批表》。

（8）土建深化设计图纸审批完成后，作为现场施工的依据，需要报送设计院、业主项目部、设计部、预算部（咨询公司）、监理公司做备案，图纸发放的方式为设计部盖章签字的纸质图纸，报送份数详见《项目土建专业深化设计图纸设计单位及发放份数》。

7. 土建专业深化设计图纸审批表（略）

2. 把握项目设计管理的工作重点

（1）落实内部管理要求，以精细化管控保障项目管理总体目标。

（2）通过技术优化与经济优化相结合，提高项目综合效益。

（3）有序高效地完成各项外部报审报批工作，使项目合法依规。

（4）注重设计与项目各阶段工作的连续性，做好变更、拖期、索赔等风险管控工作。

（5）在服务过程中应及时完成并提供专业、合规、适用的管理文件包括：项目设计管理工作方案、设计进度计划、设计任务书、设计招标方案、设计文件评审报告等。

1.3　高层办公建筑项目设计管理难点

随着科技的发展及社会的进步，高层建筑的概念与内涵不断变化，国家标准《民用建筑设计统一标准》GB 50352—2019 规定"建筑高度大于 24.0m 的非单层公共建筑，且高度不大于 100m 的，为高层民用建筑""建筑高度大于 100m 为超高层建筑"，我国已建成的 300m 以上超高层建筑占全球三分之一以上，在建的 300m 以上超高层建筑占全球三分之二左右，2013～2018 年国内计划建成 250m 以上的超高层建筑近 200 栋。

高层建筑一般基础深、体量大且体形复杂多样，多为群体建筑，建筑功能多为综合型、其中办公用途的比重较大，工程资金投入巨大，大部分项目的建设周期在 5～8 年，目前在建的高层办公建筑项目，普遍具有投资规模大、技术复杂、管理难度大、审批事项多、建设周期长、社会影响显著等特点，大多成为地标性建筑，其设计管理的难点包括：

（1）相对于一般的建筑工程，高层办公建筑的设计工作环节大为增加，比较普遍地开展概念设计、招标图设计、专项深化设计等工作。国内建筑工程建设的实践中，建筑概念设计的开展已超过二十年，建筑概念设计以实现建设单位策划和发挥设计单位创意为目的，是对建筑项目的策划、控制和创造，具有整体性和延续性。常见的概念性方案设计文件，结合政府报批要求及建设单位内部要求所提出的设计意图、建筑特征和创新，多涉及场地、环境、体形、结构、交通、景观等内容，是介于建筑策划与方案设计之间的重要环节，一般在方案设计阶段完成，概念设计成果纳入报审报批的方案设计文件中，概念设计的发展在于其能够更好地实现建筑策划、保证设计创意的科学与合理。我国建筑市场的招标环节中，招标图是由设计单位（包括专业设计单位）完成，建设单位用以进行施工单位招标的图纸，一般其设计深度介于初步设计（或扩展初步设计）与施工图之间，包含所有的单价项目，用于编制工程量清单、报价竞价和评标。招标图产生的原因是由于施工图时期较长，若等施工图设计全部完成再进行招标将会对工程进度造成延误，故此在施工图设计过程中，将一部分图纸先行完成，以便预算工作开展。其余对于总价影响很小的细节部分的图纸可以继续由设计单位补充。这份用以招标的图纸就是招标图，这份招标图（及其补充文件）也将作为合同的依据，之后的设计调整均需要以此为依据。

（2）参与设计的单位及专业顾问人员众多，设计团队化与专业化的特点十分显著，多有国际著名建筑师事务所参与，如 KPF、SOM、Gensler、诺曼福斯特等，建设单位聘请的专业顾问接近 20 个。协调与配合已成为设计工作的重要组成部分，部分超高层办公建筑楼项目设计单位及专业顾问配置情况见表 1-1。

部分超高层办公建筑楼项目设计单位及专业顾问配置情况　　　　表 1-1

设计单位及专业顾问	北京望京SOHO	北京丽泽SOHO	北京CBD中心区Z12	北京CBD中心区Z13	天津嘉里中心	天津津塔	北京CBD中心区Z3	国贸三期
建筑师	有	有	有	有	有	有	有	有
结构顾问	有	有	有	有	有	有	有	有
机电顾问	有	有	有	有	有	有	有	有
电梯顾问				有		有		
幕墙顾问	有	有	有	有	有		有	有
造价顾问	有	有	有	有			有	有
LEED 认证顾问	有	有	有	有			有	
交通顾问	有	有	有	有			有	
消防顾问	有	有	有	有				
环境管理顾问		有	有	有				
声学顾问		有	有			有		有
园林顾问	有			有				
停车场顾问				有				
标志及指示牌设计顾问	有	有	有	有	有			
照明顾问	有	有	有	有	有			

（3）专项设计包括基坑工程、钢结构、建筑幕墙、电梯、机电综合、建筑智能化、精装修等，目前国内的工程设计专项资质包括建筑装饰工程、建筑智能化工程、建筑幕墙工程、风景园林工程、消防设施工程、照明工程等，专项设计是由建筑师、专业顾问或项目管理单位编制并提供专项设计要求，由专项设计单位对其设计的内容负责，涉及建筑的安全及关键功能，对项目管理模式、建设单位管理团队的组成、设计招标、投资控制等均有重要的影响，应在项目决策阶段的后期开展并完成策划工作。

（4）高层办公建筑项目的外部审批及内部决策环节众多，内控与外审成为项目设计工作的两个主轴，设计工作开展过程中须及时完成各项报审报批，合理安排相关的测试、试验、分析、论证、评审等。

如某超高层办公建筑项目与设计相关的报批文件包括：建设工程环境影响评价报告及批复、规划方案及批复函、节能专篇及审批、交通评价及审批、人防方案审查、园林审批、地勘报告及审查意见、地震安全性评价报告、规划报审图及规划许可审批、结构超限审查、施工图审查、人防施工图审查、消防施工图审查、防雷装置审查、夜景照明方案审查等。

（5）设计工作居于工程进度的核心，只有及时锁定设计状态，才能有效地展开后续深化、采购、招标、施工等工作，锁定设计成为影响工程后续的关键节点，项目实施过程中不可避免地发生数量多、影响大、决策难的各类变更。

（6）高层办公建筑项目在项目设计管理过程中已广泛应用建筑信息模型、项目协作平台、智慧工地等信息化技术和管理手段，信息化不仅改变了传统的设计工作流程，也深刻地影响着项目设计管理的理念与方式，在实践中有许多新的管理难题。

项目设计管理面临的问题与工程建设的难题是一致的，涉及机制、组织、技术、资源等方方面面，高层办公建筑项目设计管理难点主要围绕着技术管理、组织协调、造价控制等方面。

第2章 项目设计目标管理

项目设计管理的核心目标包括质量目标、投资目标及进度目标，目标管理贯穿项目设计管理工作的全过程。其中质量目标主要体现在合理利用土地，符合规划等限制条件，保障建筑功能及运营维护需求，实现建筑品质与形象定位等，投资目标主要体现在符合项目立项文件及投资意图，总体投资目标动态可控，投资目标得到合理分解和有效落实，进度目标主要体现在符合项目总体进度策划，各阶段进度目标合理可行，项目设计进度动态受控。

项目设计目标的实现需要设计合同的各项约定予以保障，包括质量要求、设计团队、工作制度、设计成果、检查验收及关键节点等方面的约定。项目设计管理实践中，通过设计任务书确定工程设计的范围、内容与要求等，通过设计招标确定工程设计主体及工作责任等，设计任务书与设计招标为高层办公建筑工程确定设计依据并落实设计资源，为项目设计管理工作奠定了基础，在后续的项目设计过程管理中应关注设计工作的系统性、连续性与协调性，项目管理单位在设计过程中应始终关注以下过程：完善设计输入、组织分阶段对设计文件进行深化和细化、适时锁定设计状态、及时组织解决设计工作中的技术经济难题，做到有效防范风险、确保设计计划中各个关键节点的实现。

项目设计管理目标还包括BIM管理目标、绿色建筑目标等，相关内容见本书第3章、第5章。

本章结合项目管理实践，对项目设计目标管理中的编制设计任务书、设计招标管理、设计进度管理等实际情况予以展示和介绍。

2.1 编制设计任务书

项目决策阶段至设计阶段开展工作前，在设计准备阶段应重点做好设计任务书的编制工作，设计任务书在国家基本建设的长期工作中起到了关键作用，得到了广泛的重视。1978年国家建委颁发试行《设计文件的编制和审批办法》中规定"计划任务书（即设计任务书）是设计的主要依据。计划任务书的编制，要按有关规定执行，其深度应能满足开展设计的要求。"

设计任务书是由工程技术经济专业人员根据规划和需要，按照建设单位方要求编制的有关工程项目具体任务、设计目标、设计原则及有关技术指标的技术经济文件，当今设计任务书的主要作用包括明确建设方的功能要求、明确设计范围、细化设计深度、明确对前阶段设计的修改、明确技术经济控制要求等，在项目设计管理工作中，设计任务书是协助建设单位提出工程设计要求、组织评审工程设计方案、组织工程勘察设计招标、签订勘察设计合同并监督实施，组织设计单位进行工程设计优化、技术经济方案比选并进行投资控制等的主要工作依据。

2.1.1 设计任务书的基本内容

（1）设计任务书一般包含技术性的要求以及非技术性的要求，这些要求来源于建设单位需求、专业咨询意见及市场需求、政府主管部门、专家评审论证等多方面，是决策阶段工作成果的重要体现，也是决策向设计的输出与转化。

（2）设计任务书一般包括基本情况、设计范围与规模、设计依据、总体设计要求、各专业设计要求、专项设计要求、投资控制要求等内容，有的设计任务书还附加了设计文件标准、设计工作周期、设计团队组成等设计合同中约定的内容，并将规划审批文件、相关基础资料、前期设计文件等随设计任务书提供给设计单位，设计任务书的内容应符合建设工程审批管理、设计招标等相关规定，符合建设单位内部管理制度的相关规定。

以下提供某超高层地标性办公建筑方案阶段设计任务书及某超高层保险业总部办公建筑施工图阶段设计任务书的实例，用以体现不同设计阶段高层办公建筑设计任务书的实际内容情况。

【实例2-1】 某超高层地标性办公建筑设计方案阶段任务书的概要目录

1. 项目概况：项目相关背景介绍、项目名称、项目建设地点、规划经济指标、建设单位；

2. 项目定位：项目理念定位、项目功能定位；

3. 设计依据（略）；

4. 设计原则：区域自然条件、设计原则、交通组织、景观规划、绿色节能、消防设计、人防设计、机电设计、成本控制；

5. 建筑设计：设计范围、设计规范、功能布局、大堂设计、标准办公层设计、领导办公层设计、其他功能区设计、屋顶观光层设计、地下车库与地下设备用房设计、商业区设计、无障碍设计、外立面设计、室外景观设计、夜景照明设计、市政设计；

6. 结构设计：设计范围、设计规范、设计参数、结构体系设计要求；

7. 给排水设计：设计范围、设计规范与依据、设计要求；

8. 暖通空调设计：设计范围、设计规范与依据、设计要求；

9. 电气设计：设计范围、设计规范与依据、设计要求；

10. 智能化设计：设计范围、设计规范与依据、设计要求；

11. 垂直交通设计：设计范围、设计规范与依据、设计要求；

12. 设计成果要求；

13. 其他要求。

【实例 2-2】 某超高层保险业总部办公建筑施工图设计任务书的部分内容

1. 设计原则

（1）功能定位：大型保险集团公司自用的 5A 甲级办公楼，具有发展前瞻性。

（2）道路景观：优化内部交通组织及内外交通衔接，满足园林绿化、消防建审等要求，与周边地块道路等环境协调，保证地下车库出入口、场地道口等通畅。

（3）外立面：符合方案复函要求，优化比例、线条及细部，建筑幕墙系统及面板分格应考虑安全性、经济性、施工便利性及可维护性，合理地将公司 LOGO、CIS 系统及立面照明等结合进外立面。

（4）室内空间及环境：深化公共空间的设计，大堂、多功能厅及电梯厅等空间设计应体现财险公司的未来形象，在满足各功能分区的基础上考虑分区及各分区内的灵活性，满足现有功能需要的同时考虑预留量，为未来发展提供空间保障。

（5）生态智能办公：引入生态智能办公理念及科技，提高工作效率，营造高质量办公环境，塑造企业形象。

（6）绿色建筑：按住房和城乡建设部颁发的《绿色建筑评价标准》二星级标准进行设计，并符合《某商务区绿色低碳建设约定书》等要求，并满足商务区后续的绿色建筑方面的要求，配合绿色建筑咨询及认证工作。

（7）可靠经济：合理确定设计使用年限及各专业类别、等级等参数，各专业设计应采用成熟可靠的体系、系统、材料设备等，保证耐久性、可维护性，各项经济指标应合理，不得使用禁止、限制、淘汰落后的产品和技术。

2. 功能要求

2.1 基本功能标准

本项目是某财险公司的总部大楼，是为满足办公、技术、培训、会议、研究、形象展示、员工活动的办公楼，以自用为目的。其基本功能标准：

（1）建筑、室内环境、建筑设备等设计标准：不低于《办公建筑设计规范》JGJ 67—2006 中二类"重要办公建筑"；

（2）智能建筑系统配置：参照《智能建筑设计标准》GB/T 50314—2006；

（3）绿色建筑标准：符合《绿色建筑评价标准》GB/T 50378—2019 二星等级及绿色建筑的咨询认证要求；

（4）建筑节能、防火、无障碍等设计标准应符合国家现行标准及规定要求。

2.2　总部功能要求

应考虑金融保险业总部的组织管理功能及总部办公楼应具备的建筑使用功能及自用管理要求，并符合发展的需要，除一般办公建筑应具备的基本功能外，应考虑以下方面的功能：

（1）公共关系方面：具备符合总部影响力的宣传、交流等功能的条件，包括：新闻发布、企业展示、招待会、贵宾接待、同业交流等。

（2）企业文化方面：符合总部文化的行为及视觉等功能需要，为职工提供活动场所及休憩条件，包括：典礼仪式、多媒体展示、教育培训、文体活动、联谊活动、建筑导视、夜景照明等。

（3）品牌建设方面：符合总部品牌整体形象展示的需要，包括：建筑外立面、室内外园林庭院、主要公共部位、CIS等。

（4）信息管理方面：具备符合信息管理的功能需要，包括：IT部门、网络信息机房、通讯及有线电视、资料档案库、信息显示屏等。

（5）员工培训方面：具备符合总部人力资源管理的功能需要，包括：内部培训、资料阅览、报告交流等。

2.3　使用管理要求

（1）出入管理：采用一卡通系统；大堂或电梯刷卡进入；办公区设置门禁；疏散楼梯单向通行；设备机房及管道竖井采用总钥匙系统；地下预留邮件快递收发间等。

（2）车库管理：地下二层设领导专用车位并临邻近电梯；保证车道入口、坡度及宽度等条件，至少保证BUICK（别克）公务舱、奥迪A6L、宝马七系等车型可进入地下各层停放；地下四层设访客车位；设置车库管理系统。

（3）物品搬运：合理安排设备、家具等搬运路线，运输车辆可靠近货梯及通道停放等，一部货梯宜按2000kg考虑。

（4）安全管理：设置安防系统；IT机房、档案库、财务室等符合相关安全要求。

2.4　就餐服务：就餐区集中于地上布置，分大就餐区、小就餐区、包间（不少于两个）；员工就餐不超过三个轮次；就餐方式灵活可调；厨房操作间设于地下，操作间的空间有一定余地，能够有效控制异味、处理并排放油烟；合理布置货物垃圾出入口、隔油池及食梯等。

2.5　计量管理：分楼层预留水电等计量条件，用量大的部位及单独核算部门预留计量条件。

2.6　物业管理：集中于地下布置，预留办公、库房、保安值班等。

3.功能区分类

（1）办公：包括开放式普通办公室、单间式部门负责人办公室、套间式领导办公室、配套用房等。

（2）会议：包括多功能厅、会议室、多媒体会议室、配套用房等。

（3）接待：包括贵宾接待室、会议接待室、媒体接待（可与多功能厅等合并考虑）等。

（4）展示：包括荣誉陈列室。

（5）培训：包括电教室（可与会议室合并考虑）、资料阅览室。

（6）活动：包括大堂、多功能厅、健身活动中心、室内空间等。

（7）IT机房：包括机房、设备间、配套用房等。

（8）档案资料：包括档案库、资料室、配套用房等。

（9）餐饮：包括自助及包房式接待就餐区、小就餐区、开放式大就餐区、厨房、配套用房等。

（10）其他：包括茶水间、更衣间、储存间、卫生间、清洁间、物业管理用房等。

（11）设备：包括机房、管井等。

（12）车库：包括汽车库、自行车库。

4. 楼层分布

（1）屋面花园区：位于屋面；

（2）领导办公层：领导办公区位于21、22两层（层高适当高于其他办公区），按套间式设计10～12套（具体标准待建设单位提供），并配备会议、接待、茶水、展示、文秘等；

职能部门办公层：位于19、20两层，具体划分由建设单位另行提供；

（3）普通办公层：位于11～18层，容纳约600人；共划分为35～40个部门，每个部门内含：开敞办公区（约15个工位）、两个部门领导单间、辅助部分（具体划分及标准待建设单位提供）；

（4）预留办公区：位于7～10层全部及6层的南侧部分区域，除核心筒、走廊、卫生间外的办公区按开敞办公区及初装修设计；

（5）体育活动、荣誉、阅览等设在6层及以下；

（6）2层至4层的设置功能主要包括：多功厅一个，可容纳300人开会，可分隔为两个空间；100人会议室三个左右；视频多媒体会议室、圆桌会议室各两个；其他会议室；餐厅区；大堂等；

（7）IT机房考虑本楼信息需要，可与档案室安排在同一楼层；

（8）地下设物业等用房，按常规设计预留；

（9）大堂高度按两层（约11m）考虑；

（10）其他功能房由设计单位考虑。

5. 关于总人数：按不少于1200人考虑，并应留有一定的余地，保证机电、电梯等方面的适当标准。

2.1.2 设计任务书的关键内容

（1）在高层办公建筑项目管理实践中，设计任务书首先要明确功能定位，高层办公建筑按投资目的可分为自用、出租及销售等，按使用要求及重要性可分为特别重要（一类）、重要（二类）及普通办公楼（三类）等，按使用功能可分为行政办公建筑、商务办公建筑、金融办公建筑等，按功能形态可分为单纯办公建筑、综合办公建筑及城市综合体等，按建筑设施及服务标准等可分为顶级办公建筑、甲级办公建筑、乙级办公建筑等，还可按智能化、绿色建筑、健康建筑等标准进行划分，有了合理、准确的功能定位，才能保证设计管理工作正常有序地开展。

（2）在高层办公建筑项目管理实践中，设计任务书应准确地进行建设标准定位，政府投资性质的行政办公建筑应符合相关建设标准的规定，如党政机关办公用房建设标准明确规定了建筑分类与面积指标、建筑标准、建筑装修、室内环境与建筑设备、智能化系统等，具有强制性和规范性。商务办公建筑通过调研同类建筑、对比产品市场、分析投资造价等进行高层办公建筑产品标准定位，可以在建筑目标市场、产品形象及整体投资方面进行有效平衡，以保证实现高层商务办公建筑市场开发及投资控制目标。

以下提供某高层商务办公建筑设计任务书中建筑标准量化指标表等内容实例，用以体现编制设计任务书时进行建筑功能与建设标准定位的实际情况。

【实例 2-3】 某高层商务办公建筑设计任务书中建筑标准量化指标表（本实例中略去表中的具体内容）

1. 建筑标准指标
如表 1 所示。

建筑标准指标　　　　　　　　　　　　　　　　　表 1

项目			量化指标	备注
成本	单体建安成本（元/m²）			
建筑	标准层	层高		
		办公区净高		
		得房率　整层得房率		
		得房率　分割单元得房率		
		架空地板		
		交付单方造价（元/m²）		
		办公室交付标准　顶棚做法		
		办公室交付标准　地面做法		
		办公室交付标准　墙面做法		
		办公室交付标准　空调末端		
		办公室交付标准　电气末端		
		办公室交付标准　VIP 上下水位		
		办公室交付标准　品牌		
		客梯设计　5min 载客率（%）		
		客梯设计　等候时间（s）		
		客梯设计　单梯服务面积（m²/台）		
		客梯设计　轿厢空顶高度（m）		
		客梯设计　单梯荷载（kg）		
		客梯设计　单梯装饰荷载上限（kg）		
		客梯设计　目的楼层控制系统		
		客梯设计　信息显示屏		
		客梯设计　轿厢空调		
		客梯设计　轿厢四壁		

项目				量化指标	备注
建筑	标准层	客梯设计	轿厢顶		
			地面材质		
			厅门副框		
			轿厢门		
			厅站显示		
			厅站外呼		
			无机房电梯检修箱		
		电梯系统单方成本（元/m²）			
建筑	各类空间	大堂	大堂面积（m²）		
			大堂净高（m）		
			装修标准（元/m²）		
			顶棚做法		
			墙面做法		
			地面		
			面积（m²）		
		标准报告厅	净高（m）		
			装修标准（元/m²）		
			顶棚做法		
			墙面做法		
			地面		
			面积（m²）		
		标准会议室	净高（m）		
			装修标准（元/m²）		
			顶棚做法		
			墙面做法		
			地面		
			面积（m²）		
		标准机房	净高（m）		
			装修标准（元/m²）		
			顶棚做法		
			墙面做法		
			地面		
		标准层走道	走道净高（m）		
			装修标准（元/m²）		
			人均使用面积（m²/人）		
		卫生间	装修标准（元/m²）		
			其他		
	地下停车位	指标（m²/个）			
		地下停车层层高/净高			
	外墙系统	裙楼造价（元/m²）			
		塔楼造价（元/m²）			

2. 结构标准指标

如表2所示。

<table>
<tr><td colspan="3" style="text-align:center">结构标准指标</td><td style="text-align:right">表2</td></tr>
<tr><td colspan="2" style="text-align:center">项目</td><td style="text-align:center">指标</td><td style="text-align:center">备注</td></tr>
<tr><td rowspan="5">结构</td><td colspan="1" rowspan="2"></td><td>地上结构单方成本（元/m²）</td><td></td><td></td></tr>
</table>

结构标准指标 表2

项目		指标	备注
结构		地上结构单方成本（元/m²）	
		地下结构单方成本（元/m²）	
	地上	钢材用量（kg/m²）	
	地下	钢筋用量（kg/m²）	
		混凝土用量（kg/m²）	

2.1.3 设计任务书中的管理要求

高层办公建筑设计任务书的技术要求应得到充分、完整、准确的体现，同时不能忽视和缺少设计管理方面的要求，设计任务书中的管理要求一般包括设计进度、配合审查报批、提供工程过程服务、配合认证评奖等，主要内容如下。

（1）设计工作应满足项目总体控制性计划的要求，服务于项目工作的里程碑节点，提供项目所需的工程、材料设备、服务等招标采购所需要的技术要求和有关说明文件、满足招标要求的设计文件、BIM模型、材料设备表等，设计单位应配合项目招标过程的各项工作。

（2）设计工作应满足规划、环保、水土保持、园林绿化、交通、抗震、人防、图审等审查、审批、备案及专项咨询等要求，提供相应的设计文件和资料，联系和协调相关工作，及时解决问题。根据需要办理结构超限审查、设计文件专项评审、专家咨询论证等。按相关部门的要求及工作程序，提供完整的申报资料，配合办理各项许可、备案等手续。

（3）应按相关部门的要求及工作程序，提供完整的概算、预算等文件和资料，联系并配合相关审批工作。

（4）协助公共事业部门的审批办理，如供电、给水、燃气、通信等，提供设计文件和技术资料，进行对接及技术协调，落实相应条件，进行室外工程整合协调、场地内管线综合等。

（5）落实绿色建筑、LEED、WELL等设计要求，配合相关单位提供符合认证要求的文件和资料，进行设计调整和优化工作，确保实现最终认证。

（6）按项目总体控制性计划的要求，进行阶段性汇报、完善和优化设计，对专项设计提出控制性要求并预留条件。

（7）按项目各阶段的工作需求，委派驻场设计代表，进行设计交底、变更管理、试验检测、技术审核、巡视考察、检查验收等工作，参加例会及专题会议，按权限及工作程序提供技术报告、出具意见、签署工程资料等，负责或协助解决关键技术问题、处理质量隐患。

（8）配合项目创优评奖等。

2.1.4 设计任务书中的投资控制工作要求

近年对工程建设成本控制及优化设计的要求逐步提高，建设单位对造价及成本控制不断规范和严谨，落实"限额"管理、整改"超概"已成为高层办公建筑工程项目设计管理的核心任务，在设计任务书中也需要体现相关的技术及管理要求，在高层办公建筑工程项目设计管理实践中约定相关要求并开展设计管理以落实相关要求，主要内容如下。

（1）强化成本管控，以批复的可行性研究的建设内容、规模和投资，对设计标准进行控制，要求设计单位进行设计文件复核及调整设计概算，使设计满足投资控制限额。

（2）明确工程投资成本管控主体责任，明确设计单位的造价违约责任、约定违约罚则，对不满足限额设计要求的实施履约追责。

（3）适时掌握工程造价变动情况，随不同设计阶段的设计深度及标准完善，进行设计文件的重计量工作，及时发现投资超额的风险项目，对于超出投资而无法解决的及时予以调整。

（4）鼓励设计单位、工程总承包单位等实施设计优化，在保证工程安全、品质及功能的前提下，发挥技术优势，进行成本优化。

2.1.5 设计成果的提交要求

设计文件的提交要求是确认设计成果是否符合设计任务要求的重要依据，包括设计文件提交的深度、质量、时间、方式、数量等。

（1）设计文件提交的深度应符合设计任务书的要求，并符合相关部门审批备案、外部条件配合衔接、公共事业部门报审、采购施工及验收等要求，符合《建筑工程设计文件编制规定》及相关标准的要求。如施工图设计文件应提供要求的所有专业的设计图纸（含图纸目录、说明和必要的设备、材料表以及图纸总封面。涉及建筑节能设计的专业，其设计说明应有建筑节能设计的专项内容。涉及装配式建筑设计的专业，其设计说明及图纸应有装配式建筑专项设计内容，要求的工程预算书和专业计算书等，施工图设计文件应满足设备材料采购、非标准设备制作和施工的需要，对于将项目分别发包给几个设计单位或实施设计分包的情况，设计文件相互关联处的深度应满足各承包或分包单位设计的需要。

（2）设计文件提交的质量应符合项目建设目标要求及设计质量管理控制的要求，符合设计单位质量保证体系的要求，符合建设单位内部管理的要求，符合相关部门审批备案的要求。

（3）设计文件提交的时间宜分阶段，以时间节点的方式予以规定，明确提交的最迟期限。

（4）设计文件提交方式包括纸质图纸、电子版文件、网络平台文件、BIM 模型、实体模型等，宜以清单方式予以规定。

2.1.6 不同设计阶段的设计任务书

（1）高层办公建筑项目管理实践中一般可分为概念及方案设计任务书、初步设计及施工图设计任务书、专项设计任务书等，某些阶段的设计任务书也被称为设计要点、设计概要或设计要求等，按阶段编制设计任务书符合高层办公建筑设计工作复杂性、阶段性、延续性等特点需要。

（2）概念及方案阶段设计任务书侧重于理念、定位与总体要求，有的项目还要求提供备选方案以进行对比评审，概念及方案阶段的设计任务书主要体现控制性原则，如中国国家大剧院方案阶段设计任务书简洁概括地提出"中国国家大剧院是中国最高表演艺术中心，是弘扬中华民族文化、促进精神文明建设，展现音乐戏剧水平，推动国际文化交流的重要场所。国家大剧院应满足各种表演艺术演出的需要，功能齐全，视听条件优良，技术先进可行，设备完善，经济合理，由于剧院建设地点处于天安门广场一侧的特定条件，建筑造型应与周围建筑协调，形成广场建筑群与相交接的长安街的有机组成部分，在充分弘扬城市整体美的前提下，剧院建筑本身体现庄重、典雅的艺术表现力和鲜明的人民性、时代性。建成之后将为北京这一历史名城增添新的光彩。"

（3）初步设计与施工图设计任务书应充分、具体、可行，在前期设计成果的基础上，确定方案设计的优化和调整要求，明确设计深度及工程需要的各专业具体的技术、经济标准，鉴于此阶段设计任务书的重要性，项目管理过程中，应重视明确方案设计的修改意见、补充细化建设单位的要求、提供相应的配套资料及技术文件、聘请技术经济专家对设计任务书进行咨询论证，在初步设计与施工图设计任务书的编制过程中，建设单位聘请的建筑等专业顾问应充分参与、提供意见，并与设计单位进行细致沟通。

（4）高层办公建筑工程需要对某专业、某系统、某区域的设计任务书随项目进展进行调整、补充与细化，必要时编制专项设计任务书，专项设计任务书多用于幕墙工程、精装修工程、智能化建筑工程等的专项设计，专项设计任务书除明确功能要求外，对系统、材料、设备、品牌等提出具体的要求，实践中多以图纸标注或表格等方式分区域、分部位提出详尽的规定，以编制技术规格书、专项技术要求等方式与原设计任务书共同组成专项设计任务书也是有效的做法。

以下提供某超高层保险业总部办公建筑的智能化建筑工程专项设计任务书实例，用以体现专项设计任务书编制的实际情况。

【实例2-4】 某超高层保险业总部办公建筑智能化建筑工程设计任务书的部分内容
安防系统：根据不同部位、不同实物目标确定保护对象的风险等级，从而确定安防系统的防护级别。按一级防护工程设计，参见表1。

风险等级及防护级别　　　　　　　　　　　　　　　　　表1

风险等级	部位或实物目标	防护级别	防护设计
一级	涉及现金支付交易的区域	一级	实体防护； 紧急报警装置； 入侵报警系统； 视频安防监控系统； 出入口控制系统； 声音/图像复核装置
二级	涉及票据支付交易的区域	二级	紧急报警装置； 入侵报警系统； 视频安防监控系统； 出入口控制系统； 声音/图像复核装置
三级	某保险大厦其他区域	三级	入侵报警系统； 视频安防监控系统

注：出租楼层按通用型公共建筑安防系统设计，不作特别要求。

2.2 设计招标管理

高层办公建筑多通过招标方式确定设计单位，设计招标一般包括招标准备、资格预审、招标评标、签订合同等阶段的工作，设计招标工作应符合法规及相关管理规定并实现建设单位招标的目标，是建设单位及项目管理单位关注的工作，是保障高层办公建筑工程项目设计目标管理的重点工作。

2.2.1 设计招标的工作内容

1. 前期准备阶段的工作

（1）签订招标代理协议。

（2）收集招标资料，编制招标工作方案、资格预审文件（含资格预审公告）及招标文件，报招标人审批。

（3）资格预审评审专家及评标专家准备，招标人拟派资格预审评审专家须具有相关技术职称，需准备的资料包括：法人授权委托书、被授权人身份证、相关专业职称证书。

（4）开标代表需准备如下资料：法人授权委托书、被授权人身份证。

（5）监督检查代表需准备如下资料：法人授权委托书、被授权人身份证。

（6）其他相关资料准备：公告/公示内容打印件；规划条件批文复印件；委托代理协议；招标项目情况说明，写清招标范围仅含方案设计、初步设计（含初步设计概算）及其相关服务，施工图设计在后续 EPC 招标中考虑；立项文件等。

2. 资格预审阶段的工作

（1）入场和资格预审公告审核。根据相关管理要求，在交易系统填报信息提交审核。

（2）发布资格预审公告。经相关管理部门审核通过后发布资格预审公告。资格预审公告在交易服务平台上公示，同时接受投标单位网上报名。

（3）资格预审文件的备案。招标代理需在发布资格预审公告成功后，在相关管理部门备案经招标人确认后的资格预审文件。

（4）发售资格预审文件。招标代理发售已备案的资格预审文件。

（5）投标申请人编制资格预审申请文件。已领取资格预审文件的投标申请人编制资格预审申请文件，招标代理负责答疑。

（6）接收资格预审文件。申请人按照资格预审文件规定的时间和地点递交资格预审申请文件，招标代理负责接收。

（7）资格预审专家抽取。招标代理在综合交易系统填写招标人拟派资格预审评审专家相关信息并上传相关资料，经相关管理部门审批后在评标专家库中抽取评审专家。

（8）资格预审评审。审查委员会对各投标单位提交的资格预审申请文件进行评审，最终确定通过资格预审的申请人名单并推选排名最前的若干名申请人为投标人。

（9）资格预审结果确认。招标代理整理资格预审评审报告并报招标人，招标人对资格预审结果进行确认并盖章。

（10）资格预审结果备案。招标代理在相关管理部门完成资格预审结果备案，向排名最前的若干投标企业发出投标邀请。

3. 招标阶段的工作

（1）招标文件的备案。招标代理在综合交易系统填报信息，提交相关管理部门审核备案。

（2）发售招标文件。相关管理部门审核通过后发售招标文件。

（3）组织勘查现场、答疑。招标代理协助招标人组织投标人踏勘项目现场并对投标人提出的疑问进行书面回复。

（4）投标人编制投标文件。投标人按招标文件要求编制投标文件，并按规定的时间、地点、方式等递交投标文件。

（5）开标。招标代理组织投标人按招标文件指定的时间、地点进行开标、唱标，招标人可拟派开标代表参加开标会，由招标人拟派开标代表及各投标人的委托人在开标记录表上签字确认。

（6）评标。招标代理在交易系统填写招标人拟派评标专家相关信息并上传相关资料，经相关管理部门审批后在评标专家库中抽取评标专家，评标委员会依据招标文件的规定和要求，对投标人递交的投标文件进行审查、评审和比较，写出评标报告；根据评标原则，确定中标候选人名单。

（7）中标候选人确认及公示备案。招标代理整理评标报告并报招标人，招标人对中标候选人进行确认并加盖公章，招标代理在交易系统上传开标、评标资料、中标候选人公示及中标人投标文件，经相关管理部门审核后完成中标候选人公示备案。在中标候选人公示期间对本项目没有提出异议后，招标代理将中标通知书及中标结果公示报招标人，招标人进行确认并加盖公章。招标代理在交易系统公示中标结果，将投标备案表备案。

（8）签订合同并备案。招标人与中标人进行合同谈判、签订合同，招标代理将合同扫描件上传交易系统并将合同副本原件移交相关管理部门。

以上为以公开方式进行的设计招标主要工作内容，不同地区、不同行业在监管方式及工作流程方面存在一定差异。

2.2.2 资格审查及评标办法

影响设计招标结果的因素多，制定适用、可行、科学的资格审查办法及评标办法有助于维护建设单位利益、保证设计招标效果。

以下提供某高层商务办公建筑设计招标资格审查办法及评标办法的实例。

【实例2-5】 某高层商务办公建筑设计招标资格审查办法及评标办法的概要内容

一、资格预审评审办法

1. 专家组成。招标人依法组建评标委员会。评标委员会由招标人和有关技术、经济专家组成，成员人数为7人，其中技术、经济专家人数为5人，招标人评标代表2人。技术、经济专家5人，其中技术专家4人，经济专家1人。本项目评审专家的确定方式：从评标专家库中随机抽取。

招标人拟派评审或评标代表须具有相关专业高级（含）以上职称，进行审核备案，上传的资料如下：

（1）法定代表人授权委托书（加盖招标人公章及法定代表人名章）；

（2）相关专业高级（含）以上职称证书复印件（加盖招标人公章）；

（3）被授权人身份证复印件（加盖招标人公章）。

2. 监督检查组。招标人组建针对本项目的监督检查组，监督本项目资格评审、开标、评标等需要进行监督的环节进行全程监督。

3. 资格预审评审办法。本次资格预审采用有限数量制。通过资格预审的申请人数量规定：当通过审查的多于3家时，通过资格预审的申请人限定为3家。审查委员会依据资格预审文件规定的审查标准和程序，对通过符合性审查、必要性审查的资格预审申请文件进行量化打分，按得分由高到低的顺序确定通过资格预审的申请人。资格审查活动将按以下六个步骤进行：

（1）审查准备工作；

（2）符合性审查；

（3）必要性资格审查；

（4）澄清、说明、补正；

（5）评分；

（6）确定通过资格预审的申请人及提交资格审查报告。

第一步：审查准备工作

（1）审查委员会成员签到及签署声明

（2）审查委员会的分工

审查委员会首先推选一名审查委员会负责人。招标人也可以直接指定审查委员会负责人。审查委员会负责人担任评审活动的组织领导工作。

（3）审查委员会熟悉文件资料

（4）失信被执行人的信息采集

失信被执行人信息由招标代理机构在资格预审评审当天采集，登录"信用中国"网站（www.creditchina.gov.cn）查询相关主体是否为失信被执行人、重大税收违法案件当事人。审查委员会依据失信被执行人信息采集记录进行失信被执行人的评审。

（5）对申请文件进行基础性数据分析和整理工作

第二步：符合性审查

符合性审查因素及标准见表1，申请人有任何一项符合性审查因素不符合审查标准的，不能通过符合性审查。

符合性审查因素及标准　　　　　　　　　　　　　　　　　　表1

序号	初审条件	合格标准
1	资格预审文件的获取时间	在招标公告规定的资格预审文件时间规定内获取
2	投标资格预审申请文件的递交时间	在资格预审文件规定的提交投标资格预审申请文件截止时间内
3	投标资格预审申请文件的签字或盖章	申请书应在规定的地方由申请人法定代表人或其授权代表签字或盖章并加盖公章

第三步：必要性审查

必要性审查的因素、标准及有效证明材料见表2。申请人有任何一项必要性审查因素不符合审查标准的，均不能通过必要性审查。

必要性审查的因素、标准及有效证明　　　　　　　　　　表 2

序号	项目内容	合格条件（或评分标准）	备注
1	有效营业执照	具备有效证书	提供相关证件复印件加盖单位公章
2	企业资质等级	具备建设行政主管部门核发的建筑行业（建筑工程）甲级资质及以上资质	提供相关证件复印件加盖单位公章
3	企业类似项目业绩	近五年内具有不少于 1 个已完成的地上面积在 120000m² （含）以上或投资额在 100000 万元（含）以上的超高层公共建筑的项目设计业绩	提供签订完毕的设计合同书复印件加盖单位公章
4	项目负责人资格	具备一级注册建筑师执业资格且具有相关专业的高级（含）以上职称，企业项目负责人任命书	提供项目负责人任命书原件及相关证件复印件加盖单位公章
5	项目负责人类似项目业绩	近五年具有不少于 1 个已完成的地上面积在 120000m²（含）以上或投资额在 100000 万元（含）以上超高层公共建筑的项目负责人业绩	已完成项目的设计合同及相关证明文件
6	企业经营状况	在人员、设备、资金等方面具备相应的能力	提供承诺书原件
7	失信被执行人	失信被执行人信息采集记录中，投标人没有失信被执行人记录的	提供网页截图
8	其他资格要求	符合资格预审文件投标人须知 1.4.1 中（5）其他要求	提供相关承诺

第四步：澄清、说明、补正

在审查过程中，审查委员会可以要求申请人对所提交的资格预审申请文件中不明确的内容进行必要的澄清或说明。申请人的澄清或说明应采用书面形式进行回复，并不得改变资格预审申请文件的实质性内容。申请人的澄清和说明内容属于资格预审申请文件的组成部分。招标人和审查委员会不接受申请人主动提出的澄清或说明。

第五步：评分

（1）通过必要性审查的申请人超过 3 家时，审查委员会按照下表规定的评分标准进行评分并汇总。申请人各个评分因素的最终得分为审查委员会各个成员评分结果的算术平均值，并以此计算各个申请人的最终得分。评分分值计算保留小数点后两位，小数点后第三位四舍五入。

（2）通过必要性审查的申请人没有超过 3 家时，由审查委员会判断剩余单位是否具有竞争性，如具有竞争性则继续进行评分，如果不具有竞争性，则作废标处理。

（3）资格预审附加资格评分表如表 3 所示。

资格预审附加资格评分表　　　　　　　　　　表 3

评审类别	评审项目	标准分	评分标准
人力资源（60 分）	企业组织机构和人员状况	20 分	组织机构健全合理得 10 分，否则得 0 分
			企业人员构成合理得 10 分，否则酌情扣减
	拟派设计负责人	14 分	大学本科（含）以上得 8 分，大学本科以下学历得 3 分
			工作年限超过 10 年得 6 分，5～10 年之间（含 5 年）得 3 分，5 年以下得 0 分

评审类别	评审项目	标准分	评分标准
人力资源 （60分）	项目组人员构成	26分	人员配备健全合理，其中高中级职称占50%及以上得26分
			人员配备比较合理，其中高中级职称占30%～50%（不含50%）得10～25分
			人员配备欠合理，高中级职称占30%以下（不含30%）得0～9分
	质量体系、环保体系、安全体系认证	5分	认证齐全得5分，缺少一项认证得3分，缺少二项认证得1分，缺少三项认证得0分
	近五年类似工程业绩	15分	6个及以上业绩得15分
			5个业绩得10分
			4个业绩得5分
			3个业绩得0分
	企业近五年设计合同履约率	10分	合同履约率100%得10分
			合同履约率95%得5分
			合同履约率低于90%得0分
诉讼和不良行为 （10分）	法律诉讼	5分	近5年未涉及任何法律诉讼得5分
			近5年作为原告或被告曾有败诉记录得0分
	不良行为记录	5分	近5年无不良行为记录得5分
			近5年有一次不良行为记录得2分
			近5年有超过一次不良行为记录得0分
合计		100分	

第六步：确定通过资格预审的申请人及提交资格审查报告

（1）审查委员会根据评分汇总结果，按申请人得分由高到低进行排序，审查委员会对申请人进行排序时，如果出现申请人最终得分相同的情况，申请人的排序方法则以资格预审附加性资格标准中人力资源得分高低排序；如资格预审附加性资格标准中人力资源得分也相同，则以资格预审附加性资格标准中项目组人员构成得分高低排序；如资格预审附加性资格标准中项目组人员构成得分也相同，则以资格预审附加性资格标准中企业近五年设计合同履约率得分的高低排序。

（2）通过资格预审的申请人，单位负责人为同一人或者存在控股、管理关系的不同单位（包括母子公司以及含子公司的子公司），审查委员会应当根据通过资格预审的申请人的排序情况按照择优原则，从中选择一家单位通过资格预审。同一母公司的几个子公司（含子公司的子公司），最终成为通过资格预审的申请人的子公司数量不得超过通过资格预审的申请人总数量的三分之一。

（3）如果审查委员会确定的通过资格预审的申请人未在规定的时间内确认是否参加投标、明确表示放弃投标或者根据有关规定被拒绝投标时，招标人应从其他申请人中按照排序依次递补，但递补原则必须符合通过资格预审的申请人名单的要求和规定以及相关法律法规规定的利益冲突回避原则，且递补过程可能导致已列为通过资格预审的申请人名单的申请人无法获得本项目的投标资格。

（4）审查委员会按照规定的程序对资格预审申请文件完成审查后，确定通过资格预审的申请人名单，填写专家评审意见表，并经过全体人员复审，复核内容不得对原始内容进行修改。如发生错误，由相关责任人更正签字，并向招标人提交书面审查报告。审查报告应当由全体审查委员会成员签字。审查报告应当包括以下内容：

① 审查委员会签到表；

② 专家声明书；

③ 符合性审查表；

④ 资格预审必要性审查表；

⑤ 资格预审附加资格评分表；

⑥ 评标结果汇总表；

⑦ 通过资格预审的申请人排序表；

⑧ 专家评审意见表。

二、招标环节评标办法

1. 总则

本项目评标采用综合评估法，评标程序如下：组建评标委员会→技术暗标评审→初步评审→响应性评审→详细评审→完成评标报告。

本项目评标过程中如出现废标使投标单位不足三家时，评标委员会应根据《北京市招标投标条例》第34条规定和《评标委员会和评标办法暂行规定》（七部委12号令）第27条规定（"否决不合格投标或界定为废标后，因有限投标不足三家使得投标明显缺乏竞争的，评标委员会可以否决全部投标。投标人少于三家或者所有投标被否决的，招标人应当依法重新招标"）。

2. 评标标准及说明

（1）评标分值分配如下：

技术部分：设计方案85分。

商务部分：企业及项目设计组实力5分，投标报价10分。

评分分值计算保留小数点后两位，第三位四舍五入。

（2）技术暗标部分评分标准见表4。

技术暗标部分评分标准　　　　　　　　　　　　　　　　　　　　　表4

序号	评分项目	分值	评分标准	分项得分
1	总平面规划	15	是否布局合理，合理利用空间	0～5
			是否与周边环境协调，景观美化程度	0～5
			是否满足交通流线、开口以及消防、日照间距及相关规划指标要求	0～5
2	建筑功能布局及交通组织	20	功能分区明确	0～5
			各功能房间面积配置合理	0～5
			人流组织及竖向交通合理	0～5
			交通枢纽设计合理	0～5

序号	评分项目	分值	评分标准	分项得分
3	建筑立面及造型	20	建筑创意与企业文化契合度强	0～7
			建筑造型整体性强、与周边协调	0～7
			空间处理符合设计方案需求	0～6
4	建筑技术先进性	15	结构、机电与建筑是否符合性强	0～5
			采用先进环保节能技术	0～5
			采用先进智能楼宇技术	0～5
5	设计说明	10	设计依据充足、完整；设计构思合理；设计说明内容完善、详尽	0～10
6	投资估算	5	投资估算是否齐全、是否满足招标文件要求	0～5
技术部分得分合计（满分85分）				

（3）符合性评审见表5。

符合性评审 表5

序号	评审内容	是否合格
1	是否为招标人不具有独立法人资格的附属机构（单位）	
2	是否为本项目前期准备提供设计或咨询服务的	
3	是否为本项目提供招标代理服务的	
4	是否与本项目的招标代理机构同为一个法定代表人的	
5	是否与本项目的招标代理机构相互控股或参股的	
6	是否与本项目的招标代理机构相互任职或工作的	
7	是否被责令停业的	
8	是否被暂停或取消投标资格的	
9	是否财产被接管或冻结的	
10	是否在最近三年内有骗取中标或严重违约或重大工程设计质量问题的	
11	是否与招标人存在利害关系且影响招标公正性的	
12	是否有串通投标或弄虚作假或有其他违法行为的	
13	是否使用通过受让或者租借等方式获取的资格、资质证书投标，或以其他方式弄虚作假的	
14	是否不按评标委员会要求澄清、说明或补正的	
15	是否以向招标人或评标委员会成员行贿的手段谋取中标的	
16	是否在其投标文件中更新的资料不符合资格预审文件中规定的审查标准的或者其投标影响招标公正性的	
17	是否投标文件未按照本须知第16条的要求装订、密封和标记的	
18	是否投标文件有关内容按规定加盖投标人印章或法定代表人或其授权代表签字或盖章的；是否有授权代表签字或盖章但未随投标文件一起提交有效的"授权委托书"原件	
19	是否投标文件未按规定的格式填写、内容不全或投标函及其附录中关键字迹模糊、无法辨认的	
20	是否投标报价没有结合市场价格进行报价；或低于成本恶性竞争的	
21	是否设计文件规格不符合规定或不符合"暗标"要求，出现了投标人的名称或其他可识别投标人身份的字符、图案、照片、徽标等	

（4）响应性评审见表6。

响应性评审   表6

序号	评审内容	是否合格
1	投标文件设计方案是否设计第三章条件及技术要求编制	
2	是否按照招标文件要求提供投标保证担保或者所提供的投标保证金	
3	是否对招标文件的要求作出了实质性的响应，而没有重大偏离	
4	是否投标文件附有招标人不能接受的条件	
5	其他未响应招标文件的实质性要求和条件	

（5）商务部分评审（略）。

2.2.3 设计招标的风险管理

防范设计招标风险，应避免招标工作在程序、人员行为、文件等方面存在违规、不合理或歧义等情况，预防在设计招标阶段发生争议投诉等，通过设计招标确定具备相应技术能力及经验、服务意识强、有管理协调能力的设计工作团队，实现设计招标的目标。

（1）做好设计招标组织及策划。建设单位或项目管理单位应进行设计招标整体策划，制定工作制度、招标方案及计划，组织进行设计任务书编制、进行设计界面划分、确定设计发包的招标标段、组织设计招投标文件编制、确定设计合同版本、选择设计招标代理单位、开展设计各阶段评审等。

（2）依法合规开展招标工作。采取公开招标方式的招标范围及程序均有明确规定，项目的属性或用途、资金来源和项目规模等达到相关规定的应依法进行招标，项目管理单位应监督招标代理全过程落实公平、公开、守法、依规，积极落实主管部门及监督部门的相关要求。

（3）审查投标单位信用与能力。能够满足高层办公建筑要求的设计单位及团队往往不是很多，有经验的超高层办公建筑设计单位及团队更为有限，选择高层办公建筑设计单位应基于能力与信任的原则，要全面考察投标单位的信誉、经验、团队、方案等能否满足工程需求，以合同条款的具体表述落实对招标项目主要内容的要约和承诺。

（4）提出均衡合理的需求。招标文件应全面、准确地反映建设单位的需求，准确描述功能需求、技术指标、标准定位、造价目标等，避免投标单位仅仅以炫目的效果、高大的理念成为中标单位，相关内容参见本章2.1节。

2.3 设计进度管理

2.3.1 进度保障机制

设计进度管理的常规工作包括建立进度管理协调制度、明确进度管理程序、规定进度管理职责等，这些常规工作通常以设计合同为约束性工作依据，全过程及一体化管理是保障高层办公建筑设计进度的关键机制，项目协作平台是提高高层办公建筑设计管理效率的重要手段，高水平的专业顾问是高层办公建筑设计进度的必要保障。

1. 设计合同中的进度条款

在设计合同中公平、合理地约定权力和责任，是开展设计管理、实现设计进度目标的基础，合同约定应客观、公平，避免不合理的责任转移，设计合同中应约定以下进度方面的内容。

（1）建设单位应当在设计前或合同条款约定的时间向设计单位提供设计所必需的工程设计资料，并对所提供资料的真实性、准确性和完整性负责。按照法律规定确需在设计开始后方能提供的设计资料，建设单位应及时地在相应设计文件提交给建设单位前的合理期限内提供，合理期限应以不影响设计单位的正常设计为限。

（2）建设单位提交文件和资料超过约定期限的，设计文件时间相应顺延，设计资料逾期提供导致增加了设计工作量的，设计单位可以要求建设单位另行支付相应设计费用，并相应延长设计周期。

（3）设计单位应按照合同条款约定提交设计进度计划，设计进度计划的编制应当符合法律规定和设计实践惯例，设计进度计划经建设单位批准后实施。设计进度计划是控制设计进度的依据，建设单位有权按照设计进度计划中列明的关键性控制节点检查设计进度情况。设计进度计划中的设计周期应由建设单位与设计单位协商确定，明确约定各阶段设计任务的完成时间区间。

（4）设计进度计划不符合合同要求或与设计的实际进度不一致的，设计单位应向建设单位提交修订的设计进度计划，并附上有关措施和相关资料。建设单位完成审核和批准或提出修改意见。

（5）建设单位导致设计进度延误的情形主要有：未能按合同约定提供设计资料或所提供的设计资料不符合合同约定或存在错误或疏漏的；未能按合同约定日期足额支付定金或预付款、进度款的；提出影响设计周期的设计变更要求等。

（6）工程设计文件交付的时间和份数及工程设计文件审查等，设计进度预期目标能否顺利实现，还取决于建设单位与设计单位能否全面履行各自的工作责任。

以下提供某高层商务办公建筑设计合同中的进度表实例。

【实例2-6】　某高层商务办公建筑设计合同进度表实例

1. 建筑方案进度。本项目将以一次性报建形式推进。进度计划如表1所示。

建筑方案进度　　　　　　　　　　　　　　　　　　　　　　　　　　表1

时间	内容
3月6日	启动方案深化
3月12日	向委托人汇报深化设计方案
3月26日	完成方案汇报册
3月31日	提交报批文件（方案册＋BIM＋消防/人防/规划）

为配合进度，委托人需在3月10日前，协调确定共构规划，3月20日前，基本确定共构方案；为配合进度，委托人需在3月20日前，协调规建局等部门，确定方案规划、消防、人防等的报建深度、内容，及提交资料的流程。

2. 基坑及土石方、桩基础设计进度

2.1 基坑及土石方工程设计进度

如表 2 所示。

基坑及土石方工程设计进度 表 2

时间	内容
3 月 12 日	完成第一轮沟通
3 月 15 日	完成第二轮沟通
3 月 25 日	完成图纸交付

为配合进度，委托人需在 3 月 15 日前，与市政协调确定土石方工程中，建设方与市政的工作界面、工作范围及原则。

针对设计过程中的专家评审意见，在专家组出具书面评审意见后，设计人在 3 个工作日内按专家组意见修改好设计文件，出具正式蓝图和电子版设计图件并提交给发包人。

若因前述条件未按原计划达到，则顺延交付时间。

2.2 桩基础设计进度

如表 3 所示。

桩基础设计进度 表 3

时间	内容
3 月 13 日	完成深化方案汇报
3 月 20 日	组织专家评审
3 月 31 日	提交招标版图纸

3. 施工图设计进度

本项目按照分期分批出图报审的方式组织施工图设计工作，具体分为三期，各期施工图设计（包括建、结、水、暖、强电等五个专业）进度如下：

3.1 一期施工图设计共计 60d

如表 4 所示。

一期施工图设计 表 4

时间	内容
4 月 1 日	启动第一期施工图设计工作
5 月 1 日	完成基础施工图
6 月 1 日	施工图达到审查深度
6 月 2 日	提交三审
—	三审后施工图备案
—	二次深化

3.2 二期施工图设计共计 60d

如表 5 所示。

二期施工图设计		表 5
时间	内容	
5月1日	启动第二期施工图设计工作	
6月1日	完成基础施工图	
7月1日	施工图达到审查深度	
7月2日	提交三审	
—	三审后施工图备案	
—	二次深化	

3.3　三期施工图设计共计60d

如表6所示。

三期施工图设计		表 6
时间	内容	
6月1日	启动第三期施工图设计工作	
7月1日	完成基础施工图	
8月1日	施工图达到审查深度	
8月2日	提交三审	
—	三审后施工图备案	
—	二次深化	

3.4　智能化专项、初步设计及概算工作，将配合业主的相关工作的进度要求，同步推进。

2. 设计团队的能力

设计团队的能力是保障高层办公建筑设计进度的关键因素，如果设计团队能力不足，即使按约定的时间节点交付设计成果，如设计质量及深度存在问题，将给后续项目的管理埋下巨大隐患。

高层办公建筑设计团队能力要求较高，考察设计团队的基本条件应包括：

（1）设计团队负责人资质及经验、设计团队专业构成、设计团队人员的职称及注册资格、设计团队经历及经验、技术支持人员、拟分包的设计团队等。

（2）对于高层办公建筑设计团队的选择应基于能力与信任，应重视设计理念、合作诚意、管理协调等方面的考察与评价。

（3）投标方案等技术文件的深度与合理性能够直观体现高层办公建筑设计团队的能力，应作为选择设计团队的关键因素。

（4）设计单位对设计团队的管控模式与技术支持也是选择设计单位应考虑的重要因素，具有一定技术难度的高层办公建筑或超高层办公建筑设计团队的管控模式与技术支持更为关键。

（5）设计团队中各专业工作配合方式及协作效能也是影响设计进度的关键因素，选择设计团队应考察设计团队各专业是否长期配合、有较强的协同能力。

（6）在设计招标中，应结合量化评分、定性评价、对比评价等方法，对参加投标的设计团队进行打分评价，打分评价的项目应包括设计单位的资质及信誉、类似项目业绩、项目负责人资质及职称、机构设置及人员配备、设计团队主要人员资质及经验、岗位职责、技术支持与信息化手段等。

3. 设计质量管理体系

高层办公建筑设计单位的质量管理体系对于保证设计工作合规、有序、按质量标准完成是十分重要的。

（1）设计单位应建立质量管理体系，对设计过程进行有效管控，包括设计策划、设计输入、设计方案论证、设计专业接口协调、设计文件校核、设计会签、设计更改等，设计单位应明确各阶段设计文件的编制深度，明确设计文件的签署流程，规定各类设计成果文件的签署权限，对设计过程、设计成果和设计分包进行内部审查等。

（2）高层办公建筑项目的设计质量管理体系还应注重统一工作目标、细化设计工作标准、优化沟通衔接、对设计深度及质量进行过程监控，并开展精细化及信息化管理，建设单位及项目管理单位应督促设计单位依据高层办公建筑的设计任务有针对性地完善和优化质量管理体系。

以下提供某高层行政办公建筑设计质量管理制度实例，用以体现对设计单位质量管理体系的实际要求。

【实例2-7】 某高层行政办公建筑初步设计及施工图设计管理流程及措施实例

1. 初步设计及施工图设计管理流程

流程如图1所示。

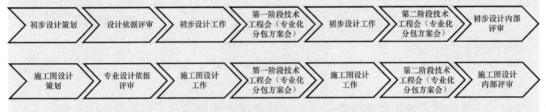

图1 初步设计及施工图设计管理流程

2. 初步设计前期内控工作安排

如表1所示。

初步设计前期内控工作安排　　　　　　　　　　　　　　　　表1

工作流程 参与单位	设计启动会	过程中补充设计条件	技术工程会	过程中互提资料	备注
建设单位		将补充的设计条件下发设计总承包单位，接收设计总承包单位的设计条件评审《会议纪要》，未通过评审的设计条件，建设单位需补齐提供设计单位	建设单位组织建设方的重要部门（如前期部、质量部、工程部、成本部等），协同设计总承包、专业化分包、施工单位人员召开阶段技术工程会： （1）设计总承包单位了解清楚对设计产生影响的专业化方案；		不同单位在不同时间参与流程管理

参与单位＼工作流程	设计启动会	过程中补充设计条件	技术工程会	过程中互提资料	备注
设计总包	初步设计开始日，由项目负责人组织、各专业负责人参加，开设计启动会，发放本项目《设计策划表》，各专业负责人评审设计依据		(2) 专业化分包明确设计条件，提供设计总承包单位对建筑方案产生影响的专业化方案，形成《会议纪要》； (3) 施工单位明确设计条件，参与设计讨论，确认会议内容； (4) 建设单位形成《会议纪要》，并以《工作联系单》形式下发相关单位	(1) 项目负责人在首次专业协调会后下发方案图，各专业间互提资料； (2) 经济专业按各专业反馈意见核实与报规方案的一致性，是否符合限额设计要求	不同单位在不同时间参与流程管理
专业分包					

3. 施工图设计前期内控工作安排

如表2所示。

施工图设计前期内控工作安排　　　　　表2

参与单位＼工作流程	首次设计协调会	补充设计条件	召开技术工程会	施工图互提资料
建设单位				
设计总包	时间：施工图设计阶段开始日。 会议组织人：项目负责人。 会议参加人：各专业负责人。 会议主要内容： (1) 项目负责人发放本工程的《设计任务书》和《设计策划表》。 (2) 发放经审批或甲方确认的建筑初步设计图。 (3) 发放各专业的初步设计审批意见。 (4) 研究和讨论甲方及政府部门的要求，制定本项目的统一设计要求和措施。 (5) 组织各专业人对新补充资料的完整性、可行性进行评审。 (6) 对于限额设计，本次会议上应提出经过审批（或甲方同意）的初步设计概算，作为各专业施工图设计的限定性条件。 (7) 制定本工程《专业配合进度计划表》，在本次会议上由各相关人员签字后生效	(1) 建筑、总图负责人发放方案图，各专业间互提资料； (2) 经济专业按各专业反馈意见核实与报规方案的一致性，是否符合限额设计要求	设计总包各专业人参加由建设单位组织建设方的重要部门（如前期部、质量部、工程部、成本部等），协同专业化分包、施工单位人员召开专项技术工程会，了解清楚对设计产生影响的专业化方案。专业化分包单位明确设计条件，确认会议内容，建设单位形成《会议纪要》，并以《工作联系单》形式下发相关单位	设计总包各专业负责人由建设单位组织的二次深化设计技术工程会，了解清楚对设计产生影响的二次深化设计方案。二次深化设计单位明确设计条件，并确认会议内容

4. 项目协作平台

高层办公建筑设计已步入数据化、信息化阶段，项目协作平台是保证项目设计管理工作效率的重要手段。设计单位采用云端协同作业平台进行设计团队内部的项目协同设计工作，项目协作平台可以实现项目设计文件管理、跟踪工作流程、协同办公工作等，特别有利于保证跨地域、多专业协同、多设计单位或顾问配合。建设单位及项目管理单位通过组织应用项目协作平台可以支持工程设计管理文件查阅、资料管理、过程监控与沟通协调等工作，避免文件版本混乱、工作接口不畅及专业不同步等问题，通过文件共享、在线视频会议、信息发布、工作过程追踪、在线批注等实现工程设计管理工作的标准化、可视化及实时化，并能够与项目管理的其他环节有效衔接。

5. 项目设计计划

（1）项目设计进度计划编制依据包括合同文件、项目总控计划、资源情况、内部控制与外部约束条件等，项目设计进度计划一般可以分为设计控制计划和设计作业计划。

（2）设计控制计划是项目总控计划不可分割的重要组成部分，与采购施工等控制性计划是相互制约、密切关联的一个整体，设计控制计划在编制和实施过程中应使用网络计划及信息手段反复协调，进行设计控制性计划的正向与倒向排列比对，逐项核实计划的相关接口条件，调查同类高层办公建筑的设计周期并进行比对，进行风险分析及应对措施准备，确定合理可行的设计进度里程碑，保证设计控制计划可行、合理的关键是有效预判内部管理、外部审批、情形改变等对设计进度的不利影响。

（3）设计作业计划是保证设计质量与深度的必要条件，不可随意进行不合理的压缩，编制中可依照《全国建筑设计周期定额》等标准，结合高层办公建筑的规模、复杂程度及设计阶段等计算工作周期，在作业计划的编制中宜考虑以下因素：

① 采用具有创新性的技术、材料、工艺时，应适当增加时间，以保证技术工作的充分性。

② 高层或超高层办公建筑须专项审查、评估、试验或技术验证时，应增加相应的设计工作时间。

③ 群体性高层办公建筑的设计周期可在单体设计周期叠加的基础上进行一定的折减。

④ 有重复性的高层办公建筑或标准化设计可适当折减设计工作时间。

⑤ 适当预留一定的变更时间。

⑥ 预留设计审查及完善的工作时间，设计作业计划应保证设计质量及深度，避免所提供的设计文件因各种因素无法使用或存在缺陷。

（4）建设单位及项目管理单位应核查设计作业计划的执行情况，主要包括：设计工作的条件及输入是否按计划落实，是否按计划开展设计文件的内、外部审查，是否按计划完成设计文件，设计文件是否按计划提供给施工、采购等，并应分析设计作业进度偏差原因，及时解决问题。

2.3.2 设计变更管理

在项目管理实践中设计变更难以避免，高层办公建筑工程设计变更数量多、变更涉及工程造价数额大、争议处理难等，是工程设计管理的难点。

（1）从施工合同管理角度，设计变更属于合同变更管理的一部分，设计变更的实际发起方包括建设单位、设计单位、监理单位及施工单位，批准确认方为建设单位，项目管理实践中设计变更主要由建设单位及施工单位发起。施工合同中关于变更的范围、变更权与合理化建议均有明确约定，变更的范围可包括：增加或减少合同中任何工作，或追加额外的工作；取消合同中任何工作，但转由他人实施的工作除外；改变合同中任何工作的质量标准或其他特性；改变工程的基线、标高、位置和尺寸；改变工程的时间安排或实施顺序。

（2）变更指示均通过监理人发出，监理人发出变更指示前应征得发包人同意。承包人收到经发包人签认的变更指示后，方可实施变更。未经许可，承包人不得擅自对工程的任何部分进行变更。涉及设计变更的，应由设计人提供变更后的图纸和说明。如变更超过原设计标准或批准的建设规模时，发包人应及时办理规划、设计变更等审批手续。承包人提出合理化建议的，应向监理人提交合理化建议说明，说明建议的内容和理由，以及实施该建议对合同价格和工期的影响。监理人应在收到承包人提交的合理化建议后进行审查并报送发包人，发现其中存在技术上的缺陷，应通知承包人修改。发包人在收到监理人报送的合理化建议后进行审批。合理化建议经发包人批准的，监理人应及时发出变更指示，由此引起的合同价格调整按约定执行。发包人不同意变更的，监理人应书面通知承包人。合理化建议降低了合同价格或者提高了工程经济效益的，发包人可对承包人给予奖励，奖励的方法和金额在专用合同条款中约定。

（3）施工合同中对变更程序、变更估价等方面均有明确约定，建设单位及项目管理单位应制定工程变更管理的程序及制度。

以下提供某超高层办公建筑工程变更管理办法实例，用以体现变更管理的实际程序及要求等情况。

【实例 2-8】　某超高层商务办公建筑工程变更管理办法

根据工程管理的需要，规范工程变更管理工作，明确工程变更方式及其文件的管理流程，特制定本管理办法。凡本工程发包人（业主）与承包人（施工单位）以合同方式约定的工程范围、工程内容、工程特征、合同价款发生变更均须按照本管理办法办理工程变更文件，并与原工程合同基础文件共同作为工程管理、施工、监理、结算的依据。参与工程的业主项目部/设计部/预算部、设计单位、监理单位、各承包单位均须依照本管理办法管理工程变更，业主项目部负责工程变更统筹协调。

一、工程变更文件分类及适用范围

工程变更文件根据工程变更内容和编制单位的不同，分为业主通知、设计变更文件、现场签证计量单、合同价款变更单。各种工程变更文件的应用范围如下：

1. 业主通知：本工程施工范围、施工界面划分的工程变更事项，本工程材料设备供应商的确认和调整，由业主项目部以《业主通知》的方式确定。相应的工程内容、工程特征的变化由设计或施工单位办理设计变更文件确定。

2. 设计变更文件：本工程施工图的工程内容和工程特征发生变化须办理设计变更文件，根据设计变更文件编制人的不同分为《设计变更通知单》和《工程洽商记录》两种形式。与正式施工图等效作为工程管理、施工、监理、办理工程经济变更、结算的依据。设计变更文件主要适用于表1所示工程变更事项。

工程变更事项 表1

分类	设计问题类型	变更依据
A	修正图纸错误，补充设计缺项，优化完善设计	设计单位自主修改
B	业主改变设计方案、建设标准、使用功能，调整施工范围和工程内容（界面）导致施工图内容产生变更	业主设计部修改通知
C	业主、施工单位确定或改变材料、设备供应商导致施工图内容产生变更	
D	施工图设计无法满足施工方案或施工工艺要求导致施工图内容产生变更	设计例会会议纪要
E	施工、监理、业主单位施工过程中，采用新工艺、新材料或其他技术措施等导致施工图内容产生变更	
F	已施工部位不可更改，导致施工图内容产生变更	

3. 现场签证计量单：工程施工过程中现场施工条件变化或业主委托合同外工作，需通过现场实测计量实物工作量时，或已施工部位需要返工的，须办理《现场签证计量单》确定工程量。由相应事项的业主通知或设计变更文件所引起的合同价款变更，应以《现场签证计量单》作为支持文件。主要适用于下列工程变更事项：已施工的部位发生设计变更，实施设计变更必需的技术措施、拆改及材料设备损失。合同约定的施工现场条件复杂，无法准确用图纸表述的，以及现场条件发生变化（地质情况、地下水、地下管线及构筑物等），导致工程内容、工程特征、工程量变更。施工单位受业主委托承担在施工合同以外的工作，如搭建临时用房、临时设施、提供临时用工、三通一平、障碍清除等。

4. 合同价款变更单：根据合同约定需调整合同价格的办理《合同价款变更单》。该价款变更单是双方确认合同价格变更调整的有效文件。具体报审要求见合同条件。

二、工程变更文件编制和管理

1. 设计变更文件

1）文件编制：设计变更文件除A类变更事项外均须依据经业主书面确定的设计变更意见编制。其中B类变更事项由业主设计部确定设计变更意见，其他类变更事项由业主项目部组织设计例会，由业主设计部/项目部/预算部（视情况）、设计单位、施工单位（承包人）、监理单位等共同确定设计变更意见。由于某个专业的设计变更导致其他相关专业的设计发生变化时，必须按照以下规定执行：如果属于A/B类变更文件，应当由设计部门或业主设计部负责确定所涉及的专业，并分别将各专业的变更内容完善，直至最终形成正式变更文件下发；如果属于其他类变更文件，应当由承包人负责确定所涉及的专业，并分别将各专业的变更内容完善直至最终形成正式变更文件下发。设计例会的组织和管理详见《设计例会组织管理办法》。

2）编制单位及编制格式：《设计变更通知单》由设计单位编制，按照设计单位专用文件格式或北京市地方标准《建筑工程资料管理规范》编写。《工程洽商记录》由施工单位编制，按照北京市地方标准《建筑工程资料管理规范》编写。所有分包人工作范围的《工程洽商记录》，均由承包人或机电分包人负责编制。与业主有合同见证关系的分包人需办理《工程洽商记录》时，可由分包人编写并由承包人或机电分包人统一提出。

3）文件内容：

局部设计变更：施工图中的局部设计变更，《设计变更通知单》和《工程洽商记录》应以文字写明变更设计的原施工图编号，设计变更的部位、原因（或依据）及变更事项，图示部分应作为《设计变更通知单》或《工程洽商记录》的附件。

整版设计变更：施工图中部分或全部图纸版次变更，以新版施工图替代原施工图，应由设计单位办理《设计变更通知单》。设计变更通知单应以文字写明设计变更原因（或依据）及变更事项、作废的原施工图编号。新版图纸作为《设计变更通知单》的附件，须注明新版图纸版次，并以"云线"示意变更部位。

变更事项描述应清楚、简洁、避免歧义，并须明确现场实施情况或涉及拆改情况；变更事项中应对专业交叉及关联作出明确说明。

《设计变更通知单》和《工程洽商记录》记录内容为工程技术变更，有关商务变更内容或诸如此类记载应视为无效。

4）文件编号：《设计变更通知单》和《工程洽商记录》应按分单体分专业建立文件编号系统。

5）审核审批：

《设计变更通知单》由设计单位编写，经其专业设计人/专业负责人审核签字，提交设计例会审核，施工单位（承包人）技术负责人、监理单位专业负责人、业主项目部专业负责人审核会签确认后，提交设计部审核，加盖设计确认专用章，并由设计部专业负责人审核及项目设计经理（或机电经理）审批签字后生效。其中机电类《设计变更通知单》"施工单位"一栏应由承包人和机电分包人的技术负责人双签。

《工程洽商记录》由施工单位（总承包人或机电分包人）编写，经其技术负责人审核签字（分包人提出的《工程洽商记录》"施工单位"一栏应由承包人或机电分包人和相关分包人的技术负责人双签），提交设计例会审核，经监理单位专业负责人、设计单位专业负责人、业主项目部专业负责人审核会签确认后，提交设计部审核，加盖设计确认专用章，并由设计部专业负责人审核及项目设计经理（或机电经理）审批签字后生效。

《设计变更通知单》或《工程洽商记录》凡涉及拆改的，均要求施工单位（承包人或分包人）在正式文件签署发出后指定时间内（以设计确认时间起计4个工作日为时限），联系业主、监理单位、咨询公司办理《现场签证计量单》，以此作为对拆改事项的认定。正式变更洽商文件发出后，方可据此办理现场签证计量单。

6）文件份数：详见《设计变更文件发放表》，所示专业分包需要的设计变更文件由承包人负责加印并发放，机电分包人所需的设计变更文件由承包人发放，设计变更文件若为蓝图，发放份数应与正式施工图纸的发放份数一致。

（4）合同约定及工程变更管理制度能够保障设计变更的顺利实施，但无法避免发生设计变更超出预期。建设单位及项目管理单位应将防范设计变更超出预期应作为工程设计管理的主要目标及衡量高层办公建筑工程设计管理水平的重要指标，应在工程设计管理过程中实施主动控制及全过程控制，包括：依规落实各阶段设计前置条件，依法办理各阶段审批备案手续，完善细化各阶段的设计输入资料，对设计输入文件及设计过程文件进行必要的审核论证，对各阶段的造价文件进行审核，对设计成果进行审核等，保证设计的合法性、适用性和充分性。

（5）建设单位及项目管理单位还应重视对产生设计变更因素的预控，项目管理实践中，高层办公建筑设计变更的主要因素包括：因场地、岩土、气候等变化必须修改设计的；因建筑规模、功能及标准等需求发生变化需修改设计的；因技术标准变化必须修改设计的；设计存在缺陷需要解决的；设计深度不足需要完善的；需要代换材料设备的；施工建议及其他变更原因。对于建筑规模、功能及标准等需求发生变化需修改设计的应格外慎重，政府投资性等高层办公建筑的设计变更应符合有关法规及文件规定。

2.3.3 技术标准管理

高层办公建筑设计周期较长，在设计过程中经常发生技术标准变化，新发布并实施的强制性标准对设计工作有较大的影响，不仅需要修改已完成的设计文件，同时对工程造价及进度产生影响，工程设计管理中应重视掌握相关技术标准的发布与实施情况，了解和评估其对设计工作及项目报批等的影响，确保执行适用有效的强制性技术标准，在设计过程中如遇到应及早协调设计单位执行以减少不利影响。

以下提供某超高层保险业总部办公建筑机电等标准变更内容实例及某高层行政办公建筑绿色建筑评价标准变更实例，用以体现技术标准变化产生的实际影响等情况。

【实例2-9】 某超高层保险业总部办公建筑机电等标准变更内容实例

本项目设计文件完成后有多项技术标准发布实施，在相关设计审查时要求按照2014年6月1日实施的《建筑照明设计标准》GB 50034—2013、2014年10月1日实施的《消防给水及消火栓系统技术规范》GB 50974—2014、2015年5月1日实施《建筑设计防火规范》GB 50016—2014对施工图纸进行修改，修改范围及内容如下：

① 根据《建筑照明设计标准》GB 50034—2013（2014年6月1日实施）对图纸进行如下修改：对原设计中的设计说明和照明平面图、照明系统图进行了重新计算和修改。其中图纸说明修改各房间照度标准和功率密度值；照明平面图重新进行照度计算、功率密度计算、灯具布置和照明配电设计。照明系统图根据照明平面配电支路和容量重新计算、修改照明分盘系统和干线系统图。

② 根据《消防给水及消火栓系统技术规范》GB 50974—2014（2014年10月1日实施）"5.2.1条（一类高层公共建筑的高位消防水箱，不应小于36m³）及5.5.12条（附设在建筑物内的消防水泵房，不应设置在地下三层及以下或室内地面与室外出入口地坪高差大于10m的地下楼层）等条文规定，导致本项目的消防水池和稳压水箱的设置均需要调整。而消防水池和消防水箱按新规范进行设计调整，不仅对平面布局影响巨大，甚至对结构计算、消防给排水系统、电气专业都将产生较大影响。

③ 根据《建筑设计防火规范》GB 50016—2014（2015年5月1日实施）中的部分条款对图纸进行如下修改：包括7.2章节对设置消防救援场地的要求，以及新增救援窗口的要求；5.4.8章节对餐厅放置在3层以上不得超过400m²的要求；6.7.9章节对幕墙增加层间防火封堵措施的要求；6.4.10章节及条文解释对防火分区分界处设置常开防火门的要求及疏散走道内不得设置卷帘、门的要求等。

【实例 2-10】 某高层行政办公建筑绿色建筑评价标准变更情况

2021年1月8日印发的《住房和城乡建设部关于印发绿色建筑标识管理办法的通知》（建标规〔2021〕1号）规定"绿色建筑三星级标识认定统一采用国家标准，二星级、一星级标识认定可采用国家标准或与国家标准相对应的地方标准。新建民用建筑采用《绿色建筑评价标准》GB/T 50378"。

本工程此前已完成施工图设计，按此规定进行了相应的比对和修改。主要内容如表1所示。

新要求的比对和修改　　　　　　　　　　　　　　　　表 1

编号	条文编号	具体措施	原设计要求	新国标要求	设计调整
1	3.2.8/7.2.4	围护结构热工性能较国标提高20%	外墙岩棉导热系数0.04W/m·K，传热系数0.41W/m²·K，需达到0.4W/m²·K。外窗为8+12Ar+8，传热系数≤2.0W/m²·K。屋面满足要求	外墙岩棉导热系数按照预计采购产品参数0.038W/m·K核算，已满足要求。建议采用三玻两腔，传热系数≤1.76+W/m²·K	玻璃幕墙目前采用8+12Ar+8
2	4.1.6	厕所、浴室、盥洗室顶棚防水石膏板刷防潮涂料	地面防水层为1.5mm厚环保型单组分聚氨酯涂膜，墙面防水层为1.5mm厚环保型单组分聚氨酯涂膜，顶棚采用防水石膏板，厕浴间、厨房、有排水点的机房等地面易积水房间的蒸压加气混凝土砌块墙底部，应设置高出楼地面200mm的≥C20的现浇混凝土翻边，其他墙面以可能溅到水的范围为基准向外延伸≥250mm；浴室淋浴的临墙面防水高度≥2m厕浴间、厨房（指有用水点的房间）四周墙根防水层高度≥250mm	地面防水层满足要求，不用更改；墙面防水层应做到顶，防水层厚度不变；防水石膏板吊顶要求满刷氯偏乳液或乳化光油防潮涂料两道；混凝土砌块墙底部翻边满足要求，不用更改	目前为：厕浴间、厨房（指有用水点的房间）四周墙根防水层泛水高度≥250mm，其他墙面以可能溅到水的范围为基准向外延伸≥250mm；浴室淋浴的临墙面防水高度≥2m；遇门洞处向外延伸300mm
·3	4.2.3	所有门窗设置具有可调力度的闭门器或具有缓冲功能的延时闭门器	防火门设置闭门器	所有门窗设置具有可调力度的闭门器或具有缓冲功能的延时闭门器	防火门设置闭门器，部门人员出入频繁场所出入口设地弹门（详幕墙统计）

编号	条文编号	具体措施	原设计要求	新国标要求	设计调整
4	4.2.4	建筑出入口及平台等选用设置防滑措施，防滑等级不低于现行行业标准《建筑地面工程防滑技术规程》JGJ/T 331 规定的 B_d、B_w 级	设计未作要求	依据《建筑地面工程防滑技术规程》，建筑出入口及平台、建筑室内外活动场地和建筑坡道、楼梯踏步防滑满足相应等级的防滑值和静摩擦系数，建筑坡道、楼梯踏步采用防滑条等防滑构造技术措施	请总包根据采购厂家提供技术规格书核量
		建筑室内外活动场地采用防滑地面，防滑等级达到现行行业标准《建筑地面工程防滑技术规程》JGJ/T 331 规定的 A_d、A_w 级			请总包根据采购厂家提供技术规格书
		建筑坡道、楼梯踏步防滑等级达到现行行业标准《建筑地面工程防滑技术规程》JGJ/T 331 规定的 A_d、A_w 级或按水平地面等级提高一级，并采用防滑条等防滑构造技术措施			请总包根据采购厂家提供技术规格书核量
5	4.2.5	主入口区域部分灯杆要由 3.5m 改为 5m，步行和自行车交通使用道路照明标准不低于《城市道路照明设计标准》CJJ 45—2015	主入口区域部分灯杆高度 3.5m	主入口区域部分灯杆高度 5m	请总包根据采购厂家提供技术规格书核量
6	4.2.9	防水和密封材料选用满足绿色产品标准的产品；内墙选用耐久性好的涂料，要求耐洗刷性≥5000 次	设计未作要求	防水和密封材料选用满足绿色产品标准的产品；内墙选用耐久性好的涂料，要求耐洗刷性≥5000 次	请总包根据采购厂家提供技术规格书核量

编号	条文编号	具体措施	原设计要求	新国标要求	设计调整
7	5.1.3	所有给排水管道及非传统水源管道和设备设置明确、清晰的永久性标识	仅设置"中水"耐久标识，未对标识有明确要求	所有给排水管道标识设置，要求：在管道上设色环标识，两个标识之间的最小距离不应大于 10m，所有管道的起点、终点、交叉点、转弯处、阀门和穿墙孔两侧等的管道上和其他需要标识的部位均应设置标识，标识由系统名称、流向组成等，设置的标识字体、大小、颜色应方便辨识，且应为永久性的标识，避免标识随时间褪色、剥落、损坏	补充设计所有给排水管道上设标识系统
8	5.2.1/5.2.2	木地板、涂料、防水材料等 3 项以上内装建材选用满足国家绿色产品标准的产品	设计未作要求	木地板、涂料、防水材料等 3 项以上内装建材选用满足国家绿色产品标准的产品	请总包根据采购厂家提供技术规格书核量
9	5.2.4	生活给水水箱、水池采用成品水箱，水箱设储水分格设施，原设计水箱未设分格措施改为水箱宜分为 2 格	设计水箱未分格	储水设施分成容积基本相等的 2 格	按三星要求设置水箱分格，请总包核价
10	6.2.7	主要功能房间同时设以上三种空气质量监测系统（$PM_{2.5}$、PM_{10} 及 CO_2），且具有存储至少一年的监测数据和实时显示等功能	仅监控 CO_2		A 办公区域：增加 $PM_{2.5}$/PM_{10} 传感器各 140 台；会议区域：增加 PM_{10} 60 台；B 办公区域：增加 $PM_{2.5}$/PM_{10} 传感器各 106 台；会议区域：增加 PM_{10} 60 台

编号	条文编号	具体措施	原设计要求	新国标要求	设计调整
11	6.2.9	服务系统具有接入智慧城市（城区、社区）的功能；设计阶段未明确，建筑具备接入智慧城市条件	已满足要求	补充单体智能化服务平台可与行政办公区智能化平台对接，预留接口，可实现信息和数据的共享和互通。智能化服务平台能够与所在的智慧城市（城区、社区）平台对接，则可有效实现信息和数据的共享与互通，大大提高信息更新与扩充的速度和范围，实现相关各方的互惠互利。智慧城市（城区、社区）的智能化服务系统的基本项目一般包括智慧物业管理、电子商务服务、智慧养老服务、智慧家居、智慧医院等，能够为建筑层面的智能化服务系统提供有力支撑。本款要求至少1个系统项目实现与智慧城市（城区、社区）平台对接	已满足
12	7.1.4	照明光源选型需满足：（1）人员长期停留的场所采用符合现行国家标准《灯和灯系统的光生物安全性》GB/T 20145规定的无危险类照明产品的要求；（2）选用LED照明产品的光输出波形的波动深度满足现行国家标准《LED室内照明应用技术的要求》GB/T 31831的规定	设计未做要求	（1）人员长期停留场所的照明，照明产品光生物安全性需满足现行国家标准《灯和灯系统的光生物安全性》GB/T 20145—2006中安全组别为无危险类的产品；（2）选用的LED灯具，照明频闪满足现行国家标准《LED室内照明应用技术要求》GB/T 31831—2015的光输出波形的波动深度要求	√

编号	条文编号	具体措施	原设计要求	新国标要求	设计调整
12	7.1.4	采光区独立控制，照明功率密度满足目标值要求	公共区域精装修设计未做要求，办公区域尚未完成精装修设计	所有采光区域的照明独立控制，采光区域依据现行国家标准《建筑采光设计标准》GB 50033—2013 第6.0.1条规定的采光有效进深确定，公共建筑采光等级依据现行国家标准《建筑采光设计标准》GB 50033—2013 第4章采光标准值，公共建筑照明采光区域，照明平面图中审查要求靠窗5m以内的灯具应单独成组控制，对采光区域（通常靠窗5m以内）的照明灯具实现独立控制	√
13	7.2.18	混凝土、砂浆、非承重围护墙、内隔墙、外墙饰面、内墙饰面、室内顶棚装饰、室内地面装饰、门窗玻璃、保温材料、卫生洁具、防水材料、密封材料等应用获得绿色建材评价标识的材料用量比例达到80%以上。绿色建材总用量比例不低于30%	设计未做要求	预拌混凝土和预拌砂浆全部采用具有绿色建材标识的产品，可满足绿色建材总用量比例30%要求或根据内插法计算总用量比例	请总包根据采购厂家提供技术规格书核量
14	8.2.4	室外增加吸烟区设计，要求布置在地区下风向位置，与建筑出入口、开启扇、新风进气口距离不小于8m。室外吸烟区与绿植结合，并合理配式座椅和带烟头收集的垃圾桶，且设有吸烟引导标识	设计未做要求	根据要求在场地中设置一处室外吸烟区。要求布置在地区下风向位置，与建筑出入口、开启扇、新风进气口距离不小于8m。室外吸烟区与绿植结合，并合理配式座椅和带烟头收集的垃圾桶，且设有吸烟引导标识	补充在内庭院设置吸烟区

2.3.4 配套条件跟踪

高层办公建筑工程建设受市政公用工程建设的控制与影响，配套条件落实需要按相应报装审批程序并经过较长的周期，配套条件发生一定的调整变化是难以避免的，工程设计管理中应重视对配套条件的跟踪管理，对冷源、热力、电力等主要配套条件的调整变化予以把握，及时配合相应的技术工作，避免对工程设计管理的不利影响，避免发生后期拆改等。

以下提供某超高层保险业总部办公建筑热力工程配套变更情况实例，热力工程是保证建筑物使用功能的基本配套条件，热力工程报装前，应详细了解项目周边的热力管线安装情况，若市政热力管线设置不到位，需及时了解管线安装完成的时间，合理安排项目报装计划，避免对工程的不利影响。热力工程报装时，应及时了解热力公司对入户管线及相关材料设备的需求，及时做好应对，调整项目自身的概算编制。及时与热力公司及设计单位确定一次热力管线进户的进户位置及路由，明确与原建筑设计预留条件是否有冲突，如有冲突应尽早调整，减少变更、避免拆改等。项目管理单位对申报、设计、施工及供热的协调与落实工作应贯穿于项目管理工程的始终。

> **【实例 2-11】** 某超高层保险业总部办公建筑热力工程设计变更情况
>
> 2012 年 9 月，某商务区向项目发出了函件，要求该项目与之签订《某商务区绿色低碳建设约定书》，其中要求该项目冷热源由商务区集中供应。经与之沟通，结合项目场地条件同意园区的要求。
>
> 商务区整体市政配套设施建设滞后，供冷站、供热站、热力管沟及相关管线始终未建设完成，建设单位及项目管理单位于 2013 年曾向其发出正式文函，当时热力管沟及管线尚未进行规划；至 2016 年底，项目南侧道路下的部分热力管沟方才施工完成，2017 年下半年供冷站及供热站才建设完成，但商务区整体的热力管沟始终未完成，该项目热力报装工作至 2017 年才开始进行。
>
> 该项目 2014 年进行施工图设计时，商务区热力管网、热力站等均未完成规划，只能根据自身项目情况进行暂定设计，将热力站设计至 B4 层北侧，计划从南侧 B1 层进户，垂直下至 B4 层，再进入热交换站。项目管理单位对暂定设计的风险始终予以关注，在进行热力接洽及申报各类资料外，重点跟踪热力一次管线的入户位置及标高的合理确定，以便及早发现并解决与建筑暂定设计的冲突并及时进行调整。
>
> 2016 年该项目南侧热力管沟进行施工时，项目管理单位就热力工程进户的问题与热力公司进行技术对接，热力公司要求该项目从北侧进户，此方案造价过高且实施难度大，项目管理单位组织设计单位多次与热力公司进行沟通，最终热力公司同意调整方案，确定一次热力管线从南侧 B4 层入户，主干管线穿 B4 层进冷热交换站，以保证热力管线便于维修及管道安全。项目管理单位及时协调设计单位进行设计变更，完成建筑内热力一次管线从结构外向下延伸至 B4 层及增设热力竖井及热力小室等，并完善造价及工期等变更工作，于 2018 年 5 月最终确定方案，并与热力公司签订《集中供热合作意向书》。

以下提供某高层行政办公建筑电气设计优化与电力配套落实情况实例，电力工程是保证建筑物使用功能的基本配套条件，项目管理单位在电力配套设计管理中应关注用电负荷、室外管沟与入户路由、变配电室预留条件、变压器设置等，掌握电力配套方案对建筑设计的影响，及早发现与建筑设计预留条件是否相符，如有冲突应尽早调整，以减少变更、避免拆改，同时应组织建筑设计单位对建筑电气设计进行深化优化工作，及时配合落实电力配套的技术条件，项目管理单位对供电的申报、设计、施工及发电的协调与落实工作应贯穿于项目管理工程的始终。

【实例 2-12】　某高层行政办公建筑电气设计优化及电力配套落实情况

2019 年，某高层行政办公建筑项目配套电网规划阶段负荷预测如下：（1）项目预测总负荷为地块地上负荷＋地下负荷＋充电桩负荷；（2）项目供暖方式按市政采用集中供暖方式；（3）项目停车位数依据《某地区建设工程规划设计通则》中停车位配建指标进行估算，结合充电桩配建相关原则，办公类用地内充电桩暂按停车位的 25% 配置；（4）用地内充电桩暂按直流桩与交流桩比例 1：9 考虑；（5）充电桩负荷预测时，按照直流充电桩每桩 40kW、交流充电桩每桩 7kW 考虑。同时率选取方面，行政办公用地交流桩同时率取 0.62，直流桩同时率取 0.26；（6）项目地下面积暂按建筑面积的 20% 考虑。通过项目用电负荷预测分析，该项目预计负荷总量约为 3393.68kW。综合考虑功率因数、变压器负载率、配电室最大运行同时率、配电室供电面积等多重因素，测算该地块整体接入配变容量约为 5000kVA。

随着建筑设计工作的进展，2021 年施工图设计阶段对供电负荷进行了深化，主要调整内容如下：（1）由现状能源站为各地块集中提供冷热源，各地块仅设置二级能源站用电设备，行政办公单位面积变压器容量指标（含停车数量 25% 比例的充电桩）按 60 至 70VA/m² 考虑。（2）根据用电负荷性质和用电负荷实际情况，计算负荷有功同时系数选取范围可按 0.60 至 0.90 考虑。（3）结合项目限额设计的实际情况，变压器负载率可按 80% 考虑。（4）为提高变压器的使用效率，节约投资和运维成本，充电桩负荷可与其他负荷合用变压器，地下部位不设置直流充电桩，电负荷设计深化总量约为 2963kW。电力公司最终供电方案确定安装变压器容量为 5800kVA（其中一台 800kVA 变压器为充电桩专用）。

建筑设计单位根据最终供电方案及供电部门意见对变电室、夹层等设计进行了调整，变压器容量与供电方案一致，变电室设置送排风和空调机组，夹层设置通风口预留排水泵坑及电源，确定了入户预留埋设的位置及标高。

第3章　重要专项设计管理

在高层办公建筑项目管理实践中对建筑安全、功能、投资及工期有着关键影响的专项设计工作包括超限建筑抗震设计、建筑消防设计、绿色建筑设计等，是建设单位及项目管理单位项目设计管理的重点，相关工作影响大、责任重！

2021年住房和城乡建设部及应急部发布《住房和城乡建设部应急管理部关于加强超高层建筑规划建设管理的通知》（建科〔2021〕76号），通知中提出"严格管控新建超高层建筑""深化细化评估论证。各地要充分评估论证超高层建筑建设风险问题和负面影响。尤其是超高层建筑集中的地区，要加强超高层建筑建设项目交通影响评价，避免加剧交通拥堵；加强超高层建筑建设项目环境影响评价，防止加剧城市热岛效应，避免形成光污染、高楼峡谷风。强化超高层建筑人员疏散和应急处置预案评估。超高层建筑防灾避难场地应集中就近布置，人均面积不低于 $1.5m^2$。加强超高层建筑节能管理，标准层平面利用率一般不低于80%，绿色建筑水平不得低于三星级标准。"对此，超高层办公建筑项目的建设单位及项目管理单位应予以充分关注。

本章结合项目管理实践，对超限高层建筑抗震设计管理、建筑消防设计管理、绿色建筑设计管理、LEED认证管理等实际情况予以展示和介绍。

3.1　超限高层建筑抗震设计管理

《建设工程抗震管理条例》规定"对超限高层建筑工程，设计单位应当在设计文件中予以说明，建设单位应当在初步设计阶段将设计文件等材料报送省、自治区、直辖市人民政府住房和城乡建设主管部门进行抗震设防审批。住房和城乡建设主管部门应当组织专家审查，对采取的抗震设防措施合理可行的，予以批准。超限高层建筑工程抗震设防审批意见应当作为施工图设计和审查的依据。超限高层建筑工程，是指超出国家现行标准所规定的适用高度和适用结构类型的高层建筑工程以及体型特别不规则的高层建筑工程。"

《超限高层建筑工程抗震设防管理规定》中"超限高层建筑工程的抗震设防专项审查内容包括：建筑的抗震设防分类、抗震设防烈度（或者设计地震动参数）、场地抗震性能评价、抗震概念设计、主要结构布置、建筑与结构的协调、使用的计算程序、结构计算结果、地基基础和上部结构抗震性能评估等。"

超限高层办公建筑的抗震专项审批目的是避免严重不规则结构，保证超限的可行性、相关设计依据的充分性及抗震措施的有效性等，是消除超限高层办公建筑抗震安全隐患、避免发生重大结构设计质量缺陷的重要工作，是超限高层办公建筑工程设计管理的重点。

3.1.1　超限高层办公建筑设计管理内容

（1）按规定报送抗震设防审批，申报超限高层建筑工程的抗震设防专项审查前准备好以下资料：超限高层建筑工程抗震设防专项审查表；设计的主要内容、技术依据、可行性论证及主要抗震措施；工程勘察报告；结构设计计算的主要结果；结构抗震薄弱部位的分析和相应措施；初步设计文件；设计时参照使用的国外有关抗震设计标准、工程和震害资料及计算机程序；对要求进行模型抗震性能试验研究的，应当提供抗震试验研究报告等。报送审批并取得相应的行政许可是超限办公建筑设计管理的核心工作。

（2）超限高层建筑工程的勘察、设计、施工、监理，应当由具备甲级（一级及以上）资质的勘察、设计、施工和工程监理单位承担，其中建筑设计和结构设计应当分别由具有高层建筑设计经验的一级注册建筑师和一级注册结构工程师承担。

（3）按照抗震设防专项审查意见进行超限高层建筑工程的勘察、设计，施工图设计文件审查前检查设计图纸是否执行了抗震设防专项审查意见，以免因未执行专项审查意见，施工图设计文件审查不能通过。按规定未经超限高层建筑工程抗震设防专项审查，建设行政主管部门和其他有关部门不得对超限高层建筑工程施工图设计文件进行审查。超限高层建筑工程的施工图设计文件审查应当由经国务院建设行政主管部门认定的具有超限高层建筑工程审查资格的施工图设计文件审查机构承担。

（4）工程施工过程中严格按照经抗震设防专项审查和施工图设计文件审查的勘察设计文件进行超限高层建筑工程的抗震设防和采取抗震措施。

（5）国家现行规范要求设置建筑结构地震反应观测系统的超限高层建筑工程，按照规范要求设置地震反应观测系统。

3.1.2　抗震设防专项审批过程管理

1. 基本流程

如图 3-1 所示。

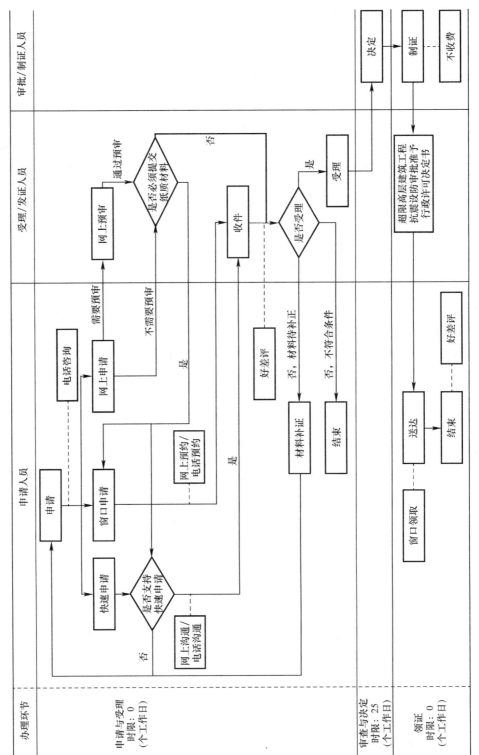

图 3-1 超限抗震设防专项审批流程

2. 申报材料

（1）抗震设防审查申报表应符合《超限高层建筑工程抗震设防专项审查技术要点》（建质〔2015〕67号）的规定，加盖建设单位公章。

（2）建筑结构工程超限设计的可行性论证报告。应说明其超限的类型（对高度超限、规则性超限工程，如高度、转换层形式和位置、多塔、连体、错层、加强层、竖向不规则、平面不规则；对屋盖超限工程，如跨度、悬挑长度、结构单元总长度、屋盖结构形式与常用结构形式的不同、支座约束条件、下部支承结构的规则性等）和超限的程度，并提出有效控制安全的技术措施，包括抗震、抗风技术措施的适用性、可靠性，整体结构及其薄弱部位的加强措施，预期的性能目标，屋盖超限工程尚包括有效保证屋盖稳定性的技术措施。应符合以下要求：采用A3纸打印，并加盖建设单位公章；设计报告设计的主要内容、技术依据、可行性论证、主要抗震措施，报告及图纸的规格A3，文字分两栏排列，大底盘结构的底盘等宜分两张出图，甲级设计院提供。报告加盖图纸报审专用章、中华人民共和国一级注册建筑师章、中华人民共和国一级注册结构师章。

（3）岩土工程勘察报告。应包括岩土特性参数、地基承载力、场地类别、液化评价、剪切波速测试成果及地基基础方案。当设计有要求时，应按规范规定提供结构工程时程分析所需的资料。处于抗震不利地段时，应有相应的边坡稳定评价、断裂影响和地形影响等场地抗震性能评价内容。应符合以下要求：甲级勘察院提供，报告的规格A3。报告加盖勘察文件专用章、中华人民共和国注册土木工程师（岩土）章。

（4）结构设计计算书。应包括软件名称和版本，力学模型，电算的原始参数（设防烈度和设计地震分组或基本加速度、所计入的单向或双向水平及竖向地震作用、周期折减系数、阻尼比、输入地震时程记录的时间、地震名、记录台站名称和加速度记录编号，风荷载、雪荷载和设计温差等），结构自振特性（周期，扭转周期比，对多塔、连体类和复杂屋盖含必要的振型），整体计算结果（对高度超限、规则性超限工程，含侧移、扭转位移比、楼层受剪承载力比、结构总重力荷载代表值和地震剪力系数、楼层刚度比、结构整体稳定、墙体（或筒体）和框架承担的地震作用分配等；对屋盖超限工程，含屋盖挠度和整体稳定、下部支承结构的水平位移和扭转位移比等），主要构件的轴压比、剪压比（钢结构构件、杆件为应力比）控制等，对计算结果应进行分析。时程分析结果应与振型分解反应谱法计算结果进行比较。对多个软件的计算结果应加以比较，按规范的要求确认其合理、有效性。风控制时和屋盖超限工程应有风荷载效应与地震效应的比较。

（5）初步设计文件。设计深度应符合《建筑工程设计文件编制深度的规定》的要求，设计说明要有建筑安全等级、抗震设防分类、设防烈度、设计基本地震加速度、设计地震分组、结构的抗震等级等内容。

（6）提供抗震试验数据和研究成果。如有提供应有明确的适用范围和结论。

以下提供某超高层地标办公建筑抗震设防专项审批工作情况实例。

【实例3-1】 某超高层地标办公建筑抗震设防专项审批工作情况

一、工程概况

1. 某金融信息大厦项目工程于某地某金融商务区，是某金融信息平台的重要配套项目，建成后将成为某地"世界城市"的新地标。该工程设计建筑高度为360m，顶部设有直升机停机坪，地面以上81层，其中1～6层为大堂等多用途楼层，7～58

层为办公楼层，59~63 层为培训中心公共区，65~84 层为培训中心客房区，85~88 层为高端会所高端餐饮区。地下共有 4 层，B3 层为停车库及设备用房，B2~B1 为设备和商业用途。总建筑面积地上 21 万 m^2，地下面积约为 6.9 万 m^2。某金融信息大厦项目工程的建筑高度已达到 360m，属已超出国家现行规范、规程所规定的适用高度和适用结构类型的高层建筑工程，依据规定需进行抗震设防专项审查。

2. 当地超限高层建筑工程抗震设防专项审查的相关规定如下。

(1) 依照《超限高层建筑工程抗震设防管理规定》（建设部令 111 号）和修订的《超限高层见证工程抗震设防专项技术要点》等通知规定了超限高层建筑工程的抗震设防专项审查内容包括：建筑的抗震设防分类、抗震设防烈度（或者设计地震动参数）、场地抗震性能评价、抗震概念设计、主要结构布置、建筑与结构的协调、使用的计算程序、结构计算结果、地基基础和上部结构抗震性能评估等。

(2) 审查程序如图 1 所示。

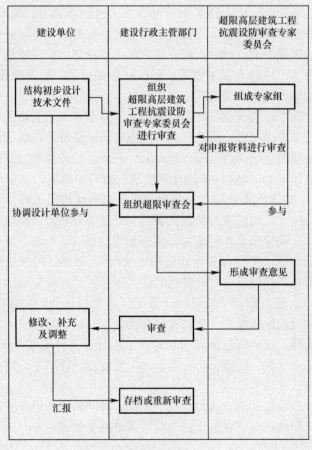

图 1　审查程序

(3) 拟建重要建筑项目属于超限高层建筑工程的由建设单位在项目初步设计阶段向某地建委提出专项报告。建设单位申报超限高层建筑工程的抗震设防专项审查时，应当提供以下材料（表 1）。

<table>
<tr><td colspan="3" align="center">申报抗震设防专项审查所需材料   表1</td></tr>
<tr><td>序号</td><td align="center">资料</td><td align="center">要求</td></tr>
<tr><td>1</td><td>建设单位申请超限高层建筑工程抗震设防审查专项报告；超限高层建筑工程抗震设防审批申请表</td><td>加盖建设单位公章</td></tr>
<tr><td>2</td><td>超限高层建筑工程初步设计抗震设防审查申报表</td><td>加盖建设单位公章</td></tr>
<tr><td>3</td><td>设计的主要内容、技术依据、可行性论证、主要抗震措施</td><td>由设计甲级院提供的抗震试验研究报告（需提供原件）</td></tr>
<tr><td>4</td><td>工程勘察报告</td><td>由勘察甲级院提供的报告文件（需提供原件）</td></tr>
<tr><td>5</td><td>结构设计计算的主要结果</td><td></td></tr>
<tr><td>6</td><td>初步设计文件</td><td></td></tr>
<tr><td>7</td><td>设计时参照使用的国外有关抗震设计标准、工程和震害资料及计算机程序</td><td>由设计甲级院提供的抗震试验研究报告（需提供原件）</td></tr>
<tr><td>8</td><td>对要求进行模型抗震性能试验研究的，应当提供抗震试验研究报告</td><td></td></tr>
<tr><td>9</td><td>勘察、设计单位甲级资质证书复印件；申请人身份证明（身份证）复印件；建设单位企业营业执照、组织机构代码证复印件</td><td></td></tr>
</table>

（4）超限高层建筑工程抗震设防专项审查费用由建设单位承担。某地建委自接到抗震设防专项审查全部申报材料之日起 25 个工作日内，负责组织专家委员会提出书面专项审查意见，并将审查结果通知建设单位。

二、某金融信息大厦抗震设防专项审批工作计划

某金融信息大厦超限审查工作的开展按照住建部令等规定的程序而进行，其超限审查的主要工作均是在初步设计阶段的超限审查流程进行的，审查的主要内容包括结构类型、设计控制参数、计算分析等多方面。

1. 根据实际的设计进度情况和类似超限审查经验，项目管理单位事先制定了本工程超限审查的工作计划。本工程计划在 2013 年 3 月中旬完成结构设计文件的编制，待结构设计文件编制完成后由设计单位向超高层抗震专家委员会进行咨询（主要对超限审查流程和审查的规定进行咨询），然后对结构设计文件进行调整，并在 2013 年 3 月下旬进行第一次超限审查专家咨询会，咨询会结束后对结构设计文件进行调整，再召开第二次超限审查专家咨询会，计划共举行三次超限审查专家咨询会，时间分别定为 2013 年 4 月底及 2013 年 5 月底，每次超限审查专家咨询会后有 20 个工作日对结构设计文件进行修改和调整。通过三次超限专家咨询会的召开，依据超限委员会专家的意见逐步对结构设计文件进行改进和完善后，于 2013 年 6 月底向市建委提交超限审查资料，再由市建委向全国超限审查委员会报送超限审查资料，待超限委员会审核完毕后由市建委组织超限审查论证会，设计单位依据审查意见对结构设计文件进行补充完善并报至市建委备案。其工作计划如表 2 所示。

工作计划				表2
序号	任务名称	工期	开始时间	结束时间
1	结构超限审查	165d	2013.2.26	2013.8.9
2	结构设计文件编制	15d	2013.2.26	2013.3.18
3	专家咨询	1d	2013.3.19	2013.3.19
4	调整结构设计文件	5d	2013.3.20	2013.3.26
5	超限审查专家咨询（第一次）	1d	2013.3.27	2013.3.27
6	调整结构设计文件	20d	2013.3.28	2013.4.24
7	超限审查专家咨询（第二次）	1d	2013.4.25	2013.4.25
8	调整结构设计文件	20d	2013.4.26	2013.5.23
9	超限审查专家咨询（第三次）	1d	2013.5.24	2013.5.24
10	调整结构设计文件	20d	2013.5.7	2013.6.21
11	向市建委提交专项报告	2d	2013.6.24	2013.6.25
12	向全国委员会报送资料	2d	2013.6.26	2013.6.27
13	审核	10d	2013.6.28	2013.7.11
14	超限审查论证会	1d	2013.7.12	2013.7.12
15	修改补充完善审议	20d	2013.7.15	2013.8.9

2. 超限审批工作安排

（1）在进行超限高层建筑设计时，由建设单位向设计院提供如下资料：地质勘察报告、场地地震安全性评价报告、风洞试验、场地地震波。在进行第一次超限审查时建设单位只提供了地质勘察报告初稿、场地地震安全性评价报告初稿，场地地震波只提供了小震10条（需提供大震21条、小震21条），因此第一次超限审查咨询会重点是在方案设计和结构的选型上。至2013年3月，设计院完成了初步的结构设计文件的编制，基本确定了大体结构类型，基本选定为三种结构形式，即：结构采用筒中筒结构，第一种外筒为密柱筒，内筒为核心筒；第二种为外框钢管混凝土，内筒为钢板剪力墙混凝土核心筒；第三种外框采用钢管混凝土框架支撑十型钢支撑，内框为钢板剪力墙核心筒。经比选，确定了第二种方案（外框为钢管混凝土框架支撑，内筒为带钢板剪力墙的核心筒）为最终方案，并针对此方案对超限审查的一些大的指标和参数进行了核算，如：框架和核心筒所占倾覆力矩比例；各楼层的剪力系数；框架所承担的剪力比例；对小震下竖向构件、框架支撑所受承载力，中震下竖向构件、框架支撑所受承载力进行性能化设计，并针对性能化设计做地震分析，以保证一些大的指标（楼层的荷载、楼层质量、总质量、刚度的均匀性、质量的均匀性等）达到安全性的要求。

第一超限审查咨询会所审查的重点是结构选型是否可行，哪些方面需进行优化或更改，其重点不是针对建筑的抗震性能。

（2）第二次超限审查咨询会前，设计院首先会根据第一次超限咨询会上专家所提意见对结构设计进行修改和完善，并且待风洞试验报告、地震安全评价报告、地震波报告资料齐备后，针对这些报告中参数指标与结构选型进行进一步复核（例如第一次小震的地震波已基本给齐，便会开始计算小震情况下的结构性能。到第二次中震波和小震波都已给齐，就会对第一次小震情况下的结构性能进行校核，并且会对中震情况下、大震情况下的结构延性问题进行设计）。并结合相关的地震数据进行结构抗震性能化设计，检查结构设防类别、设防强度的设计是否可以达到国家所要求的标准。超限高层建筑审查主要是审查建筑的抗震能力，目前我国对建筑物抗震设防的基本要求是"小震不坏，中震可修，大震不倒"，因此在做结构性能化设计时会对重要构件有更严格的控制要求，例如会要求竖向构件、支撑构件要达到中震弹性、中震不屈服，腰桁架、伸臂桁架会要求大震不屈服，从而综合保证本工程可达到"大震不倒"的要求。第二轮设计更多是针对技术的细节进行完善。

第二次超限审查咨询，主要是针对结构设计中的一些技术指标进行审核。为何要进行超限高层建筑审查，一是因为建筑物超过限制高度，二是因为国家现行的抗震规范不适用，因此建筑的抗震设防设计是否能够满足安全性要求，需由专家针对设计方案并结合自身的工程经验和技术实例进行审核。如：地震剪力系数，根据抗震规范规定地震剪力系数最小不得小于 0.024，但作为超限高层建筑很难达到规范要求的地震剪力系数，因为超限高层建筑工程的特殊性，需由设计单位根据模型试验数据、该地区的历史地震波数据等作推算确定，然后由国家抗震委员会的专家对这些技术指标的选定进行审核。第二次超限审查主要对建筑抗震设防性能、地基和基础的设计方案、结构计算分析模型、抗震加强措施等进行审查。

3. 第三次超限审查咨询，所审查的内容与第二次相同。更多地是针对第二次超限咨询会所提出专家意见的修改、执行情况。

三、专项审批情况总结

1. 大厦项目的超限审查计划完成周期共计 165d（约为 5.5 个月），其中包括结构设计文件的编制、组织内部超限专家审查、调整设计文件、向建委正式报审及最后的补充完善审议。

2. 在进行超限内部专家审查前，设计单位必须完成初步设计文件的编制，在做超限设计时须向设计单位提供地质勘察报告、场地地震安全性评价报告、风洞试验报告、场地地震波报告，设计依据的深度是决定设计完成度的前提条件。

3. 通过两次内部的超限专家咨询审查，基本确定了工程项目的结构形式，但仍存在较多细节问题待解决。

4. 从本工程超限审查工作的情况来看，超限内部专家咨询审查至少需要经过数次的论证，并对设计文件多次修改才可达到报审的条件。同时，在进行超限设计时，建设单位需要提供较多的试验数据，因此造成整个超限初步设计周期较长，至少需要半年以上。

3.1.3 超限建筑设计管理常见问题

（1）抗震性能化设计计算文件不完整。

（2）时程分析计算选用的参数不符合相关标准的规定。

（3）抗震薄弱部位的加强措施不足。

（4）施工图设计深度不足。

合理的建筑方案对控制和减少特别不规则及严重不规则能够起到关键作用，在高层及超高层办公建筑项目设计管理中应予以充分重视。2020 年发布的《住房和城乡建设部国家发展改革委关于进一步加强城市与建筑风貌管理的通知》提出"贯彻落实'适用、经济、绿色、美观'的新时期建筑方针，治理'贪大、媚洋、求怪'等建筑乱象""严把建筑设计方案审查关。各地要建立健全建筑设计方案比选论证和公开公示制度，把是否符合'适用、经济、绿色、美观'的建筑方针作为建筑设计方案审查的重要内容"等，对高层及超高层办公建筑项目设计管理具有现实指导意义。

3.2　建筑消防设计管理

高层办公建筑的火灾危险性大、疏散及扑救难度大，一旦发生火灾，将造成重大财产损失及人员伤亡，建设单位及项目管理单位应特别重视高层办公建筑消防设计管理，落实建筑消防扑救条件，保障安全疏散布置的合理性，优化防火分区及建筑平面设计，完善建筑消防设施功能等，建筑消防设计管理责任重大。

3.2.1　建设工程消防设计的相关规定

1. 参建单位的责任

（1）2020 年 6 月 1 日起施行的《建设工程消防设计审查验收管理暂行规定》规定"建设单位依法对建设工程消防设计、施工质量负首要责任。设计、施工、工程监理、技术服务等单位依法对建设工程消防设计、施工质量负主体责任。建设、设计、施工、工程监理、技术服务等单位的从业人员依法对建设工程消防设计、施工质量承担相应的个人责任。"

（2）建设单位及项目管理单位应当履行的消防设计责任和义务包括：不得明示或者暗示设计、施工、工程监理、技术服务等单位及其从业人员违反建设工程法律法规和国家工程建设消防技术标准，降低建设工程消防设计质量；依法申请建设工程消防设计审查、消防验收，办理备案并接受抽查；委托具有相应资质的设计单位；按照工程消防设计要求和合同约定，选用合格的消防产品和满足防火性能要求的建筑材料、建筑构配件和设备；组织有关单位进行建设工程竣工验收时，对建设工程是否符合消防要求进行查验；依法及时向档案管理机构移交建设工程消防有关档案。

（3）设计单位应当履行的消防设计、施工质量责任和义务包括：按照建设工程法律法规和国家工程建设消防技术标准进行设计，编制符合要求的消防设计文件，不得违反国家工程建设消防技术标准强制性条文；在设计文件中选用的消防产品和具有防火性能要求的建筑材料、建筑构配件和设备，应当注明规格、性能等技术指标，符合国家规定的标准；参加建设单位组织的建设工程竣工验收，对建设工程消防设计实施情况签章确认，并对建设工程消防设计质量负责。

2. 消防设计审查内容

（1）高层办公建筑多属于《建设工程消防设计审查验收管理暂行规定》中的特殊建设工程，对特殊建设工程实行消防设计审查制度，特殊建设工程的建设单位应当向消防设计审查验收主管部门申请消防设计审查，消防设计审查验收主管部门依法对审查的结果负责，特殊建设工程未经消防设计审查或者审查不合格的，建设单位、施工单位不得施工。

（2）建设单位申请消防设计审查，应当提交下列材料：消防设计审查申请表；消防设计文件；依法需要办理建设工程规划许可的，应当提交建设工程规划许可文件；依法需要批准的临时性建筑，应当提交批准文件。特殊建设工程具有下列情形之一的，建设单位还应当同时提交特殊消防设计技术资料：国家工程建设消防技术标准没有规定，必须采用国际标准或者境外工程建设消防技术标准的；消防设计文件拟采用的新技术、新工艺、新材料不符合国家工程建设消防技术标准规定的。消防设计审查验收主管部门报送住房和城乡建设主管部门组织专家评审。

（3）消防设计审查以下方面的内容：

① 消防设计文件：编制符合消防设计文件申报要求情况；

② 总平面布局和平面布置：防火间距、功能分区、消防车道、高层建筑登高操作场地等；

③ 建筑和结构：建筑类别、建筑耐火等级、平面布置、安全疏散和避难、建筑构件耐火极限、构造防火、防火分隔等；

④ 建筑电气：消防电源、配电线路及电气装置、消防应急照明和疏散指示系统、火灾自动报警系统、电气防火等；

⑤ 消防给水和灭火系统：消防水源、消防水泵房、室外消防给水和室外消火栓系统、室内消火栓系统和其他灭火设施等；

⑥ 供暖通风与空气调节：防烟系统、排烟系统、供暖、通风和空调系统等；

⑦ 热能动力：有关锅炉房、涉及可燃气体的站房及可燃气、液体的防火、防爆措施等。

（4）建筑高度大于250m的超高层办公建筑消防设计应符合《建筑高度大于250m民用建筑防火设计加强性技术要求（试行）》的通知（公消〔2018〕57号）等规定，包括建筑构件的耐火极限、防火分隔、扩大前室的门厅及外墙装饰材料燃烧性能、安全疏散设施、辅助疏散电梯、避难层、消防车道、消防车登高操作场地、直升机停机坪、消防设施、消防电源及配电、疏散照明及疏散指示等方面的规定。

3.2.2 消防设计管理重点

高层办公建筑工程消防设计管理以内外部审查作为主要手段，在设计管理过程中始终以保障安全为核心，审查安全疏散设计中疏散人数等基础参数、审查设备设施设置是否符合相关标准的边界规定、审查救援条件的符合性，及时发现和解决安全疏散、设备设施、救援条件等方面的设计难点，与相关主管部门进行沟通协调，开展必要的专家评审论证等工作。

（1）高层办公建筑防火设计的基本内容包括建筑的耐火等级、防火分区和安全疏散，在消防设计及审查中应重点关注相关内容，耐火等级、防火分区及安全疏散等不能存在设计缺陷。

① 在装修专项设计时应注意核查耐火等级是否符合标准规定，常见的设计问题包括：疏散楼梯间墙存在孔洞、耐火极限不符合 GB 50016—2014（2018 年版）中 5.1.2 等规定；疏散走道两侧的玻璃隔墙耐火极限不符合 GB 50016—2014（2018 年版）中 5.1.2 等规定；暗装的消火栓箱影响隔墙的耐火性能、未采取处理措施。

② 改造办公建筑项目遇到防火间距不符合标准规定时，可以对比选择以下措施予以解决：改变建筑功能及使用性质；减少火灾危害性；提高建筑耐火等级；减少可燃量；改变建筑外墙；减少外墙开口、减少相对的开口；拆除耐火等级较低的建筑；设置独立防火墙等。

③ 防火分区设计中常见的问题：分区不符合建筑功能，分区割裂人流、物流，使用管理不方便等。

④ 高层办公建筑的平面布置中，需要考虑人员密集的场所的合理布置及重要的设备用房的合理布置，包括柴油发电机、燃油燃气锅炉房、油浸变压器室、消防控制室等，设备用房的平面布置要求应符合标准的相关要求。常见的设计问题包括：布置在建筑内的柴油发电机房内设置油箱、储油间不符合《建筑设计防火规范》GB 50016—2014（2018 年版）中 5.4.13 等规定。

⑤ 安全疏散设计包括设置足够数量的安全出口，合理设置各安全出口、疏散走道、疏散楼梯的宽度，合理设置安全疏散距离，设计应符合双向疏散、简洁明了及与日常使用相结合等要求，人数、疏散宽度、疏散距离等计算应符合相关标准。

项目管理实践中常见的设计问题包括：大会议室仅设计 1 个疏散门，但不满足标准内规定的可设置 1 个疏散门的条件，不符合 GB 50016—2014（2018 年版）中 5.5.15 的规定；首层疏散外门净宽度不符合标准中最小净宽度规定；高层公共建筑内疏散楼梯的净宽度（装修后）不符合 GB 50016—2014（2018 年版）中 5.5.18 中最小净宽度规定；人员密集公共场所紧靠门口外侧设置了踏步，不符合 GB 50016—2014（2018 年版）中 5.5.19 的规定；建筑高度大于 100m 的办公建筑的避难层（间），开设除疏散门、外窗之外的其他开口；设备区的门与避难区出入口距离小于 5m，不符合 GB 50016—2014（2018 年版）中 5.5.23 的规定；地下车库直通建筑内的电梯，未按标准规定设置电梯候梯厅、未采用耐火极限不低于 2h 防火隔墙和乙级防火门与汽车库分隔。不符合《建筑设计防火规范》GB 50016—2014（2018 年版）中 5.5.6 的规定。

（2）建筑构造的设计涉及防火墙、建筑构件和管道井、建筑缝隙、疏散楼梯及走道、防火门窗及卷帘、建筑保温及外墙装饰等。

① 防火墙是防止火灾蔓延至相邻建筑或相邻防火分区且耐火极限不低于 3h 的不燃性墙体，是建筑水平防火分区的主要防火分隔物，由不燃烧材料构成。防火隔墙是建筑内防止火灾蔓延至相邻区域（单元）且耐火极限不低于规定要求的不燃性墙体，是建筑功能区域分隔和设备用房分隔的特殊墙体。附设在建筑内的消防控制室、灭火设备室、消防水泵房和通风空气调节机房、变配电室等，应采用耐火极限不低于 2h 的防火隔墙；锅炉房、柴油发电机房内设置储油间时，应采用耐火极限不低于 3h 的防火隔墙与储油间分隔。

② 建筑构件和管道井设计常见问题包括：建筑内的电缆井在楼板处未采用不低于楼板耐火极限的不燃材料或防火封堵材料封堵，不符合《建筑设计防火规范》GB 50016—2014（2018 年版）6.2.9 第 3 款的规定；电梯层门的耐火极限不符合 GB 50016—2014（2018 年版）中 6.2.9 第 5 条、GB/T 27903—2011 等规定；风管穿过防火隔墙、楼板和防火墙时，穿越处风管上的防火阀、排烟防火阀两侧各 2.0m 范围内的风管未采用耐火风管或风管外壁未采取防火保护措施，不符合《建筑设计防火规范》GB 50016—2014（2018 年版）中 6.3.5 的规定；通风管道穿越防火隔墙、楼板和防火墙处的孔隙未采用防火堵料

封堵，不符合《建筑设计防火规范》GB 50016—2014（2018年版）中6.3.5的规定；电气管穿越防火隔墙、楼板和防火墙处的孔隙未采用防火堵料封堵，不符合《建筑设计防火规范》GB 50016—2014（2018年版）中6.3.5的规定。

③ 建筑缝隙设计常见问题包括：变形缝内的填充材料为挤塑聚苯板，未采用不燃材料，不符合GB 50016—2014（2018年版）中6.3.4、GB 50222—2017中4.0.7等规定。

④ 高层办公建筑根据其建筑高度、规模、使用功能和耐火等级等因素设置安全疏散和避难设施，包括疏散出口、疏散走道、疏散楼梯及楼梯间、疏散门、疏散指示标志、避难层（间）等。疏散门应采用平开门，向疏散方向开启，不应采用推拉门、卷帘门、吊门、转门和折叠门。疏散走道是在发生火灾时，建筑内人员从火灾现场逃往安全场所的通道。疏散走道的布置应简明直接，设置尽量避免曲折和袋形走道，并按规定设置疏散指示标志和诱导灯，在消防上作为疏散用的主要竖向交通设施是疏散楼梯（间）。避难层是超高层办公建筑火灾时供人员临时避难使用的楼层，避难间是建筑中设置的供火灾时人员临时避难使用的房间。

项目管理实践中设计常见问题包括：疏散楼梯间疏散门等级不符合GB 50016—2014（2018年版）中6.4.2和6.4.3的规定；高层办公建筑首层楼梯间扩大前室内的门未采用乙级防火门，不符合标准要求扩大前室内开设除疏散门和送风口外的其他门窗洞口，不符合GB 50016—2014（2018年版）中6.4.3的规定；建筑内疏散门开启方向错误，未向疏散方向开启，不符合GB 50016—2014（2018年版）中6.4.11的规定。

⑤ 防火门、窗及卷帘是高层办公建筑防火分隔构件，还具有防烟、保证疏散等重要功能。设计常见问题包括：非中庭部位的防火卷帘宽度过大、不符合标准规定值，防火卷帘与梁间空隙未采用防火封堵材料封堵，不符合GB 50016—2014（2018年版）中6.5.3的规定；防火卷帘与楼板、梁、墙、柱之间的空隙未用防火封堵材料封堵，不符合GB 50016—2014（2018年版）中6.5.3的规定。

⑥ 高层办公建筑一般采用燃烧性能为A级的保温材料，建筑外墙的装饰层一般采用燃烧性能为A级的材料。常见的设计问题包括：建筑幕墙专项设计时，外幕墙与基层墙体空腔内楼板处采用的防火封堵构造及材料不符合GB 50016—2014（2018年版）、GB/T 51410—2020的相关规定；建筑幕墙面板燃烧性能不符合规定等。

（3）灭火救援设施的设计涉及消防车道、救援场地和入口、消防电梯、直升机停机坪等。

① 消防车通道是指满足消防车通行和作业等要求，在紧急情况下供消防救援队专用，使消防队员和消防车等装备能到达或进入建筑物的通道。设置消防车通道的目的在于，发生火灾时确保消防车畅通无阻，迅速到达火场，为及时扑救火灾创造条件。

项目管理实践中常见的设计问题包括：未了解高层办公建筑所在地消防车辆转弯半径等要求；借用市政道路设置消防环路未事先沟通协商并进行必要的改造，未避开市政设施、架空管线、树木等影响消防车操作；消防车道下建（构）筑物、管道、暗沟等不能承受重型消防车的压力；设置无人缴费系统等交通装置的区域影响消防车道的正常使用。

② 高层办公建筑，消防队需要登高灭火救援，建筑周边需要设置消防登高操作场地。在消防登高面设置一侧不设置裙房，如需设置则裙房的进深不应超过4m。消防救援场地和入口主要是指消防登高面、消防车登高操作场地和灭火救援窗。其中消防车登高操作场

地需要满足登高消防车靠近、停留、展开安全作业的场地，对应消防车登高操作场地的建筑外墙，是便于消防员进入建筑内部进行救人和灭火的建筑立面，称为消防登高面，供消防人员快速进入建筑主体且便于识别的灭火救援窗口称为灭火救援窗。

项目管理实践中常见的设计问题包括：消防车登高操作场地距离建筑外墙小于 GB 50016—2014（2018 年版）7.2.2 的规定，未与相关主管部门沟通；消防车登高操作场地利用市政道路未事先沟通协商并对设施进行必要的改造，未控制场地内树木高度，其下建（构）筑物、管道、暗沟等不能承受重型消防车的压力；建筑幕墙专项设计时，违反救援窗的规格、位置、易于破损及明显标识等各项规定。

③ 在建筑平面中，消防电梯的布置十分重要，消防电梯是火灾情况下运送消防器材和消防人员的专用消防设施。消防电梯应分别设在不同的防火分区内，每个防火分区至少设置一部消防电梯。消防电梯前室应靠外墙设置，并应在首层直通室外或经过长度不大于 30m 的通道通向室外。

项目管理实践中常见的设计问题包括：装修专项设计时，前室或合用前室设置卷帘，未采用乙级防火门，消防电梯轿厢的内部装修未采用不燃材料等。

④ 建筑高度超过 100m 且标准层建筑面积超过 2000m² 的超高层办公建筑等屋顶宜设直升机停机坪或供直升机救助的设施。

项目管理实践中常见的设计问题包括：建筑通向停机坪的出口少于 2 个，出口宽度不符合规定；停机坪专项设计不符合直升机场地相关标准，包括消防平面、泡沫灭火系统及设备间、消火栓箱、应急救援箱等。

（4）建筑内装修防火设计涉及顶棚、墙面、地面、隔断、固定家具、装饰织物、其他装修装饰材料等的燃烧性能，建筑材料燃烧性能等级评判的主要参数包括材料材质、燃烧滴落物、临界热辐射通量、燃烧增长速率指数、600s 内试验的热释放总量，我国建筑材料及制品燃烧性能分为：A 不燃，B1 难燃，B2 可燃和 B3 易燃材料四个等级。建筑内部装修设计应采用不燃材料和难燃材料，避免采用燃烧时产生大量浓烟或有毒气体的材料，同时采取有效的防火措施，做到安全适用，技术先进，经济合理。

项目管理实践中常见的设计问题包括：装修专项设计时，建筑的共享空间，如上下层连通的中庭、走马廊、敞开楼梯、自动扶梯，其连通部位的顶棚、墙面未采用 A 级装修材料，其他部位未采用不低于 B1 级的装修材料；地上的无窗房间内部装修材料的燃烧性能等级未在原规定的基础上提高一级；图书室、资料室、档案室和存放文物的房间，顶棚、墙面未采用 A 级装修材料，地面未使用不低于 B1 级装修材料；建筑的消防水泵房、排烟机房、固定灭火系统钢瓶间、配电室、变压器室、通风和空调等设备机房，其内部装修未采用 A 级装修材料；厨房顶棚、墙面和地面未采用 A 级装修材料；设有明火灶具的餐厅、宴会厅、包间等，其内部装修材料的燃烧性能等级未比同类建筑物的要求提高一级；水平疏散走道顶棚的部分装修材料未按标准规定采用 A 级装修材料；建筑内部消火栓箱门与四周装修材料颜色无明显区别，消火栓箱门表面未设置发光标志等；车库地面材料燃烧性能不符合相关标准规定等。

（5）防烟排烟系统设计涉及防烟系统、防烟分区、排烟设施、挡烟垂壁等，火灾导致人员伤亡最主要的就是烟气，烟气控制是重要的消防措施，设置排烟系统的场所应划分防烟分区，防烟分区采用挡烟设施分隔而成。高层办公建筑的防烟排烟窗设计应与建筑幕墙专项设计、采光顶专项设计、装修专项设计等密切协调，挡烟垂壁设置对建筑室内净高有直接影响，排烟管线对室内管线综合排布及建筑室内净高影响大，排烟窗设置与建筑幕墙、采光顶及室内吊顶有相互影响。

项目管理实践中常见的设计问题包括：风管耐火极限不符合《建筑防烟排烟系统技术标准》GB 51251—2017 中 6.2.1.2 的规定；与风口连接的排烟管缩小接口的有效截面不符合《建筑防烟排烟系统技术标准》GB 51251—2017 中 6.3.4 的规定；防烟分区不符合《建筑防烟排烟系统技术标准》GB 51251—2017 中 6.4.4 第 1 款的规定；担负两个及以上防烟分区的排烟系统，排烟口未按防烟分区设置开启，不符合《建筑防烟排烟系统技术标准》GB 51251—2017 中 5.2.4 的规定；挡烟垂壁下有障碍物，无法下降到设计要求高度，不符合《建筑防烟排烟系统技术标准》GB 51251—2017 中 7.2.3 第 1 款的规定；活动挡烟垂壁未设置手动启动装置，不符合《建筑防烟排烟系统技术标准》GB 51251—2017 中 6.4.4 第 3 款的规定；排烟口被挡烟垂壁分隔开，不符合《建筑防烟排烟系统技术标准》GB 51251—2017 中 4.4.12 的规定；地下楼梯间内可开启外窗的有效面积不符合《建筑防烟排烟系统技术标准》GB 51251—2017 中 3.1.6 的规定；自然排烟窗内侧吊顶过低导致无法完全开启，自然排烟有效面积不符合《建筑设计防火规范》GB 50016—2014（2018年版）中 5.5.17 第 2 款的规定。

（6）消防应急照明及疏散指示系统是高层办公建筑消防中的重要组成部分，其主要作用是为火灾人员疏散、逃生和消防扑救提供应急照明和正确的疏散方向指示。应急照明和疏散指示系统设计涉及灯具、配电、控制系统等。

项目管理实践中常见的设计问题包括：疏散走道转角区未设置疏散标志灯，不符合《建筑设计防火规范》GB 50016—2014（2018 年版）中 10.3.5 第 2 款和《消防应急照明和疏散指示系统技术标准》GB 51309—2018 中 4.5.11 第 4 款的规定；安全出口在疏散走道侧面，未设置指向安全出口或疏散门方向的标志灯，不符合《消防应急照明和疏散指示系统技术标准》GB 51309—2018 中 3.2.9 第 1 款和 4.5.11 第 5 款的规定；出口标志灯被局部遮挡，不符合《消防应急照明和疏散指示系统技术标准》GB 51309—2018 中 4.5.10 第 1 款的规定；室内高度大于 4.5m 的场所，未选择特大型或大型标志灯。不符合《消防应急照明和疏散指示系统技术标准》GB 51309—2018 中 3.2.1 第 6 款的规定；气体灭火防护区的疏散通道及出口未设置疏散指示标志，不符合《气体灭火系统设计规范》GB 50370—2005 中 6.0.2 的规定；储瓶间未设置应急照明，不符合《气体灭火系统设计规范》GB 50370—2005 中 6.0.5 的规定；安全出口标志未设置在出口处（设置位置不正确），不符合 GB 51309—2018《消防应急照明和疏散指示系统技术标准》中 4.5.10 第 1 款规定等。

（7）火灾自动报警系统是高层办公建筑的重要消防设施，包括手动报警按钮、探测器、声光报警器、火灾报警控制器、火灾显示盘、消防应急广播等。

项目管理实践中常见的设计问题包括：感烟探测器未居中安装，与墙距离小于 0.5m，不符合《火灾自动报警系统设计规范》GB 50116—2013 中 6.2.4、6.2.5、6.2.6 的规定；疏散通道上防火卷帘门两侧 0.5～5m 范围内未设置用于联动防火卷帘门的感温火灾探测器，不符合《火灾自动报警系统设计规范》GB 50116—2013 中 4.6.3 第 1 款的规定；感烟探测器距离空调送风口小于 1.5m，不符合《火灾自动报警系统施工及验收标准》GB 50166—2019 中 3.3.6 第 3 款的规定；感烟探测器安装于镂空面积与总面积比例大于 30％

的格栅吊顶上方，因有风道等设备影响，无法观察到探测器火警确认灯，不符合《火灾自动报警系统设计规范》GB 50116—2013 中 6.2.18 第 4 款的规定；感烟探测器安装于镂空面积与总面积比例大于 30% 的穿孔板吊顶下方，不符合《火灾自动报警系统设计规范》GB 50116—2013 中 6.2.18 第 2 款的规定。

（8）项目管理实践中其他常见的设计问题包括：厨房操作间采用的喷头为 68℃，不符合标准要求（应使用高温 93℃ 的喷头），不符合《自动喷水灭火系统设计规范》GB 50084—2017 中 6.1.2 的规定；上喷喷头紧贴楼板，不符合《自动喷水灭火系统设计规范》GB 50084—2017 中 7.1.6 的规定；通透性格栅吊顶（通透率大于 70%）内未设置上喷，不符合《自动喷水灭火系统设计规范》GB 50084—2017 中 7.1.13 的规定，以及《自动喷水灭火系统施工及验收规范》GB 50261—2017 中 5.2.9 的规定；喷淋系统末端试水装置未接至附近排水口处，不符合《自动喷水灭火系统设计规范》GB 50084—2017 中 6.5.2 的规定；消防泵房压力表未设置关断阀，不符合《消防给水及消火栓系统技术规范》GB 50974—2014 中 5.1.17 第 3 款、12.3.2 第 8 款等规定；消防水泵吸水管、出水管阀门未采用明杆闸阀，不符合《消防给水及消火栓系统技术规范》GB 50974—2014 中 5.1.13 的规定；消防水泵吸水端压力表选型不符合《消防给水及消火栓系统技术规范》GB 50974—2014 中 5.1.17 第 2 款的规定；屋顶试验消火栓选型不符合《消防给水及消火栓系统技术规范》GB 50974—2014 中 7.4.12 第 2 款的规定；消防水泵房和消防控制室未设挡水门槛、排水沟等防淹措施，不符合《建筑设计防火规范》GB 50016—2014（2018 年版）中 8.1.8 的规定。

3.3　绿色建筑设计管理

3.3.1　绿色建筑设计管理已成为高层办公建筑项目设计管理的重要工作

（1）20 世纪 60 年代国外自生态建筑、节能建筑等理念发展产生了绿色建筑的理念，1990 年英国发布了绿色建筑标准，我国自 1992 年巴西里约热内卢联合国环境与发展大会陆续颁布了若干相关纲要、导则和法规，大力推动绿色建筑的发展，2004 年 9 月建设部"全国绿色建筑创新奖"的启动标志着我国的绿色建筑发展进入了全面发展阶段，2006 年批准发布了首部国家标准《绿色建筑评价标准》GB/T 50378—2006，2019 年批准发布的国家《绿色建筑评价标准》GB/T 50378—2019 以"四节一环保"为基本，以"以人为本"为核心要求，构建了新的绿色建筑评价指标体系，对建筑的安全耐久、健康舒适、生活便利、资源节约、环境宜居等方面进行综合评价，绿色建筑发展为"在全寿命期内，节约资源、保护环境、减少污染，为人们提供健康、适用、高效的使用空间，最大限度地实现人与自然和谐共生的高质量建筑"，绿色建筑设计管理已成为高层办公建筑工程设计管理的重要工作。

（2）随着国家全面推进绿色建筑的政策不断推进，绿色建筑由推荐性、引领性、示范性向强制性方向转变，多地已将绿色建筑纳入施工图设计文件审查，2021 年住房和城乡建设部印发了《绿色建筑标识管理办法的通知》（建标规〔2021〕1 号），对绿色建筑标识的申报和审查程序、标识管理等作了相应规定，绿色建筑标识授予范围为符合绿色建筑星级标准的工业与民用建筑，标识星级由低至高分为一星级、二星级和三星级 3 个级别。其中，三星级标识认定统一采用国家标准，二星级、一星级标识认定可采用国家标准或与国家标准相对应的地方标准。新建民用建筑采用《绿色建筑评价标准》，工业建筑采用《绿色工业建筑评价标准》，既有建筑改造采用《既有建筑绿色改造评价标准》，绿色建筑标识认定需经申报、推荐、审查、公示、公布等环节，审查包括形式审查和专家审查，获得绿色建筑标识的项目运营单位或业主，应强化绿色建筑运行管理，加强运行指标与申报绿色建筑星级指标比对，每年将年度运行主要指标上报绿色建筑标识管理信息系统。

（3）绿色建筑设计管理初期以通过认证、取得标识为目标，已逐步开始转向增强人的感受、综合技术与经济效益、关注运行实效等方面，建设单位及运营管理单位开始关注建筑全寿命期各个阶段的效益，关注建筑技术、设备和材料选用的优化等，给绿色建筑设计管理带来新挑战。

3.3.2 绿色建筑设计管理的工作流程及内容

1. 工作流程

绿色建筑向注重运行实效方向发展，目的是实现真正建成并有效运行的绿色建筑，绿色建筑的性能评价在竣工后进行，使绿色建筑的设计管理工作跨越设计阶段涵盖了项目管理工作的设计阶段、招标采购阶段、施工阶段、竣工验收及绿色建筑申报评价标识阶段、运行管理等各个阶段，保证了绿色建筑的延续性和可实施性，全过程设计管理工作流程见图 3-2。

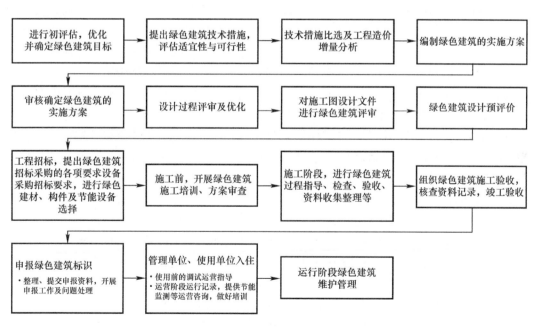

图 3-2　绿色建筑设计管理工作流程

2. 设计阶段的主要工作

（1）方案策划阶段。在策划阶段通过对项目情况和绿色建筑评价标识的要求的调查，收集项目前期的有关资料，根据项目的总体计划安排，全面了解和把握项目建设进度、投资等情况，制定绿色建筑全过程控制的目标和方案，针对项目确立的绿色建筑目标，对其进行绿色建筑认证预评估，根据预评结果提出项目的达标建议和建议书，并对关键技术进行设计优化。绿色建筑建议书中所涉及的综合节能技术主要包括以下方面：围护结构、能源系统（主要包括通风、空调、采暖、照明等）、水资源的利用、可再生能源的利用、照明系统的利用、控制噪声绿化生态系统的设计、能源管理及监测等。根据项目适用情况提供可选择的方案，二星及以上项目宜进行多方案对比，本阶段完成绿色建筑设计评价标识预评估报告、绿色建筑建议书等。

（2）初步设计阶段。项目管理单位根据绿色建筑建议书，协调建筑设计单位将具体绿色建筑技术落实到各专业初步设计文件，组织专家、绿色建筑顾问单位等对各专业初步设计文件进行审核，使其符合绿色建筑建议书和绿色建筑认证星级的要求。具体工作包括：根据绿色建筑认证目标，对相关方案、技术资料进行审核并提出意见；对初步设计中与绿色建筑认证相关方案、设备、系统的可行性进行审核；指导设计单位实施技术路线和技术策略；监督绿色建筑要求在设计中的落实；核算相关工程造价等。本阶段完成各专业初步设计文件及概算审核报告及建议书。

（3）施工图设计阶段。结合初步设计阶段的审核情况及相关标准，加强与建筑设计单位各专业的深入沟通，在施工图设计文件中落实各项绿色建筑技术，审核绿色建筑专篇，检查绿色建筑技术是否落实，进行施工图设计文件报审，本阶段完成各专业施工图设计文件审核意见书。

3. 招标采购阶段的主要工作

（1）在施工总承包单位招标前，制定绿色建筑施工招标各项要求，将绿色建筑各项指标在施工阶段的实施要求结合到招标文件中，选择具有相关经验与业绩的单位，审查其投标文件的符合性、可行性，确保其充分理解并在施工过程全面落实绿色建筑的各项要求。

（2）设备招标采购前，组织进行设备和产品的选型及技术标准制定工作，提出采购要求，根据绿色建筑各项要求，组织对投标单位绿色建材、构件和节能产品进行评价审核。

4. 施工阶段的主要工作

（1）项目管理单位组织制定施工阶段绿色建筑管理方案，组织建筑设计单位、绿色建筑顾问单位、监理单位等与施工总承包单位进行沟通，根据施工图设计文件及相关标准提出绿色建筑施工过程的各项要求，向施工总承包单位进行交底，使施工总承包单位理解掌握绿色建筑的相关技术措施及其对施工的要求，并编制施工组织设计文件，及时建立项目的绿色建筑管理体系及各方沟通工作机制。

（2）根据绿色建筑的要求，组织审核相关监理规划、施工方案等文件，确定绿色施工过程中的目标及关键节点，在监理单位的配合下监督绿色建筑技术实施。督促施工总承包单位严格执行施工图设计文件，注意设计对材料、产品的要求如节水洁具、可循环材料等，施工单位不得随意改变绿色建筑要求。施工中督促施工总承包单位严格管控，密切结合绿色建筑的要求进行材料和设备的厂家选择，保留相关纸质材料，如合同、清单及检测报告，做好相应证明材料的准备工作，如必要的照片和影像工作，施工过程中提出的变更或洽商，不应降低绿色建筑的各项标准。

5. 评价资料准备工作

（1）绿色建筑评价在工程竣工后进行，施工阶段需要准备的资料，其中多项需要施工单位的积极参与及配合，涉及的工作包括：按照施工图设计文件施工，提供相应竣工验收资料及照片或影像资料，如外遮阳做法等；根据施工图设计文件对材料或产品的性能要求进行采购，并提供相应采购合同、产品说明及必要的检测报告，如一级节水器具等；深化设计要求，并提供相应证明材料，如500km内材料重量比等计算书等。

（2）项目管理单位组织做好按图施工、绿色建筑质量控制及资料记录收集整理工作，涉及的资料包括：

① 安全耐久类：4.1.1无电磁辐射、含氡土壤的危害应提供：场地地形图，危险源、污染源相关检测报告或论证，地质灾害危险性评估报告，环评报告书（表）等；4.1.2结构与围护结构应提供：地基与基础分部工程质量验收记录，主体结构分部工程质量验收记录，建筑装饰装修分部工程质量验收记录，建筑屋面分部工程质量验收记录，建筑节能分部工程质量验收记录，保温板材与基层的拉伸粘结强度现场试验报告、墙体节能工程后置锚固件现场拉拔试验报告，建筑幕墙气密性、水密性、抗风压和平面内变形性能检测报告等；4.1.4非结构构件、设备及附属设施等应提供：关键连接构件计算书、施工图，产品说明书（非结构构件、设备及附属设施的安装相关），关键连接构件的承载力和稳定性检测报告（如锚栓、抗震支架）等，电梯检测报告等；4.1.5建筑外门窗应提供：建筑外窗气密、水密、抗风压、保温性能试验报告，门窗玻璃原材料检测报告，施工工法说明文件，门窗安装计算书等；4.1.6卫生间、浴室应提供：防水和防潮层相关材料的决算清单，防水、防潮产品说明书，防水防潮相关材料的检测报告等；4.2.2保障人员安全的防护措施应提供：相关设计图纸、防护栏杆检测报告等；4.2.3安全防护功能的产品或配件应提供：安全玻璃的产品型式检验报告和检验检测报告，产品防夹功能说明及安装调试报告等；4.2.4室内外地面及道路防滑应提供：防滑构造做法说明文件，防滑材料相关检测报告（应明确室内外防滑材料的防滑等级、防滑安全程度、防滑值或静摩擦系数）等；4.2.7提升建筑部品部件耐久性应提供：产品说明书（应包括部品部件的耐久性说明）、产品检测报告（主要管材、管线、关键和活动配件的实际性能指标）等；4.2.8提高建筑结构材料的耐久性应提供：材料的检测报告，建筑工程造价预算、决算清单等；4.2.9耐久性好、易维护的装饰装修建筑材料应提供：装饰装修材料的检测报告，建筑工程造价预算、决算清单等。

② 健康舒适类：5.2.2装饰装修材料满足绿色产品评价标准中有害物质限量的要求应提供：主要装饰装修材料的检测报告，建筑工程造价预算、决算清单，绿色产品认证证书等；5.2.4生活饮用水池、水箱等储水设备设施满足卫生要求应提供：成品水箱产品说明，生活饮用水储水设施设备材料采购清单或进场记录，生活饮用水设施清洗消毒后水质检测报告及清洗消毒记录等。

③ 资源节约类：7.1.7用水器具和设备应满足节水产品要求，应提供：节水器具、设备和系统的产品说明书，用水器具产品节水性能检测报告等；7.1.9无大量装饰性构件应提供：工程量清单，装饰性构件造价比例计算书等；7.1.10建筑材料500km以内生产应提供：购销合同、材料用量清单，500km材料比例计算书等；采用预拌混凝土和预拌砂浆应提供：预拌混凝土、砂浆购销合同、进场记录等；7.2.10使用较高用水效率等级的卫生器具应提供：节水器具产品说明书，产品节水性能检测报告等；7.2.15合理选用建筑结构材料与构件应提供：施工记录、高强材料用量比例计算书等；7.2.17可循环、可再利用材料及利废建材等应提供：工程量清单，各类材料用量比例计算书，利废建材中废弃

物掺量说明及计算书，相关产品检测报告等；7.2.18 绿色建材选用比例应提供：计算分析报告、检测报告、决算材料清单、绿色标识评价证书、施工记录等。

④ 提高与创新类：9.2.6 应用 BIM 技术应提供：BIM 技术应用报告，内容包含 BIM 施工模型建立、细化设计、专业协调、成本管理与控制、施工过程管理、质量安全监控、地下工程风险管控、交付竣工模型等，有必要的文字、相应的数据、图片资料等；9.2.8 按绿色施工要求进行施工和管理应提供：绿色施工示范工程、绿色施工优良等级等认定、预拌混凝土供货合同、进货单、用量结算清单、损耗率计算书、钢筋进货单、用量结算清单、损耗计算书，模板工程施工方案、施工日志、技术交底及施工现场影像文件、免粉刷混凝土墙体占比计算书等。

6. 竣工阶段的主要工作

项目管理单位督促施工总承包单位进行设备的调试及记录工作，做好专家现场检查准备，组织绿色建筑顾问单位及监理单位进行资料审查及归档工作，组织绿色建筑专项验收，组织准备绿色建筑相应计算书等。

7. 运行管理阶段的主要工作

(1) 组织对相关管理单位人员进行培训并对运行阶段资料进行收集，协助管理单位完成绿色建筑中必不可少的设备和系统检测工作。协助建设单位及管理单位确定需现场检测的内容清单及工作计划，按绿色建筑标识要求确定由独立的第三方机构进行相关检测的内容。

(2) 在项目开始运营后，协助管理单位及绿色建筑顾问收集运行管理记录，对运行管理进行取证，编写相应的记录表，定期审查运行记录，使之满足维护管理的要求。

3.3.3 绿色建筑顾问的管理

高层办公建筑设计管理实践中，委托专业机构开展绿色建筑专项咨询的项目逐渐增加，绿色建筑顾问的服务内容可包括：针对新建、改建项目和扩建项目，以及既有建筑改造用能情况编制建筑节能报告，并协助委托方办理节能审查手续；通过监测、诊断、模拟、计算和优化设计，并通过利用可再生能源、应用高新节能技术及产品等途径，编制既有建筑节能改造方案；自行开展或委托专业机构对建筑围护结构热工性能、主要用能系统及设备能效进行测评，检验节能效果，并编制节能验收报告；协助委托方开发建筑能耗监控平台，收集、统计和分析建筑能耗数据，监控建筑用能状况；协助委托方确定项目应执行的绿色建筑评价标准和应达到的目标，策划和优选绿色建筑技术方案，为绿色建造提供技术支持；协助委托方全面分析绿色建筑认证体系，进行绿色建筑认证评估，并可为完成绿色建筑认证提供全过程技术服务等。绿色建筑顾问的工作依据包括有关法规、政策、标准及服务合同，以及控制性规划等对项目的建筑节能、绿色建筑的规定等。

以下提供某超高层保险业总部办公建筑绿色建筑设计管理工作情况实例，用以体现绿色建筑设计管理的全过程及绿色建筑顾问的实际工作情况等。

【实例 3-2】 某超高层保险企业总部办公建筑绿色建筑设计管理工作的部分情况

一、绿色建筑技术服务合同（部分内容）

1. 服务内容

(1) 甲方有意愿将程项目按绿色建筑二星级标准进行设计、施工、运营，并完成项目的绿色建筑认证工作。

（2）乙方受甲方委托完成工程项目的绿色建筑咨询、绿色建筑技术论证、绿色建筑设计标识及运营标识认证等咨询服务工作，并通过控制本项目实施过程中的指标和技术体系落实，最终使甲方的项目获得绿色建筑星级认证和达到节能建筑要求。

（3）乙方指派专人参加甲方组织的所有涉及本合同的技术咨询会议。

2. 乙方服务方式

（1）合同签订后5个工作日内与甲方沟通项目情况；在方案设计、施工图设计、施工和竣工验收、运营等各个阶段提供绿色建筑技术咨询服务。

（2）协助甲方按照《关于推动某金融商务区低碳生态建设的工作意见》等要求，提交方案、施工图设计、竣工验收等预审文件。

（3）提供绿色建筑认证的申报、报告撰写、文件提交、认证答辩服务。

（4）提供施工招标文件及采购招标文件相关技术要求，对施工过程和材料设备进行检查。

（5）协助甲方建立能源运营管理系统并对甲方专职人员进行免费培训。

（6）协助甲方申请绿色建筑奖励资金。

3. 服务要求

（1）与甲方及甲方指定的规划设计公司及共同确定绿色建筑实施方案并提交项目《绿色建筑建议书》。

（2）在施工图设计阶段与甲方及甲方指定的规划设计公司及建筑设计公司合作落实《绿色建筑建议书》中的技术要求和一体化设计，并作为第三方对施工图进行审查验收。

（3）协助甲方编写招标书中有关绿色建筑的要求，根据项目实际技术需求对投标文件进行评价。

（4）指导施工单位绿色施工。

（5）协助甲方进行产品和系统安装和调试过程的检查并提出整改建议。

（6）提供竣工图审核意见，编写运营管理手册。

（7）依据绿色建筑评价标准及相关节能技术标准，就工程进行绿色建筑认证，负责所有申报报告编写和提交，并完成绿色建筑评价标识二星级认证工作。

4. 交付的文件和资料

（1）乙方应向甲方交付工作成果（电子版一份，纸质版三份）包括：绿色建筑建议书，绿色建筑评价预评估报告，绿色建筑设计标识申报书及自评估报告等。

（2）具体成果清单见表1。

绿色建筑技术咨询服务内容及成果清单　　　　　　　　　　　　　　　　表1

阶段	工作内容	成果
方案及施工图设计阶段	在设计中落实各项节能技术；对项目进行绿色建筑评价标识的预评估，以达到预设的绿色建筑评价目标值；对设计阶段必要的综合技术进行增量成本分析；对施工图进行审核	绿色建筑建议书
		绿色建筑评价预评估报告增量成本分析
		施工图外审前绿标达标审核建议

阶段	工作内容	成果
绿色建筑设计标识申报阶段	按绿标设计标识要求准备申报材料	设计标识申报书
		设计标识自评报告
		设计标识证书
招标采购阶段	协助业主进行绿色设备和产品的招标工作，并提供招标建议	绿色建筑材料和设备产品选用建议及采购招标文件技术参数
施工阶段	根据绿色建筑的要求和项目场地施工情况，指导绿色建筑施工；对项目施工阶段进行评估分析，结合设计阶段的评估分值，确定项目绿色建筑评价标识的施工阶段满足条款；为甲方及施工方提供节能验收技术要求，并进行施工抽查	绿色施工建议书施工抽查整改意见
竣工验收阶段	进行运管标识评价预评估，按星级要求审核竣工图	绿色建筑施工阶段绿色评估预评报告
		竣工图审核意见
运营管理阶段	协助业主按照绿色建筑技术要求，进行技术的检查、调试、验收等工作	运营管理手册
		能源管理及监测系统调试方案
绿色建筑运行标识申报阶段	按绿标运行标识要求准备申报材料	运行标识申报书
		运行标识自评报告
		最终认证牌匾及证书

5. 乙方责任

(1) 向甲方明确保障技术服务工作实施所需要的资料、文件及信息。

(2) 根据甲方就本项目的目标要求开展工作，保证服务工作质量，按时完成技术服务工作及提交交付性成果。

(3) 甲方提供完整基础资料、文件及信息之后，乙方向甲方提交项目《绿色建筑建议书》。

(4) 在初步设计文件完成后，根据相关绿色建筑标准对初步设计进行预评估，提交相关评价标准的预评估报告及整改建议；并根据完成的施工图进行能耗模拟，制定能耗标杆。

(5) 本项目施工图经审查合格后，根据经审查合格的项目施工图设计文件开始绿色建筑设计阶段的认证工作，并在六个月内完成设计阶段认证工作。

(6) 在招标、采购阶段，根据相关绿色建筑标准对材料设备提出技术要求，并对不符合绿建标准的出具改正意见。

(7) 工程施工阶段，协助甲方对施工过程和工艺进行检查，并提出改正意见。

(8) 在项目竣工验收交付运营满一年后开始绿色建筑运营阶段的认证工作，并在六个月内完成运营阶段认证工作。

(9) 在实施绿色建筑运营认证阶段提供相关运营监管的技术支持。

(10) 在服务过程中所出现的问题和情况及时与甲方沟通，确保满足甲方的要求，负责对甲方及其设计、施工单位就商务区低碳生态建设要求进行说明。

二、本项目完成的初评估、造价增量分析、施工图审核报告
见表2、表3、图1。

绿色建筑初评估表　　　　表2

项目	一般项（共49项）						优选项	创新项
	节地与室外环境	节能与能源利用	节水与水资源利用	节材与材料资源利用	室内环境质量	运行管理		
	8项	10项	7项	9项	6项	9项	17项	2项
本阶段不参评	0	0	0	4	0	6	2	0
本项目不参评	0	1	0	0	1	0	0	0
不达标	1	3	0	0	0	0	6	0
不确定	1	1	1	2	1	0	3	0
达标	6	5	6	3	4	3	6	0
二星需达标	5	5	4	3	3	2	7	

绿色建筑增量投资估算表　　　　表3

技术措施	单价	用量	说明	成本增量（万元）
透水铺装	200 元/m²	960m²		19.20
全空气空调系统可高调新风比			初步设计中已考虑	0
热回收装置			初步设计中已考虑	0
自然通风			初步设计中已考虑	0
优化照明功率密度	10 元/m²	39998m²	仅对地上空间优化	40.00
节能电梯			初步设计中已考虑	0
分项计量	10 元/m²	53590m²	估算	53.6
节水灌溉	20 元/m²	960m²	估算	19.20
非传统水源			初步设计中已考虑	0
灵活隔断			初步设计中已考虑	0
CO_2 监测	10000 元/套	30 套	估算	30
CO 浓度监测			初步设计中已考虑	0
无障碍设计			初步设计中已考虑	0
导光筒	10000 元/套		地下一层车库南侧估算	4
能源管理平台	150 万元	4 套	估算	150
运营阶段检测费用	15 万元		根据检测项目估算	15
合计				331
每平方米增量成本（元）				61.77

表3说明：

(1) 根据甲方提供的相关资料，通过测算，本项目为达到绿色建筑二星级认证需要增加的投资成本为331万，单位建筑面积增量成本约为61.77元/m²。

(2) 本次测算所增加的部分绿色节能技术若已在设计中考虑，增量投资应相应减少。由于现阶段使用量及使用方式未具体体现在方案中，因此需要与甲方及设计人员沟通后，最终确定需要增加的绿色建筑技术及其增量成本。

规范对图纸进行了仔细审阅分析，为满足规划设计阶段绿色建筑二星级评价标准，我方建议对施工图纸进行如下修改和完善：

1. 建筑专业

相关专业	序号	修改项目	修改建议
建筑及幕墙深化设计	1.1	幕墙光学性能参数	设计说明中加入"玻璃幕墙限制其有害光反射，玻璃幕墙的反射率不大于0.3，建筑10m以下部分采用反射比不大于0.16的低反射玻璃，且应符合现行国家标准《玻璃幕墙光学性能》GB18091的相关要求"。
建筑	1.2	建筑材料限制	设计说明中应加入"建筑材料的选用严格按照北京市发布的现行有效的限制、禁止使用的建筑材料及制品相关规定执行，限制、禁止使用的建筑材料及制品，应以国家及北京市最新发布和现行有效的条文为准。
建筑及室内装修深化设计	1.3	灵活隔断	1) 在建筑、精装修图纸中注明，"本项目尽量多布置大开间敞开式办公，减少分割，必须采用隔断时，宜采用玻璃、预制板制作的灵活隔断"。2) 对于办公室、会议室采用的轻钢龙骨石膏板隔断应注明在连接点有特殊设计，以方便分段拆除。
建筑	▓▓	▓▓▓▓▓	▓▓▓▓▓▓▓▓▓▓▓▓▓▓▓▓▓▓▓▓▓▓▓▓▓▓▓▓▓▓▓▓▓▓▓▓▓
建筑	1.5	建筑外窗可开启面积	根据现有图纸资料，建筑幕墙基本满足绿建设计要求。3~4、20~21层外窗，必须满足建筑外窗可开启面积不小于外窗总面积30%要求，请设计进行核对落实，并提供准确的门窗表。
建筑	1.6	光导管	此项为优选项。如结构体现优化和太阳能热水优选项没有达标，则必须更换为此项，实现二星技术要求。

2. 景观专业

相关专业	序号	修改项目	修改建议
景观	2.1	景观物种选择	设计说明中加入对景观物种选择的设计原则"绿化物种选择适宜北京气候和土壤条件的乡土植物，构成乔、灌、草及层间植物相结合的多层次植物群落。"

图1 施工图审核报告

三、本项目绿色建筑设计变更管理情况

本项目已经完成施工图设计，现场已经进入施工阶段，因精装修图纸及园林绿化图纸尚未完成，绿色建筑设计阶段评审尚未进行，遇到绿色建筑评价标准修订，项目管理单位与建筑设计单位及绿色建筑咨询单位及时进行了沟通，绿色建筑评审单位按新版绿色建筑评价标准对项目进行重新初评估，评估结果为56分，不能满足新标准绿建二星要求。按新版绿色建筑评价标准重新预评估及提出优化建议见表4。本实例仅提供4.1.1~4.2.4的内容。

预评估及优化建议　　　　　　　　　　　　　　　　表 4

子项		标准条文	项目现状	优化建议	预估得分
			节地与室外环境		
控制项	4.1.1	项目选址应符合所在地城乡规划,且应符合各类保护区、文物古迹保护的建设控制要求	本项目暂无规划文件等证明材料	后续补充场地地形图、城乡规划文件;暂定达标	满足
	4.1.2	场地应无洪涝、滑坡、泥石流等自然灾害的威胁,无危险化学品、易燃易爆危险源的威胁,无电磁辐射、含氡土壤等危害	本项目暂无相关资料	后续补充环评报告,土壤氡检测报告,地勘报告;暂定达标	满足
	4.1.3	场地内不应有排放超标的污染源	暂无环评报告	后续补充环评报告;暂定达标	满足
	4.1.4	建筑规划布局应满足日照标准,且不得降低周边建筑的日照标准	根据现有建筑设计资料,本项目对周边现状建筑国家规范规定的日照标准未产生不利影响	暂定达标	满足
评分项	4.2.1	节约集约利用土地	本项目容积率 8.3	本条达标	17
	4.2.2	场地内合理设置绿化用地	本项目绿地率约 20%	场地边界不设置护栏,开发绿化用地,向公众提供公共活动空间	4
	4.2.3	合理开发利用地下空间	$R_{p1}=7.29$, $R_{p2}=0.56$	本条达标	7
	4.2.4	建筑及照明设计避免产生光污染	暂无幕墙、夜景照明设计方案,幕墙有可见光反射	需进行优化提升	4

项目管理部结合绿色建筑咨询单位的评估及建议,与建筑设计单位进行沟通对绿色建筑相关设计进行调整补充,在调整设计后,绿色建筑咨询单位重新对本项目进行了初评估,最终项目总得分 62 分,达到绿色建筑二星级设计标准认证要求。按新版绿色建筑评价标准评估见表 5。

按新版绿色建筑评价标准评估　　　　　　　　　　　　表 5

	理论得分	理论总分值	实际得分	权重得分	总得分	自评星级
节地	78	100	78.0	12.5		
节能	52	94	55.3	15.5		
节水	57	72	79.2	14.3	62.0	二星
节材	32	76	42.1	8.0		
室内环境	57	100	57.0	10.8		
创新项	1	—	—	1.0		

3.4 LEED 认证管理

3.4.1 LEED 认证评价体系

LEED 认证由美国绿色建筑委员会在 1998 年建立并推行，全称 Leadership in Energy and Environmental Design Building Rating System，简称 LEED，是目前在世界各国各类建筑环保评估、绿色建筑评估以及建筑可持续性评估标准中有影响力的评估标准。该系统将帮助项目明确绿色建筑的目标，制定切实可行的设计策略，使项目在能源消耗、室内空气质量、生态、环保等方面达到国际认证体系 LEED 的指标和标准，为项目今后的用户提供高质量、低维护、健康舒适的办公环境。

鉴于 LEED 的影响力、国际认同及其与我国相似的气候带等因素，国内很多商务办公建筑等项目的建设单位、运营管理单位选择申请 LEED 认证，作为项目绿色建筑评估的指导标准。

LEED 评价体系主要从整合过程、选址与交通、可持续场地、节水、能源与大气、材料与资源、室内环境质量、创新设计流程等方面对建筑进行综合考察，评判其对环境的影响，并对每个方面的指标进行打分，总得分是 110 分，分四个认证等级：认证级 40～49；银级 50～59；金级 60～79；铂金级 80 以上。LEED 认证的评价要素包括：

（1）整合过程。从设计阶段开始，使与 LEED 认证相关的各方面都了解参与项目的策略和需求。

（2）选址与交通。关注社区开发选址，周边密度和多样化土地使用，公共交通连接，自行车设施，停车面积减量，绿色机动车等方面。

（3）可持续场地。关注施工污染防治，场址评估，场址开发-保护和恢复栖息地，开放空间，雨水管理，降低热岛。

（4）建筑节水。关注用水分项计量，提倡使用中水，降低室外景观用水量；采用用水效率高的用水器具，减少一般性日常用水；提高冷却塔用水的循环次数，从而降低冷却塔的补水量，技术措施有雨水回收技术、中水回用技术等。

（5）能源利用与大气保护。建筑过程中必须达到最低耗能标准，通过调试、能耗计量、冷媒管理、能源需求响应、绿色电力补偿等方面实现。技术措施有不使用含氟利昂的制冷剂，优化保温和遮阳系统，提高机电系统整体能效，安装太阳能、风能等可再生能源系统等。

（6）材料与资源。建造过程中应该合理利用资源，尽量使用可循环材质，减少建筑生命周期的影响，从产品环境要素、原材料的来源和采购、材料成分等方面分析和优化建筑产品，推广使用有企业责任报告的建筑产品。基本技术措施有可回收物品的储存和收集，施工废弃物的管理，资源再利用，循环利用成分，本地材料使用率等措施。

（7）室内环境质量。通过设计充足的新风量、控制吸烟、选取低逸散室内装饰装修材料，管控施工流程、降低施工过程对将来室内空气品质的影响、空气品质评估等各项措施，确保室内空气品质；通过设计管控，确保室内的热舒适；通过设计和采购，确保室内良好的光环境；通过设计、施工、采购确保室内良好的声环境。

（8）创新设计流程。设计创新是指在楼宇设计过程中，添加了合理的、具有开创性的、对节能环保有很大益处的设计理念，可获得额外的创新得分。而这些理念在某种程度上高于 LEED 认证的标准。

LEED 认证版本不断发展变化，当前的 V4.1 简化了认证的流程，同时提高了建筑性能表现的要求。以碳排放替代能耗计算，在 V4.1 的各体系的 EA 板块评价能源表现的提高时，除了仍需衡量能耗费用外，还增加了对温室气体排放的评价内容。目的是了解因建筑能源使用所导致的温室气体排放，并将建筑减排列为优先事项，因为这对于应对气候变化至关重要。我国的项目，可以使用国际能源署《2017 年燃料燃烧二氧化碳排放报告》中的国家系数，按能源来源计算温室气体排放，或根据 ISO 52000-1：17《建筑能源性能（Energy Performance of Buildings）》确定每个建筑能源的温室气体排放系数。V4.1 在部分得分的要求和提交材料上进行了简化，整个体系是一次重大的升级和迭代。如能耗及室内空气质量版块，都将 ASHRAE 标准的要求升级到了最新的 2016 版本。V4.1 在能耗等相关章节的得分难度较大，对于 LEED-NC 铂金级来说，采用 V4.1 的版本较 V4.0 版本评估难度有较大的提升。

3.4.2 LEED 认证过程及工作内容

（1）注册。申请 LEED 认证，由 LEED 顾问负责填写项目登记表并在 GBCI 网站上进行注册，然后缴纳注册费，从而获得相关软件工具、勘误表以及其他关键信息。项目注册之后被列入 LEED Online 的数据库。

（2）准备申请文件。申请认证的项目必须完全满足 LEED 评分标准规定的前提条件和最低得分，在准备申请文件过程中，由 LEED 顾问负责根据每个评价指标的要求收集有关信息并进行计算，分别按照各个指标的要求准备有关资料，项目管理单位协调设计等相关单位配合工作。

（3）提交申请文件。在 GBCI 的认证系统所确定的最终日期之前，由 LEED 顾问负责将完整的申请文件上传，并交纳相应的认证费用，然后启动审查程序。

（4）审核申请文件。审核过程包括文件审查和技术审查。GBCI 在收到申请书的一周之内会完成对申请书的文件审查，主要是根据检查表中的要求，审查文件是否合格并且完整，如果提交的文件不充分，由 LEED 顾问负责落实。文件审查合格后开始技术审查。GBCI 在文件审查通过后的两个星期之内，向 LEED 顾问出具 LEED 初审文件。项目管理单位协助 LEED 顾问在 30d 的时间内对申请书进行修正和补充，并再度提交给 GBCI，及时跟踪 GBCI 的最终评审情况及最终分数。

（5）颁证。由 LEED 顾问负责在接到 LEED 认证通知及时反馈，项目管理单位组织参建单位对认证结果进行回应，解决异议事项，确保认证目标 LEED 级的实现，项目管理单位配合业主等举行 LEED 证书和挂牌仪式，进行必要的总结、评价及记录整理工作。

3.4.3 LEED 认证管理重点与难点

（1）在设计过程中，影响 LEED 各项得分点在设计文件落实的最大原因，是因得分点引起的增量投资。特别是铂金级在投资方面的影响大于技术的落实。为避免较大的成本增量，应组织 LEED 顾问等充分参与建筑方案的确定，利用可持续设计的评估手段，最大化使用被动式设计，并明确主动式设计中影响投资的关键建筑系统（特别是建筑耗能系统的设计），从而获得最佳的 LEED 认证实施方案。

（2）LEED 顾问在设计前期的参与度和受重视的程度，直接影响未来认证的成本增量。如果 LEED 顾问在设计的较后期才开始介入，提出的认证建议可能会引起设计变更，从而增加了项目投资。而 LEED 顾问的早期介入，则可以完全避免因 LEED 认证引起的设计变更投资。LEED 全过程工作从设计阶段开始，并贯穿到运营后 10 个月。在这个过程中，协调 LEED 顾问进行培训、指导、现场巡查及调试管理等支持与服务，并督促施工单位有效落实。

（3）影响 LEED 认证顺利推行的另一个主要原因是设计单位对于 LEED 认证的认识不够。特别对于 LEED 认证铂金级，不仅是一个"高分的认证"，同时可为业主打造一个性能表现优异的建筑，无论从对环境的影响还是对将来使用人员的健康关怀，都要通过 LEED 认证的手段实现。因此可以为直接领导项目建设的团队进行相关的培训，使整个设计单位充分了解 LEED 认证，重视 LEED 顾问提出的建议，并组织设计单位在设计文件中落实 LEED 认证的要求。

（4）另一个难点是沟通。LEED 认证的策略需要从上而下地贯彻，从 LEED 顾问提出的建议可以顺畅地到达设计单位的手中，并能够得到设计单位及时的反馈。通过 LEED 顾问与设计单位的充分沟通，确保 LEED 的得分可以充分转化为设计成果。

（5）在获得设计文件后，招标采购的环节直接影响 LEED 认证的目标在施工中的落实。项目管理单位组织 LEED 顾问提出 LEED 招标采购的要求，并且评估供应商提供的技术资料，在采购前确定符合 LEED 认证要求的技术参数，避免不满足要求的材料和设备影响 LEED 认证的评审。

（6）重点控制设备、材料的采购及施工验收，严格落实 LEED 认证标准，对有要求的材料设备进行节能检测复试，对不符合节能环保要求的材料及设备一律不得进场使用。

（7）在施工过程中严格执行工程物资进场实测实量和见证取样制度。如：对风管制作达不到质量要求的进行退场处理。如：对风机盘管及保温材料及时进行现场取样送检工作，并对检测结果与设计参数、有关规范要求的参数进行逐一核对。如：空调机组的变频运行、回收装置、一级过滤及静电除尘二级过滤、加湿装置及消毒装置等，需详细审核施工单位报审的空调机组的技术参数是否与设计相符。

（8）施工过程的 LEED 资料收集的难点是周期长、内容分散。项目管理单位应组织各参建单位安排专职人员，做好档案管理培训、收集、整理、审核及归档工作，并及时移交给 LEED 顾问。特别是施工单位在接受 LEED 顾问的培训后，由专人负责对接 LEED 顾问，将 LEED 顾问的要求分配给各施工分包单位，如幕墙分包、消防分包、机电分包、精装分包等，按时跟踪各分包单位的资料收集整理情况。

（9）施工现场管理应重点控制污染物。为了控制施工污染源扩散，减少对周边环境的影响，现场应实施文明施工，对裸土场地实施覆盖，采用水喷雾及人工洒水降尘，设置车辆出场的洗车装置。对风管、水管及吊装设备的敞口及时封堵，杜绝尘土进入系统内，对风管出风将进行 $PM_{2.5}$ 检测，要求对风管及设备的清洁均用吸尘器而不使用传统的吹扫方式。施工中减少污染物的排放，并实现废弃物、再生材料的合理管理及利用。

（10）机电系统调试运行是 LEED 认证管理的重点，LEED 铂金级认证需要进行 LEED 全过程调试。

① 项目管理单位应协调各方配合 LEED 调试，协调调试的团队需要对项目的现状，

如空调系统的安装情况、空调控制系统的安装情况等，进行准确的了解以及精细化的时间管理，既不能影响施工和交付，又不能错过调试的关键节点，还不能闲置已就位的各团队，高效调度，积极配合，保证在计划时间内完成LEED的整体调试。

② 机电系统的调试验收要确保实现：机电设计合理高效节能；设备满足设计要求；设备安装正确；机电设备调试标准；机电系统满足设计要求；机电系统的技术资料齐全；系统运营高效节能等。

③ 需要调试的设备及系统包括所有建筑耗能系统，包括但不限于：冷水机组、空调循环泵、冷却水塔、蓄冷系统、热泵机组、风机盘管、新风机组、组合式空调机组、空调机房控制系统、冷水机房控制系统、公共区域风盘控制系统、照明及控制系统、空调新风系统、太阳能热水系统、幕墙系统等。

④ 空调系统能耗占整个建筑能耗的50％以上，降低空调系统能耗对建筑节能意义更大，系统运行效率的高低决定了运行能耗的大小，提高系统效率是降低能耗的关键。首先审核施工单位的调试方案，并按LEED顾问的要求和标准对方案进行修改。依据相关设备的LEED调试表格核实数据，对测量的水流量、风流量数据与设计数据对比，对LEED调试工作中的问题进行汇总，并追踪整改结果，督促施工单位进行LEED调试相关文件的整理和递交。

⑤ 设备的运行状态均纳入大楼楼宇自控系统的控制或监视范围，符合LEED高级调试的要求。

以下提供某国际集团中国总部办公建筑LEED认证管理方案的实例，用以体现LEED认证管理的工作内容及流程等实际情况。

【实例3-3】 某国际集团中国总部办公建筑LEED认证管理方案（部分内容）

一、LEED认证管理工作范围

1. 调研和梳理业主关于项目建设必须满足LEED铂金级认证的需求，评审设计任务书，在报批报建前提出合理化建议。

2. 编制制定项目设计管理体系，合理规划设计合约，要求设计单位在LEED认证顾问单位的指导下，合理分配LEED认证标准各部分的得分，对每一得分项进行经济技术比较，并向业主提出合理化建议，确保项目在经济技术指标合理情况下最终通过LEED铂金级认证。

3. 在工程设计管理过程中实施LEED认证的符合性管理，协助LEED顾问团队工作，检查、落实、追踪，并取得LEED铂金级认证。

4. 组织实施建筑设计方案审批，包括按照LEED顾问的要求审核建筑设计方案是否满足认证要求。

5. 组织落实勘察报告、施工图强审等问题的处理，按照LEED顾问的要求审核施工图设计，确保满足认证要求。

6. 评审设计单位提出的对各类材料设备的技术要求，重点评审是否符合LEED铂金级对材料的要求，是否有更经济的替代材料。

7. 依据总控计划和合约规划审核招标采购工作计划，采购计划的质量标准应充分考虑LEED铂金级认证对设备、材料的要求，并报业主审查。

8. 日常工作中协助业主完成一切对外商务谈判并拟定会议议程,形成会议纪要或决议,协调 LEED 顾问与各参建方信息通畅,与外方商务进行中英文双语的沟通。

二、LEED 认证管理工作目标

1. 确保实现工程质量总体目标,确保取得 LEED 铂金级认证。

2. 确定各阶段、各类别 LEED 认证的得分目标,确保各阶段、各类别的实际得分不低于得分目标。

3. 有效融合 LEED 认证与报建报规等规定。

4. 有效控制造价及实现合理的运营使用成本。

5. 及时报告实施 LEED 认证的阶段性成果,与外方进行有效沟通,确保符合外方的需求。

6. 以文字、影像等方式动态记录 LEED 认证的全过程,整理并建立完整的书面资料及电子档案。

三、LEED 认证管理工作程序

如表 1 所示。

LEED 认证管理工作程序　　　　　　　　　　　　　　　　　表1

工作阶段	阶段管理工作重点	管理方法及措施
项目启动阶段	· 确定初步的 LEED 得分策略,提供相应的分析调查报告; · 确定项目 LEED 认证的可行性; · 确定设计标准、完善设计任务书	· 召开项目启动会议及会议纪要; · 审核 LEED 认证初步评分表,审定 LEED 认证工作计划; · 协调 LEED 顾问进行 LEED 申报的各评审体系、等级预估及增量成本分析
方案及扩初设计阶段	· 根据项目总体设计,审查方案,确保项目设计符合 LEED 认证要求; · 组织递交 LEED 预认证文件,确保获得 LEED 预认证	· 召开 LEED 工作会议; · 及时调整 LEED 认证评分; · 组织进行能耗等模拟,研讨确定合理参数; · 研讨确定材料及设备参数建议
施工图设计阶段	· 组织最终确定认证策略; · 审阅设计文件及图纸,明确针对施工图设计的 LEED 要求,明确并落实审图建议和改进	· LEED 顾问进行各项计算分析,提出设计审核报告; · 组织召开 LEED 工作会议,评审、改进设计文件,更新并确定 LEED 认证评分; · 编制设计审阅报告等
施工阶段	· 根据 LEED 认证要求提供相关施工过程管理执行计划; · 检查监督施工行为对环境及建筑本身的影响是否满足认证要求; · 督促施工单位及相关方及时提交合规的施工阶段的递交材料	· 制定施工单位招标的 LEED 要求,制定采购要求; · 审核施工管理样板文件,审核水土流失与沉积控制计划、施工废弃物管理计划、室内空气质量管理计划等; · 进行现场检查,审核施工期间绿色月报; · 进行设备及施工材料采购及验收审核; · 审核并实施 LEED 调试指导文件,编制能耗模拟报告、调试检查报告等
最终认证申请阶段	督促 LEED 顾问单位及时提交所有文件,回复美国绿色建筑委员会审核和附加文件要求,确保获得预期的认证	审核、完善、递交文件

四、LEED 认证策划管理内容

1. 协助业主梳理项目建设必须满足 LEED-NC 铂金级认证的需求，明确认证服务需求。

2. 协助业主制定 LEED 顾问的评选标准，制定 LEED 顾问评选文件的技术要求等，按业主的安排参与 LEED 顾问的评选工作，审核 LEED 顾问提交的服务建议书，配合业主进行质疑、评价等工作。

3. 协助业主审定 LEED 顾问的工作方案、工作计划及服务机构等安排，审核 LEED 顾问的咨询服务依据、预评估分析、得分及调整策略等，如表 2 所示。

重点项目及得分策略　　　　　　　　　　　　　　　　　表 2

序号	LEED-NC 铂金重点	得分策略
1	新型交通-自行车存放和更衣室	设置自行车车位和更衣室（带淋浴）
2	景观设计减少热岛效应	屋面与地面采用高反射材料，降低热岛效应
3	景观节水	采用本地适应性植被；采用乔木灌木相结合的方式进行景观设计，减少草皮的设计，使用节水灌溉设备。灌溉水源采用非传统水源
4	减少室内用水	节水器具采用一级及以上
5	能源使用最优化	冷热源效率，围护结构，幕墙，照明等系统有设计要求
6	最佳系统运转调试	针对项目的机械、电力、给水排水、可再生能源系统及设施进行调试
7	二氧化碳监控	风系统需要设置新风流量计及 CO_2 探点
8	日光和视野-视野范围	建筑常规使用空间的 90% 空间里，为大楼用户提供直接视线景观
9	绿色电力	购买绿色电力
10	能源优化	单独的高效制冷系统：一级能效设备＋变频；管路优化；冷却塔免费制冷；机房控制系统优化
11	可再生能源利用	增加一定面积的光伏发电系统
12	高效风系统	吊顶辐射供冷＋地板采暖；新风负荷优化；降低输送能耗；新风满足 $PM_{2.5}$ 空气质量要求，加强新风量 30%，设置 CO_2 监控系统
13	照明优化	LED 照明＋光感人感控制；控制室内眩光、满足黑视索照度要求
14	电梯节能	能量反馈电梯
15	生活热水	采用热泵式生活热水；饮用水 3 级过滤
16	增强调试	实施建筑围护结构及机电系统增强调试
17	冷却塔用水	冷却塔用水管理
…		

4. 组织进行 LEED-NC 铂金认证初步分析，明确项目合理选择得分策略，确定认证相关技术方向，指导后续认证。

5. 按业主的安排，及时与外方沟通 LEED 认证策划工作情况，将经业主方确认的外方需求纳入管理工作予以落实。

五、LEED 认证启动管理内容

1. 配合 LEED 顾问协助业主细化项目绿色建筑和健康建筑的发展目标。

2. 组织 LEED 顾问进行 LEED 认证培训，帮助参加单位的团队理解 LEED 认证体系和基本原则，并使各方明确责任。

3. 协调 LEED 顾问的服务机构与设计等单位进行工作对接，落实工作配合的人员、信息、流程等事项，确定 LEED 认证的协调组织。

(1) 协调组织认证申报相关的事宜，整合各相关团队，推动项目进展。

(2) 组织 LEED 顾问及设计单位开会讨论目标、进展等，并出具相关会议纪要。

(3) 定期召开项目例会及时向业主通报最新情况，同时针对相关问题给予解答。

(4) 按业主的安排，及时与外方沟通 LEED 认证策划阶段的工作情况，将经业主方确认的外方需求纳入管理工作予以落实。

4. 配合 LEED 顾问对各项进行分类，确定肯定达标项、可以达标项、需要重大修改才能达标项和无法达标项，建立 LEED 的评估模板，协调设计单位提供所需资料供造价师计算初步造价。

5. 配合 LEED 顾问开展场地环境分析

(1) 通过场地环境分析，帮助项目结合场地自然条件进行优化设计，同时减少对环境的影响。

(2) 了解项目所在地气候、自然资源和微环境研究。

(3) 了解项目现有的能源、废物和水的基础设施，研究制约因素和发展机会。

(4) 确定环境风险和机会。提出建议，详细解释项目施工和今后的管理涉及的环境问题。

6. 配合 LEED 顾问开展初步模拟分析

(1) 通过初步模拟分析，为优化项目方案提出建议。

(2) 运用简化的计量，把概念性的微气候环境感受综合到建筑设计和其他系统设计之中，协助降低项目的能源消耗、提升舒适度体验。

(3) 进行动态能耗模型的初步仿真结果和分析。

(4) 基于建筑能耗、室内舒适度与采光模拟结果的相应设计更改建筑相关的模拟。

六、LEED 认证设计管理内容

1. 组织评审并完善设计任务书等文件。

2. 要求设计单位在 LEED 顾问的指导下，合理分配 LEED 认证标准各部分的得分，对每一得分项进行经济技术比较，协调设计单位落实认证相关设计要求，向业主提出合理化建议并提供替换解决方案的分析，确保项目最终通过 LEED 铂金级认证。

3. 组织审查和评估设计文件，审查建筑、机电和精装修、园林景观、幕墙等方案设计，发现与 LEED 要求存在冲突或欠缺的地方，由设计单位提供改进或替换的解决方案以满足 LEED 要求。

4. 组织落实勘察报告、施工图强审等问题的处理，按照 LEED 顾问的要求审核施工图设计，确保满足认证要求。

5. 在工程设计管理过程中实施 LEED 认证的符合性管理，组织工作会议，协助 LEED 顾问团队的工作，开展检查、追踪和落实。

6. 评审设计单位提出的对各类材料设备的技术要求，重点评审是否符合 LEED 铂金级对材料的要求，是否有更经济的替代材料。

7. 按业主的安排，及时与外方沟通 LEED 认证相关设计工作情况，将经业主方确认的外方需求纳入管理工作予以落实。

七、LEED 认证招标工作管理内容

1. 协调 LEED 顾问在招标前提出认证相关的建议。

2. 在总包、机电、幕墙、精装等施工招标文件中加入符合国内实际情况的 LEED 绿色施工的要求，制定详细的易于承包商理解和实施的相应的解释。

3. 组织审查设计单位与认证相关的技术规格说明书，确认满足 LEED 评分，由 LEED 顾问出具书面审核意见。

4. 提出 LEED 建筑设备材料推荐，组织审核招标文件中相关技术参数。

5. 协助业主最终制定符合认证要求的招标文件，在招标中确保招标内容满足认证相关要求。

6. 协助在招标过程中审核投标文件认证相关内容是否满足要求。

7. 定标后审核与认证相关的技术参数，确保内容满足认证相关要求。

八、LEED 认证施工管理内容

1. 及时组织对施工单位、监理单位等的认证培训、指导工作，安排 LEED 顾问定期到施工现场指导，提供指导报告。

2. 根据认证要求，组织施工单位提供相关施工过程管理执行计划，安排 LEED 顾问指导并审核施工单位的施工方案及材料样本，组织监理单位等监督落实。

3. 施工期间定期检查施工单位的施工行为对环境及建筑本身的影响是否满足认证要求，对 LEED 顾问现场跟踪巡检服务的意见及问题予以落实（表3）。

现场巡查主要关注点   表 3

阶段	名称	现场巡查主要关注点
施工阶段	施工污染防治	场地施工污染防治措施
	可回收物存储和收集	施工现场回收物品储藏区，废弃物处理情况
	施工期室内空气质量管理情况	施工现场的空气保护措施、通风、清洗情况

4. 督促施工单位进行资料收集，安排 LEED 顾问支持施工单位及监理单位等准备施工阶段递交材料、收集和保存认证所需要的相关资料、指导施工单位完成 LEED 认证施工阶段所要提交的材料。

5. 组织落实 LEED 认证的基础调试工作，及时组织 LEED 认证相关的调试指导，审核施工单位的调试计划，及时开展系统的安装和运行调试，完成调试报告。

九、LEED 认证最终申请的管理内容

1. 督促各个相关方及时提交所有文件，组织处理相关后续工作。

2. 协调各认证相关单位积极配合，及时回复认证机构在认证过程中所提出的质疑和附加文件要求。

3. 若项目需要对最终评分进行复议，协调相关单位及时提供相应的支持。

4. 确保实现预期的认证目标。

十、LEED认证管理的组织架构与职责分工

1. LEED认证管理组织架构图

如图1所示。

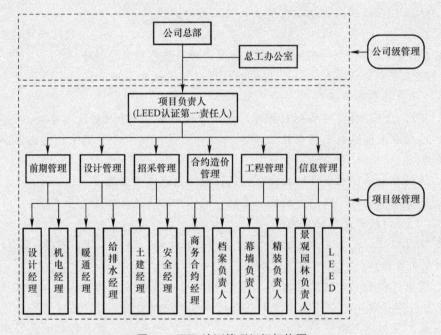

图1　LEED认证管理组织架构图

2. LEED认证组织管理职责分工

（1）公司总部：主要负责技术资源调配，全力协助项目LEED认证工作，对项目LEED认证工作提供充足的技术支持。

（2）项目负责人：作为LEED认证管理工作的第一责任人，负责组织、领导、管理项目相关人员全面实施本项目LEED铂金认证工作。

（3）各专业现场经理：主要负责涉及各自专业认证内容的总协调管理。

（4）商务合约经理：负责进行LEED认证与经济指标的比较工作，对业主作出经济合理化建议。

（5）档案管理员：负责制定各相关单位及各个认证环节的资料编制收集制度，监督审查各单位资料收集情况。

十一、各单位沟通协调管理

1. 通过智能化、数字化协调LEED顾问与各参建方信息通畅。

2. LEED认证工作贯穿项目的整个周期，几乎涉及参与项目的所有单位，涵盖项目的各个阶段，这使得各相关单位之间的沟通协调工作成为整个LEED认证工作中非常重要的一部分内容。只有在各相关单位之间建立有效的沟通机制，才能更加高效地完成认证任务。

3. 在数字化管理的现在，传统的沟通管理模式正在被淘汰，更加安全高效的协调管理模式已经逐步普及，规范、高效、智能将成为新的代名词。依托云办公平台可以实现全流程管理及沟通移动化、数字化，在本项目 LEED 认证各单位协调管理工作中，建立了本项目 LEED 认证协同管理平台，将各参与单位纳入平台内，通过平台的协同办公、资源共享、视频会议、在线课堂等功能，来实现各相关单位与 LEED 顾问单位沟通协调，降低时间成本，提高工作效率。

十二、对本项目 LEED 认证的合理化建议

1. 加强 LEED 认证的整合管理

（1）项目应尽早启动 LEED 认证的相关工作，并且在项目设立 LEED 认证的领导机构及综合性计划，对项目的 LEED 认证工作进行总体协调管理，确保各参建单位共同积极地推进和落实认证工作。

（2）在选择参建单位及主要管理人员时，要求其具有同类项目 LEED 铂金认证经验，确保具备完善的 LEED 认证管理及实施团队。

（3）在对各参建单位进行考核时，可以以实现 LEED-NC 铂金认证为考核各参建单位的关键性目标，在各参建单位的合同中对此项予以约定，并制定相应的奖励条款，保证项目 LEED 认证管理的强制性和有效性。

（4）因 LEED 认证过程与绿色建造、创"国优"等工作存在许多共同点，与 LEED 铂金认证工作同步实施绿色建造、创"国优"等工作，可以有效促进 LEED 铂金目标的实现，保证与其他建设管理目标的协调。

2. 委托能力强、信誉良好的 LEED 顾问

（1）关注 LEED 顾问资历。在选择 LEED 认证顾问单位时，应该重点关注其行业资历、信誉、服务经验及同类项目业绩等情况，与 LEED 评审专家长期保持良好的互动关系，可以就项目中存在的问题与专家进行一对一的沟通，从而确定项目最优认证方案。

（2）关注 LEED 顾问的技术实力。LEED 认证顾问团队应具备对认证标准较强的理解与运用能力，由建筑师、暖通工程师、给排水工程师、自动化工程师、楼宇自控工程师等组成顾问团队，技术团队应保证专业知识过硬，同类项目经验丰富，熟悉绿色建筑实施策略，顾问团队主要人员应具备 LEED AP 资格。LEED 认证顾问单位应配备现场调试及检测设备，配备项目能耗模拟及建筑物理模拟分析等软件并具有使用经验，在项目中以实际模拟结果指导并优化设计。LEED 认证顾问单位能够提供增值服务，对项目的光、热、风、噪声等室内环境品质及建筑能耗等进行建筑物理分析，并且能够利用分析结果对设计进行优化，从而更好地保证建筑实现真正的"高品质"。

（3）关注 LEED 顾问的质量管理体系。关注 LEED 顾问的服务质量保证体系，包括团队计划、工作职责、内部配合、项目信息收集、项目评估交流反馈等的安排是否细化、完备，顾问的认证服务质量管理机制是否及时、有效等。

3. 在合同中约定 LEED 认证服务的关键承诺事项。承诺能够确保项目获得 LEED-NC 铂金级认证，承诺认证评分差异不能超过约定的限值。承诺安排具有同类项目经验的专业技术服务团队及相关人员对本项目认证工作进行全力配合，以北京为

基地组建咨询团队，并应根据委托人及工作要求进行相关人力资源的补充。承诺严格保守造价咨询活动中业主的秘密，未经业主事先书面同意不得泄露给任何第三方。承诺在参加外方会议时，派出专业人员与外方团队进行英语沟通，并可提供给外方所需英文版本数据，为业主方提供支持。

4. 有效对接外方的健康、环保及可持续等需求

(1) LEED认证管理应与业主的企业文化充分对接，实现业主的企业核心理念，打造科技的、健康的、现代的绿色建筑，借鉴并对标国内、国际同类产业园的项目建设经验，建设富有业主企业文化的绿色建筑典范，项目管理单位将配合业主进行充分的调研、比对、沟通、交流等工作。

(2) LEED认证管理工作，应与本项目"某国际集团中国总部"的定位与功能深度融合，在方案设计阶段与外方管理顾问协调确定以下控制性标准，如：功能定位符合跨国集团的区域总部标准；道路及景观规划实现简洁畅通的人、车流线；配合高品质景观设计营造健康、绿色的室外环境，实现建筑、植物、水体与开放空间的有机结合；适宜的室内外交流、运动及休息空间；外立面及风格应端庄典雅，注重现代感与稳重感的结合，并体现某国际集团现代高科技企业的风格；室内环境及空间灵活布置，满足使用功能需要，为持续发展提供空间保障；实现生态智能办公，引入生态智能办公理念及科技，提高工作效率，营造高质量办公环境，塑造企业形象；确立绿色、健康、智能、可持续的建造标准。

5. 建立设备及材料选样送审、封样及比对管理制度

(1) 建立选样封样管理制度。对设备、材料进行选样封样是控制设备、材料合规非常有效的方式，建议对重要设备、材料按LEED采购的要求进行审核封样，并且建立项目封样记录、样品存放室，方便后期材料大批量进场时进行比对。经过审核确认的样品作为设备、材料批量产品进场质量验收的依据，以此来控制工程中所使用的设备及材料符合LEED认证标准，顺利通过LEED铂金认证。

(2) 对建立封样管理工作小组的建议。建议组织建立选样封样工作小组来具体负责本项目涉及LEED认证相关设备材料的选样封样工作。成员应包括业主单位、管理单位、设计单位、LEED认证顾问单位、监理单位、施工单位等。建议各成员单位应明确负责人并经授权参加封样工作。

(3) 对各单位职责与分工的建议。为了便于整个设备材料选样封样的具体实施，加强各单位之间协同工作，应该明确各单位在设备材料选样封样工作中的具体职责和分工。例如：建议由业主单位负责监督各参与单位在选样封样工作过程中程序的合规性，负责选样封样设备材料的确定工作；项目管理单位负责统筹安排材料选样封样的整体工作（包括但不限于与业主沟通生产厂家的确定、选样流程的确定、对业主单位最终选定产品进行合理化建议、提出设备、材料选定的经济合理化建议等工作内容）；设计单位应在已确定的认证策略的基础上在选样封样过程中确定所选设备、材料应达到的技术指标；LEED认证顾问应根据认证相关要求在选样封样过程中对涉及LEED认证的指标进行核实工作。

(4) 设备材料选样封样简要流程图。（略）

6. 对设计及材料选用的建议

（1）建议采用节能效果好的系统、工艺及材料，注重提高空调、通风系统的能源利用率，对冷水机组、空调循环泵、冷却水塔、蓄冷系统、热泵机组、风机盘管、新风机组、组合式空调机组、空调机房控制系统、冷水机房控制系统、公共区域风盘控制系统、照明及其控制系统、空调新风系统、太阳能热水系统等及进行对比分析、模拟计算、专家评审等，对合理利用可再生能源的方案进行对比分析、专家评审等。

（2）建议在设计、施工环节采用节材技术，使用高强度钢筋、钢筋专业化加工及配送、钢筋连接器及锚固板、高性能混凝土、矿物掺合料、空心及轻质墙体材料、铝合金模板等。绿色材料必须证明文件齐备、产品认证体系健全，符合 LEED 评估标准及 LEED 顾问的要求。

（3）建议在设计任务书中明确建筑废弃物再生产品的使用设计要求，包括再生骨料、再生道路面砖、透水砖、空心砌块，在现场具备条件时进行冗余土存放及回填利用。

（4）建议利用种植屋面及雨水收集系统，优化设计用水指标，评估水系统方案，对建筑场地的用水进行测试和估量，合理确定用水额度，针对场地的排水系统布置，进行合理的用水分配。

7. 对项目使用阶段的管理建议

（1）根据认证体系要求以及项目建设使用实际情况，在使用阶段由运营管理单位制定和实施可持续场地管理和改善等计划，为项目范围内土壤、绿化植物和水体的日常管理设定具体的可持续量化目标，进行必要的改造和提升。

（2）委托专业能源审计顾问对项目能耗系统深入调试，以提升项目主要能耗系统的性能为目标提出一系列节能运行优化策略。

（3）使用的日常运营维护和设施改造过程中对产品和材料的采购以及废弃物管理制定相应的绿色管理计划，减少在建筑运营中采购、使用和处理材料所引起的环境危害，以及合规地进行废弃物管理。

（4）对办公环境满意度进行调查，包括保洁、舒适度、照明、隔声效果、照明质量、空气质量等需满足约定的标准，并予以及时改善。

第4章 深化设计管理

在高层办公建筑项目管理实践中，深化设计是顺利衔接各阶段设计、有效结合采购施工、密切协同各专业工程的关键工作，是保证高层办公建筑工程顺利实施不可或缺的工作。高层办公建筑深化设计的范围、内容及技术管理需求差异大，是项目设计管理的重点与难点。

本章结合项目设计管理实践，对基坑工程、钢结构工程、建筑幕墙工程及机电工程的深化设计管理等予以介绍分析。本章中的深化设计，是指由施工总承包单位负责或专业承包单位开展的涉及建筑设计、采购至施工的技术深化、转化和细化等工作。深化设计应符合项目设计管理的各项要求，深化设计成果应经过审核控制，深化设计文件须经建筑设计等单位书面确认。高层办公建筑深化设计过程与BIM技术应用及管理已紧密结合，具体内容见本书第5章。

4.1 基坑工程深化设计管理

建筑基坑是为进行建筑物地下部分的施工而开挖的空间，用于保护建筑地下施工安全和周边环境的安全、提供必要的施工空间，基坑工程包括对基坑采取的支挡、加固、保护与地下水控制及相应的监测等过程与工作。基坑深化设计应按规定编制基坑工程设计的技术及经济文件，并按规定进行论证、审批等工作。

4.1.1 基坑工程深化设计要求

（1）高层办公建筑工程的基坑工程多为危险性较大的分项分部工程，基坑是高层办公建筑工程施工的第一个关键阶段，对工程安全、质量、进度及造价影响重大，基坑深化设计的管理应得到充分的重视。基坑工程深化设计单位应具备丰富的工程经验，能够与建筑设计单位、施工单位有效协同，一般由具备资质的岩土工程设计单位进行。

（2）基坑工程应保证支护结构、周边建（构）物、地下管线、道路、城市轨道交通等市政基础设施的安全和正常使用，并应保证主体地下结构的施工空间和安全。

（3）设计应包括以下内容：支护结构体系上的作用和作用组合确定；基坑支护体系的稳定性验算；支护结构的承载力、稳定和变形验算；地下水控制设计；对周边环境影响的控制性要求；基坑开挖与回填要求；支护结构施工要求；基坑工程施工验收检验要求；基坑工程监测与维护要求等。

（4）基坑工程的设计文件中的设计说明包括：工程概况、设计依据、工程地质与水文地质条件、基坑分类等级、主要荷载作用取值、计算软件、主要材料要求、地下水控制设计、施工要求、危大工程的安全要求、支护结构质量及检测要求、基坑监测要求等。

（5）基坑工程设计文件中的图纸包括：基坑周边环境图、基坑周边地层展开图、基坑平面布置图、基坑支护结构剖面及立面图、支撑平面布置图、构件详图、基坑监测布置图、降（排）水平面图、其他必要的图纸等。

4.1.2 基坑工程深化设计评审

（1）设计单位的资质及设计人员应符合相关规定，设计单位项目负责人应具有注册土木工程师（岩土）执业资格，并在设计文件上加盖注册章。

（2）基坑工程深化设计的外部评审包括环境保护、水土资源保护等评审，邻近既有地铁、铁路等保护区的安全评估，基坑工程设计审查，超过一定规模的危险性较大工程的专家论证等，相关评审应按相应的程序、条件完成，并完成相应的评审报告及审批、备案等工作，评审原则如下：

① 综合场地环境、施工条件及勘察成果等，进行风险评判，通过综合对比选择合理方案，重视概念设计。

② 对岩土、地下水情况及计算结果进行综合判断，避免简单对照地勘报告及依赖计算软件，充分运用信息化施工手段并进行有效的过程监测。

③ 邻近铁路、轨道交通等保护区的基坑工程设计工作应按相关规定进行安全评估；应制定有效措施保护影响区范围内的建（构）筑物和地下管线安全，必要时采取迁移改线等措施。

④ 应与邻近工程进行设计协调及配合。

⑤ 基坑与土方工程、地基基础工程、主体结构施工的顺利衔接。

⑥ 明确基坑工程试验、检测、监测、维护等要求。

（3）基坑深化设计的输入应充分、准确、有效，应提供以下基本资料。

① 建筑场地及其周边，地表至基坑底面下一定深度范围内地层结构、土（岩）的物理力学性质，地下水分布、含水层性质、渗透系数和施工期地下水位可能的变化资料。

② 标有建筑红线、施工红线的总平面图及基础结构设计图。

③ 建筑场地内及周边的地下管线、地下设施的位置、深度、结构形式、埋设时间及使用现状；邻近已有建筑的位置、层数、高度、结构类型、完好程度、已建时间、基础类型、埋置深度、主要尺寸、基础距基础坑侧壁的净距等。

④ 基坑周围的地面排水情况，地面雨水、污水、上下水管线排入或漏入基坑的可能性及其管理控制体系资料。

⑤ 施工期间基坑周边的地面堆载及车辆、设备的动静载情况等。

⑥ 基坑工程的岩土勘察应符合相关标准规定，并经审查。

⑦ 确定合理的基坑工程设计工作年限，确定支护结构的安全等级。

（4）基坑工程设计应考虑其水平变形、地下水的变化对周边环境的水平及竖向变形的影响，评审时应注意。

① 对于安全等级为一级和对周边环境变形有限制要求的二级建筑基坑侧壁，应确定支护结构的水平变形限值。最大水平变形值应满足正常使用要求。

② 应按邻近建筑结构形式及其状况控制周边地面竖向变形。

③ 当邻近有重要管线或支护结构作为永久性结构时，其水平变形和竖向变形应按满足其正常工作的要求控制。

④ 当支护结构构件同时作用于地下结构构件时，支护结构水平位移控制值不应大于主体结构设计对其变形的限值。

（5）基坑支护结构设计评审时应注意的重点内容：

① 基坑侧壁与主体地下结构的净空间和地下水控制应满足主体地下结构及其防水等的施工要求。

② 基坑的施工程序需满足基坑支护结构设计计算的工况，不能满足设计工况时，必须由设计人员复核设计并认可。

③ 基坑支护设计人员应配合施工，发现施工中有与设计条件不符的情况时，应及时复核设计，必要时进行设计变更。

④ 基坑工程设计文件应明确监测的监测项目、监测频率、监测点数量及位置、监测控制值和报警值等技术要求。

⑤ 基坑支护设计人员应及时了解基坑监测结果，分析基坑监测成果，判断支护结构的工作状态。

⑥ 应根据支护结构设计计算情况，对基坑不同施工阶段的养护龄期提出明确要求；对支撑或锚杆的拆除（如果需要拆除）时间、注意事项提出明确要求。

⑦ 应根据支护结构设计计算情况，对基坑周边支护结构影响范围内的材料堆载、车辆荷载等施工荷载提出明确要求。

⑧ 应提出基坑土方开挖要求，及支护结构的试验、检测及监测要求。

⑨ 砌筑挡土墙应进行稳定性计算，并采取设拉接点、构造柱等稳定措施防止坍塌，对挡土墙回填材料、回填质量标准及排水措施等提出要求。

（6）地下水控制设计评审时应注意的内容：

① 当场地内有影响基坑施工的地下水时，应根据场地及周边区域的工程地质条件、水文地质条件、周边环境情况和支护结构与基础形式等因素，确定地下水控制方法，并应符合环保、水土保持等规定。

② 施工降水方案经过专家评审并通过后，可以采用管井、井点等方法进行施工降水。

③ 降水设计应保证不致因降水引起周边环境产生过量沉降；截水帷幕应控制不致因渗漏而引起水土流失。当场地周围有地表水径流、排泄或地下管涵渗漏时，应切断水源并对基坑采取截水、封堵、导流等保护措施。

④ 采用管井、井点等进行施工降水的，抽排水计量设施必须有效工作。施工单位应保证降水设施正常运行，并采取有效措施，防止污染地下水和地表水。施工现场应综合利用工地抽排的全部地下水，减少资源浪费。

4.1.3 基坑工程深化设计变更管理

高层办公建筑的基坑工程不确定因素多、发生设计变更概率大，基坑设计变更对工程造价及进度影响大，在项目管理实践中，造成基坑工程设计变更原因很多，应重视对变更因素的预控管理。

（1）岩土及地下水实际情况与地勘报告等资料有明显差异，岩土的差异主要集中某些剖面、一定的深度范围或某些土层，地下水的差异主要来源于降水及生态补水等影响，使地下水埋深发生巨大变化等，如某地区地下水动态公告"受上年降水丰沛和生态补水影响，与上年同期相比，地下水水位平均回升 5.37m，其中某区回升值最大，为 14.25m，其他区回升值介于 0.78～10.29m 之间。"如发生此类情况，基坑设计难以避免会发生重大变更。

以下提供某高层商务办公建筑地下水控制设计重大变化实例，用以体现基坑深化设计变更影响的实际情况。

【实例 4-1】 某高层商务办公建筑地下水控制设计重大变化实例

1. 工程基本情况

某高层商务办公建筑±0.000 的设计绝对标高为 72.10m，地下底板顶面相对标高为 -22.55m，根据勘察报告，地下稳定水位埋深 37.3～38.7m，平均年变幅 1～2m。主楼核心筒结构筏板底标高为 -24.55m（最低点），B5 层地下室底板顶面标高为 -22.55m。本工程设计中未考虑设置止水帷幕和基坑降水措施。

图 1 为地勘报告的部分内容。

2021 年 10 月地下室结构施工施工完成，塔楼施工至地上 5 至 8 层，现场已具备外墙防水施工和肥槽回填的条件，基坑从 2021 年 10 月 15 日开始出现积水，至 2021 年 12 月 22 日，基坑肥槽、地下室内积水深度为 1.82m，基坑支护外水位观测井水位相对标高为 -20.73m。根据当地水务局网站公告附近河流在 2021 年 9 月至 2022 年 5

3 场地水文地质条件

3.1 勘察期间地下水情况

本次勘察钻探深度范围内观测到一层地下水，具体水位观测情况详见附图表 "地下水位深度标高一览表"。

表 3-1　地下水位观测情况一览表

地下水类型	初见水位埋深（m）	初见水位标高（m）	稳定水位埋深（m）	稳定水位标高（m）
潜水	34.80-35.20	36.49-37.82	33.90-34.40	37.29-38.72

场地内实测潜水主要含水层为卵石⑤层，主要补给来源为大气降水，主要排泄方式为蒸发及地下水径流。

地下水位自 7 月份开始上升，9 至 10 月份达到当年最高水位，随后逐渐下降，至次年的 6 月份达到当年的最低水位，平均年变幅约 1～2m。

3.2 历年最高地下水位情况

根据我公司调查了解和收集邻近区域地质资料，拟建场地历年最高地下水位位于自然地表，近 3～5 年最高地下水位位于自然地表以下 30.0m（绝对标高 42.00m）左右。

图 1　地勘报告部分内容

月持续进行补水，使该区地下水位上升，10 月份地下水位的增长速率达到 60mm/d。

2. 本工程地下水的上升已造成地下防水、回填等后续施工无法进行，并对基坑安全、冬期地基及结构抗浮产生影响，地下水控制的依据产生重大变化。

3. 地下水控制是基坑工程深化设计的关键内容，基坑重大事故多与地下水有关，充分掌握工程地下水的实际情况是进行设计管理的前提。由于地下水赋存条件复杂、有的地区的补给及排泄可能发生较大变化，相关勘察资料等不能完全覆盖变化情况，对此类基坑工程设计管理应采取措施进行预测分析，防范地下水位重大变化造成的风险和损失。

（2）基坑邻近工程状态的变化，特别是地下轨道交通及市政公用工程与基坑存在交叉施工的情况下，往往导致工程基坑设计发生重大变更。

（3）基坑设计文件完整性不足，如高层办公建筑的电梯、集水坑等局部底板降深一般超过 1.5m，超高层办公建筑的电梯底板降深可能超过 4m，通常被称为"坑中坑"，其支护及地下水控制往往难度更大，影响基坑安全及工程整体施工，若基坑设计文件中缺少"坑中坑"的支护及地下水控制等设计内容，应根据建筑设计文件及时补充进行相应的"坑中坑"基坑设计。

以下提供某超高层商务办公建筑"坑中坑"方案对比实例。

【实例 4-2】　某超高层商务办公建筑"坑中坑"方案对比实例

1. 工程概况

本工程绝对标高±0.000=38.7m，裙楼基坑底相对标高为－27.7m，位于第⑥₁层细中砂层。塔楼基坑底相对标高为－30.7m，位于第⑥层卵石、圆砾层。根据工程顾问提供的《地块 100% 初步设计图》及电梯公司提供的《项目电梯功能技术参数》，本工程坑中坑基底相对标高为－36.4m 及－38.9m，其中本工程坑中坑最深处基底暂估为－38.9m，距第⑦层底 1.27m，地层剖面见图 1，基坑底深度分布见图 2。

图1　地层剖面　　　　　　图2　基坑底深度分布

2. "坑中坑"方案对比

第⑦层黏土、重粉质黏土层顶与层底高程为 $1.53\sim-1.47$m，本工程±0.000 = 38.7m，第⑦层相对标高为 $-37.17\sim-40.17$m，依据周边类似工程的工程地质与水文地质条件，第⑧层地下水为承压水，且水头压力比较高，相对标高为 -28.33m。为防止基底突涌需要采取措施阻断第⑧层承压水。

2.1　方案一

(1) 地下水控制：在塔楼内布置疏干井，井管直径325mm，井深进入第⑦层不超过2m，共布置4口；延塔楼外围布置第⑧层减压井，深度需进入第⑧层不小于3m，间距12m。

(2) 坑中坑支护：采取地下连续墙支护，墙厚600mm，墙底标高 -49.17m（深度约19m），地下连续墙进入第⑨层粉质黏土、重粉质黏土2m，阻断第⑧层承压水影响，坑中坑内布置1口疏干井，井管直径325mm，井深进入第⑦层不超过2m。

2.2　方案二

(1) 坑中坑基底为 -38.9m，距第⑦层底仅1.27m，隔水层厚度无法承受第⑧层承压水头压力，极有可能发生基底突涌，因此建议提高坑中坑基底标高至第⑦层层顶或以上高度，保证隔水层厚度为 $2\sim3$m。

(2) 坑中坑基底为 -38.9m，距第⑦层底仅1.27m，隔水层厚度无法承受第⑧层承压水头压力，极有可能发生基底突涌，因此建议提高坑中坑基底标高至第⑦层层顶或以上高度，保证隔水层厚度为 $2\sim3$m。

(3) 坑中坑支护：采取土钉墙支护方案（按结构设计要求60°放坡，约1：0.577）。

(4) 基坑设计文件精确性不足，高层办公建筑的基坑设计多依据建设单位提供的基坑挖槽图或地下建筑轮廓图，基坑挖槽图或地下建筑轮廓图一般较为粗略，不应作为施工设计文件的依据，当依据基坑挖槽图或地下建筑轮廓图进行基坑设计时，应随建筑设计的进展，对基坑设计进行深化完善，保证施工设计文件的精确性。

4.1.4 基坑工程深化设计的合理优化

（1）基坑工程深化设计的外部评审可保证工程符合环保、水土资源保护，避免影响公共设施及邻近建筑，重在安全、合规。建设单位及项目管理单位还应重视基坑工程深化设计的内部评审，其目的是在工程建设的总体目标下进行优化及合理化，使基坑工程在安全、可行的基础上有效地服务于工程整体建设，在造价、进度等方面达到建设单位预想的或相对满意的标准。

（2）评价基坑方案的优劣除了需要注意安全性、经济性之外，重点是需要与工程实际相结合，注重工程的需求。深基坑支护方案的选择，一方面需要考虑施工现场周边的环境、地基土壤条件等客观因素，更重要的是支护的形式必须符合工程的进度需求、形象需求、经济需求等主观因素的需要，要从宏观上为保证完成工程而选择适当的支护结构。

以下提供某超高层商务办公建筑基坑方案调整优化实例。

【实例4-3】 某超高层商务办公建筑深基坑方案调整优化实例

1. 工程概况

工程紧邻海河，位于天津市和平区，占地面积约2.2万 m^2，总建筑面约为34.2万 m^2，主要包括336.9m的超高层办公楼和105m的酒店式公寓楼两部分。工程采用桩筏基础，整体地下室共4层，连通办公楼和公寓楼，建筑面积约8.3万 m^2，深基坑面积约2万 m^2，南北长约150m、东西宽约190m，其中办公楼南北长90m、东西宽60m，公寓楼朝向南偏西30°，长100m、宽25m，基坑大部分区域深−19.6m，最深处达−32.1m。

考虑到工程的重要性，建设单位专门委托了对软土地区有着丰富设计经验的设计单位进行基坑方案的设计，并结合工程的实际需要对本工程的基坑设计方案进行了三次重大优化调整，每一次调整都是针对建设单位对工程的需求而进行的，最终选择了适应工程的合理方案，保证了工程的顺利开展。

2. 基坑方案的优化调整

2.1 一顺一逆的基坑方案

建设单位考虑到超高层办公楼的工期对总工期起到的控制因素，加快办公楼部分的施工速度对于工程竣工的意义重大。因此基坑设计支护方案需要以加快办公楼的施工进度作为基坑设计的首要因素，设计方案定为办公楼顺作，公寓与纯地下室逆作的形式。

基坑周边全部采用两墙合一的地下连续墙作为基坑围护结构，在基坑内部的办公楼周边设置护坡桩作为隔断，与办公楼周边的地下连续墙共同形成办公楼区域的围护结构，该区域内采用顺作法施工。顺作区域内设置混凝土临时支撑，支撑布置采用圆环支撑结合中部对撑的形式，支撑立柱采用钻孔灌注桩内插钢格构柱的形式。混凝土对撑作为栈桥为出土和将来施工提供主要通道和平台。先撑后挖至基底标高后及时浇筑基底垫层并进行基础底板的施工，再向上施工办公楼各层结构梁板，结构梁板强度达到设计要求后，拆除相应部位的混凝土支撑，随后再施工上一层主体结构，直至办公楼地下结构施工结束。

办公楼进行地下结构施工的同时可以进行纯地下室和公寓区域周边地下连续墙、主体工程桩和一柱一桩的施工。办公楼地下结构完成进入±0.000以上结构施工后，再进行纯地下室和公寓的地下结构逆作施工。

利用纯地下室和公寓的地下结构梁板体系替代临时支撑，由上到下逐层施工各层结构梁板，其间进行逆作区域的土方开挖工作。逆作区域与顺作区域的每层结构梁板贯通时，逐层拆除中间的临时隔断围护桩。逆作区域开挖至基底后，施工基础底板，完成整个地下室施工。

2.2 两顺一逆的基坑方案

"一顺一逆"的基坑方案实施后，根据建设单位销售的需要，需将公寓楼提前交用，但仍要保证办公楼的施工不受影响。为此，针对本工程办公楼和公寓的平面形状和分布位置，以两个区域的安全、快速施工为目标，设计单位将基坑方案变更为"办公楼和公寓顺作，纯地下室逆作"的支护设计方案。

调整方案中，考虑办公楼区域和公寓区域分别支护、同时顺作，基坑开挖和支撑的过程中尽量保持工况一致协调，在这两个区域进入上部结构施工后，再行开展纯地下室区域的逆作施工。

两栋楼用隔断围出，均可独立施工，这样既能够满足办公楼和公寓楼的工期要求，又能够解决场地问题。两顺一逆的基坑方案受到结构受力的影响，设计单位要求公寓楼与办公楼的施工须同步进行，由于工作量不对等，会造成工艺间歇，而且顺逆结合部位的处理相对比较复杂。在通过前期大量的研究分析及施工组织后，施工单位解决了工序、工艺等方面的难题。

但基坑方案论证后，分析工程总进度计划发现：由于为公寓楼配套的配电室、消防控制室、生活给水泵房、消防水池等多个机房均设置在纯地下室，虽然公寓楼能够如期交用，但由于机房无法投入安装和设备调试，公寓楼本身完成并不能竣工验收和交付小业主，为此需进行基坑方案的第三次调整。

2.3 全顺的基坑方案

基坑设计支护方案调整为办公楼、公寓楼和纯地下室全部顺作的基坑方案。

本工程基坑面积巨大、开挖较深，采用整体顺作法作为基坑支护设计方案，支撑系统的平面布置有一定难度。根据主体结构的平面布置情况（图1），办公楼和公寓两个区域各自独立。支撑系统的布置需要尽量避开主体结构，以保证基坑开挖到基底后，可尽快开展主体结构的施工。考虑到两个区域的平面形状和相互位置关系，设置双圆环的支撑系统可最大限度地减少支撑对办公楼和公寓主体结构的遮挡，尤其是在办公楼区域，由于办公楼位于基地东北侧，且呈椭圆形，双圆环支

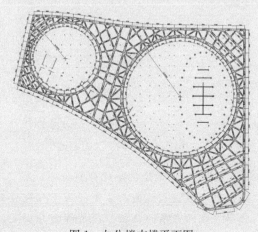

图1 办公楼支撑平面图

撑中的大圆环恰好可以将办公楼主体结构完全避开，保证办公楼在不拆撑的情况下即可开展主体结构施工。但是由于公寓呈狭长形，支撑体系无法完全避开公寓的竖向结构，通过设计单位的优化将支撑杆件避开了公寓楼的大部分竖向结构，从而减少了支撑对公寓楼结构施工的影响。

基坑周边的围护结构采用两墙合一的地下连续墙，整个支撑体系采用双圆环支撑结合中部对撑、局部角撑的布置形式，支撑立柱采用钻孔灌注桩内插钢格构柱的形式。根据受力以及变形控制要求，周边围护结构顶部设置钢筋混凝土压顶圈梁，基坑内部分别设置四道钢筋混凝土支撑系统。

本工程四道支撑系统的中心标高分别为 -2.70m、-8.70m、-13.50m、-17.60m。大圆直径100m，小圆直径60m。除第一道支撑混凝土设计强度等级为C30外，其余各道支撑混凝土设计强度等级均为C35。

该方案的支撑形式可形成较大面积开敞空间，方便中部土方开挖的同时也可以完全避让办公楼的主体结构，保证在基坑开挖到基底以后可以不用拆撑即可进行办公楼主体结构的施工，公寓区域支撑杆件尽量避开主要竖向构件，便于加快公寓结构的施工速度。

整体采用顺作法施工，逐步进行土方开挖和设置临时支撑，先撑后挖至基底标高后及时浇筑基底垫层并进行基础底板施工。办公楼主体结构可在不拆撑的情况下向上施工；公寓区域支撑杆件尽量避开主要竖向构件，在采取一定措施的前提下，也可进行大部分的结构施工；纯地下室区域，采用逐层施工结构楼板的方式，形成可靠的换撑后拆除临时支撑，直至地下结构施工结束，完成整个地下室施工。

2.4 全顺方案的局部调整完善

在基坑施工过程中受到工期及第三道支撑下部土方开挖操作面空间狭小、机械开

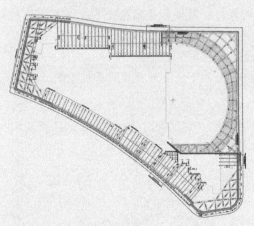

挖受限只能采用人工开挖的影响，现场施工的进度落后于总控计划较多，为保证土方工程进度，再次对全顺方案局部进行了调整，在公寓楼及纯地下室范围内基坑周边底板施工完成的前提下设置混凝土牛腿，将部分第四道混凝土水平支撑调整为钢管柱斜抛撑（图2），周边预留15m的土台作为反压土。在保证支撑稳定性的同时减少了支撑施工的周期，从而极大地改善基坑底部施工条件，既保证了对地下连续墙的有效支撑，又为公寓楼加快施工进度创造了条件。

图2 第四道支撑局部改为钢抛撑

3. 基坑方案优化对比分析

本工程深基坑施工方案经历了三次施工方案的调整，在优化调整过程中以建设单位对工程的需求为目标，通过综合分析及评判，结合施工的可行及安全分析确定了最终的基坑方案。

4.2 钢结构工程深化设计管理

国内年钢产量已超过世界总产量的 50%，建筑钢结构适应绿色、装配式建筑的发展趋势，有着巨大的发展空间，国家及各地方不断推出发展钢结构建筑的政策，在多个地方规定一定规模的办公楼建筑须采用钢结构作为主体结构。

国内建筑钢结构普遍采用两阶段出图，即分为结构设计图与施工详图，相关标准规定"施工详图应根据结构设计文件和有关技术文件进行编制，并应经建筑设计单位确认，当需要进行节点设计时，节点的设计文件也应经建筑设计单位确认，施工详图设计应满足钢结构施工构造、施工工艺、构件运输等有关技术要求，施工详图一般包括图纸目录、设计说明、构件布置图、构件详图和安装节点详图等内容。"施工详图作为制作、安装和质量验收的主要技术文件，设计工作包括节点构造设计和施工详图绘制等内容，一般由制造厂或施工单位编制，出图量一般均大于结构设计图，两阶段出图的分工合理明确、便于实施，通过细化结构设计图形成的施工详图设计作为钢结构制造及安装的作业性技术文件。

高层及超高层办公建筑的钢结构技术复杂，在施工前须密切结合设计、制造、安装环节等要求开展设计深化、优化工作，在既有的两阶段出图基础上，已发展为建筑设计与施工阶段设计的"新两阶段设计"。

4.2.1 钢结构工程深化设计内容

（1）钢结构的施工阶段设计，可称为钢结构的深化设计或钢结构二次设计，以建筑设计单位的施工图及相关标准为依据，使用专用软件，深化细化结构与构件模型、综合考虑制作运输安装工艺要求、实现相关专业技术要求、细化节点连接等，最终完成用于工厂制作和现场安装的详细图纸，钢结构深化设计使用前应经确认。

（2）钢结构施工图设计深度应符合相关标准的规定，并经过审查，其内容包括：钢结构设计总说明，钢结构的部位、结构形式等，钢结构材料，焊接方法及焊接材料，螺栓连接种类、性能等级、摩擦面处理及抗滑移系数等，钢构件的成型方式，焊缝质量等级及质量要求，钢构件制作要求，钢构件安装要求，防腐防火等防护要求，检测试验及监测等要求；基础平面图及详图；结构平面布置图；构件与节点详图；计算书等。

（3）高层办公楼建筑的钢结构技术复杂，在施工前须密切结合设计、制造、安装环节的技术要求开展设计深化、优化工作，施工阶段设计除完成施工详图外，应完成以下工作：深化复杂及异型结构构件模型，协调建筑幕墙、机电管线设备、装修等，进行净空检查及碰撞检查，进行施工阶段结构分析验算，确定结构及构件预变形，结合制造及安装工艺评审进行优化，结合产品深化防腐防火涂装等，高层办公楼建筑钢结构深化设计既要重视建筑设计到工程实施阶段的细化设计，还应重视深化、优化及各专业协同。以下提供某高层行政办公建筑钢结构深化设计工作实例，用以体现钢结构深化设计中专业协同等实际工作情况。

【实例 4-4】 某高层行政办公建筑地上钢梁构件深化设计工作（部分内容）

1. 深化及优化背景：项目造价控制严格，实行限额合同。要求正式出图前经重计量计算，钢结构重计量后超造价 200 万左右，要求对钢结构进行图纸优化。此时地下部分钢结构蓝图已出，构件已经加工。

2. 深化及优化目标：适当减少地上结构用钢量，使之尽量控制在预算范围之内；有利于钢梁上开洞，为保证室内净高创造便利条件。因施工图已完成，优化原则上尽量简单、有效，减少图纸修改量。

3. 深化优化意见：

（1）经对比分析及计算对次要受力方向的钢框梁，原图纸X、Y向的钢框梁采用同一截面钢梁，X向是主要受力方向，Y向钢框梁上荷载远小于X向，建议次要受力方向的钢框梁由GKL3（H500×300×16×25）改成H500×300×12×18。

（2）对比见表1，深化范围见图1。

钢梁断面及数据对比   表1

项目		层数	建筑高度	次受力方向钢梁断面	W_x（cm^3）	单位重量（kg/m）
本地块设计值		7	28.700	H500×300×16×25	3873.5	174.27
建议修改值				H500×300×12×18	2909.85	128.48
二期行政办公项目	地块1	9	36.410	H500×250×12×25	3187.41	140.51
	地块2	8	33.000	H500×200×10×12	1502.82	75.04
	地块3	8	33.000	H500×200×8×20	2103.82	91.68
	地块4	8	33.000	H500×200×8×20	2103.82	91.68
	地块5	8	33.000	H500×200×10×12	1502.82	75.04
	地块6	8	33.000	H500×200×8×20	2103.82	91.68
	地块7	8	33.000	H500×200×8×20	2103.82	91.68

注：二期行政办公项目标准柱跨8400mm×8100mm，标准层层高4.000m，建筑沿宽度方向有3跨，每跨布置两道次梁。本地块标准柱跨8400mm×8400mm，标准层层高3.900m，建筑沿宽度方向有3跨，每跨布置两道次梁。

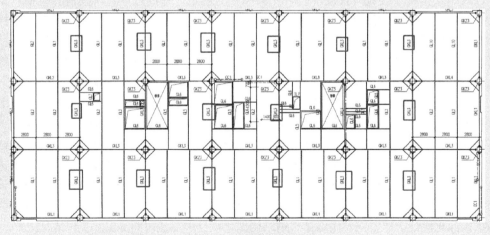

图1　构件深化设计范围

4. 深化优化结果：次要受力方向钢框梁的结构计算符合要求；单位重量减少；总体用钢量减少。

（4）钢结构深化设计应综合考虑工程结构特点、工厂制造、构件运输、现场安装、专业技术要求等，在进行细化的同时，做到优化合理、与相关专业协调、有利于工程实施及保证安全质量等。以下提供某超高层商务办公建筑钢结构异型复杂构件的深化设计实例，用以体现钢结构工程深化设计与加工、安装要求结合的实际情况。

【实例 4-5】 某超高层商务办公建筑钢结构异型复杂构件优化设计实例

1. 结构概况

某超高层商务办公建筑项目中庭内各层平面边线螺旋上升形成曲线扭转造型复杂、受力较差，为解决这一问题选择在三个设备层，通过设置腰桁架及连接单塔的钢连桥形成闭合的椭圆环形（图 1）；在顶部楼层利用出屋面幕墙支撑设置环向类似设备层腰桁架的结构及钢连桥，也形成一个完整的环形。4道钢连桥和腰桁架将 2 个塔楼联系在一起，从而实现整体性强、抗震性能良好的结构体系。

图 1 设备层腰桁架及钢连桥钢结构模型

2. 钢连桥深化设计

钢连桥是保证双塔协同受力的基础，对结构整体的安全性影响很大，考虑地震作用下钢连桥的拉压稳定承载力，该工程钢连桥设计为四面均为桁架的格构式结构，以确保每根构件均不会发生失稳破坏。钢连桥的设置是保证整个结构稳定的关键，可以有效地减小楼层平面水平扭转作用给结构受力带来的不利影响。

2.1 深化设计中 BIM 技术的应用

（1）该工程结构均为非标准层，钢柱弯曲多变，项目建设全过程以 BIM 为指导，对钢结构子分部工程进行装配化建造，为保证建模过程中定位精确，钢结构深化通过 Tekle 软件与设计院 BIM 模型进行核对、控制偏差。通过实体建模进行深化设计，完成电脑预拼装，利用 BIM 技术将二维图纸不能体现的一些问题，通过三维可视化建模展现，并进行节点优化（图 2）。

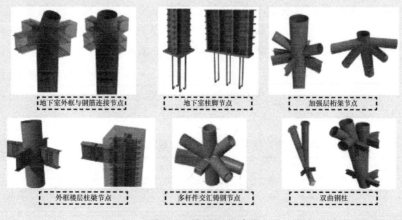

图 2 三维可视化建模

（2）在钢连桥施工管理方面也进行了多项 BIM 技术应用，施工前应用 BIM 技术模拟钢连桥构件就位情况，检查能否安全就位，检查是否与构件、临时设施、脚手架、机械等发生碰撞、干涉等可能，以确保吊装的可行性。

2.2 钢连桥构件分段及临时支撑深化

（1）受构件交通运输规定及车辆运力限制，钢连桥弦杆均需分段加工运输，确定合理的分段方式尤为重要。利用 midas Gen 软件进行有限元分析，对钢连桥安装过程进行施工模拟验算，确保施工安全和安装过程的结构稳定性；同时通过计算获得的各吊装单元的下挠量可指导加工制作时的预起拱，保证钢连桥的安装精度。

（2）由于第二道钢连桥跨度最大、单侧重量将近 150t，经计算对钢连桥总体分三段安装，两侧单元安装时需在下方设置临时斜支撑，临时支撑为双向双道设置（图 3、图 4），完成安装焊接后进行拆除。临时斜支撑上端支撑于圆管相贯节点区域，下方支撑于外框钢柱，节点区域采用销轴的方式进行连接，并对外框钢柱支撑区域进行内侧加劲板补强，采用 Q345B，与钢连桥主体同材质，截面尺寸为 □320×320×20。

图 3 临时支撑模型分析

图 4 现场安装照片

3. 铸钢节点深化设计

（1）工程外框柱连接楼层内桁架、钢连桥以及与幕墙接驳的复杂节点，通过钢结构深化设计采用铸钢件的形式来实现。钢连桥通过 26 个铸钢件与塔楼连接，以第一道钢连桥铸钢件节点为例（表 1、图 5）：该节点与单塔连接处，除钢管柱与桁架腹杆、弦杆相贯连接外，还包括与楼面箱型梁和 H 型钢梁的连接，共 9 根杆件（其中钢管柱上下端在节点存在微小夹角算作 2 根杆件）。各杆件截面尺寸见表 4，铸钢件节点重量约为 27t，材料采用 G20Mn5QT，屈服强度≥300MPa，属调质热处理可焊接铸钢材料，材质与钢柱等强，对接钢管混凝土柱和钢连桥构件采用 Q345C，其他钢材采用 Q345B。

铸钢件节点处杆件截面 表 1

杆件名称	类型	节点处截面尺寸
GKZ10	钢管混凝土柱	φ1219×100
GKL3	H 型楼面钢梁	H400×300×60×60
GL5a	钢连桥桁架下弦杆	φ813×70
GL5b	钢连桥桁架下弦杆	φ813×70

杆件名称	类型	节点处截面尺寸
GKL9	箱型楼面钢梁	□600×400×60×60
GKL11	箱型楼面钢梁	□600×800×90×90
GC1	钢连桥桁架腹杆	φ813×70
GC2	腰桁架腹杆	φ813×70

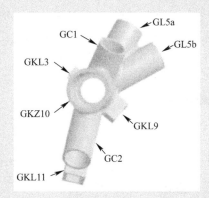 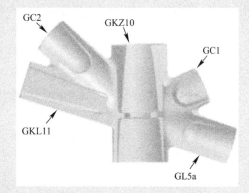

图5 铸钢节点模型

（2）钢连桥与铸钢件连接这个关乎整体结构安全的关键部位，其焊接质量的可靠性尤为重要，铸钢节点与其他构件连接时，受拉控制为主的焊缝连接采用对接全熔透焊缝；节点构造上避免铸钢件本体在现场直接与结构构件熔透连接，易出现焊接质量缺陷。鉴于上述原因该工程采取在工厂加装600mm过渡节的工艺措施，过渡节材质为Q345C与结构材质相同，从而有效地避免了在现场高空、室外等不利环境下不同钢材对接施焊可能造成的质量隐患。

（5）超高层办公建筑钢结构深化设计往往涉及直升机停机坪深化设计，直升机停机坪钢结构深化设计应满足技术标准规定、国家规范、地方和政府标准以及功能使用和现场条件的要求，并确保实现消防及民航相关部门等安全及功能要求，停机坪深化设计须委托专业设计单位完成。以下提供某超高层商务办公建筑停机坪设计管理办法实例。

【实例4-6】 某超高层商务办公建筑直升机停机坪设计管理办法

1. 涉及直升机停机坪设计及施工主要标准如下：

（1）《民用直升机场飞行场地技术标准》MH5013—2014；

（2）国际民航公约附件十四卷Ⅱ-直升机场（Doc9261-AN/903）2013年第四版；

（3）《直升机电力作业安全规程》系列MH/T 1064.1~7—2017；

（4）《民用机场目视助航设施施工质量验收规范》MH5012—2010。

2. 界面管理：停机坪的设计深化工作涉及专有规定，由专业分包提供服务。合理、全面、细致的设计及施工界面划分，有助于现场各专业配合的有效衔接，是停机坪深化设计及施工管理的核心内容。

（1）土建专业界面划分

① 停机坪分包根据钢结构、幕墙、机电等专业深化图提资条件，进行停机坪全部专业深化服务，并按照现场进度需求提供停机坪相关的土建、机电深化图纸；施工界面需完成专用铝合金机坪甲板的施工，包括甲板铺设以及与下部钢结构的有效连接；安全网支撑臂的安装，保证其与下部钢结构的有效连接。

② 施工总承包（含钢结构施工）根据停机坪深化图，完成停机坪甲板下部全部钢结构支撑系统的施工，包括钢结构与主体结构的预留、预埋，钢结构柱、梁施工，钢结构疏散梯、钢爬梯的施工，以及钢结构所需的防火、防腐等施工内容。如有需要还应根据停机坪分包深化图，配合机电分包完成消防泡沫罐、水泵等消防设备的基础施工。

（2）装修专业界面划分

① 停机坪分包负责停机坪表面标识喷涂；

② 幕墙分包负责停机坪底部幕墙装饰。

（3）机电系统专业界面划分

① 停机坪分包负责停机坪相关设备的供应、安装、调试。举例包括并不限于：边灯、泛光灯、障碍灯、风向标、停机坪标灯和无线电等；负责配电/控制箱及至末端灯具配线、安装、调试等；负责泡沫罐、泡沫混合比例器、消防管道、消防水枪、消火栓、辅助消防设施等供应安装；负责相关电气线管的预留埋工作和停机坪的防雷接地。

② 机电专业分包负责将电源提供至停机坪机房内配电/控制箱上口，提供消防水源至停机坪机房内 1m，安装阀门，并在消防水枪附近接消防启泵按钮至整个消防系统。

3. 停机坪主要技术要求

（1）直升机坪航空甲板技术要求

① 产品适用于轻钢结构直升机坪，榫卯结构，拆装便捷；

② 质量轻、承载大，配合轻钢结构安装，整体荷载较小；

③ 甲板尺寸 110mm×195mm，单支航空甲板最大抗压承载力不小于 700kN，壁厚不小于 4mm，并应提供相应的检测报告；

④ 甲板表面耐磨防滑，机坪能产生适度的弹性，避免直升机降落时因接触硬性铺面所产生的地面共振；

⑤ 环保科技材料，能回收循环再利用；

⑥ 甲板需深层氧化处理并对表面进行全面镀铬，有效延长甲板使用寿命，坚固耐用、美观大方；

⑦ 甲板铝合金壁厚不小于 4mm。

（2）直升机坪安全防护网

① 整体系统为手动活动式安全防护网，直升机起降时防护网平放与机坪形成 15°防坠落角度；直升机不启用或擦窗机启用时，安全网影响到擦窗机运行时，安全网竖立，还可兼做观光平台的栏杆；

② 支撑臂：铝合金方管，□70×50×3，总重量小于 15kg；

③ 安全防护网：铝合金板网，3mm厚；

④ 连接方式：现场焊接或螺栓连接。

（3）机坪助航设备及其控制系统

停机坪所使用的导航设备应符合国际民用航空组织（ICAO）及中国民用航空局（CAAC）的相关规范要求，并具有其承认的国家认证。对材料设备的具体要求如下：

① 接地、离地区灯，符合 CAAC 及 ICAO 国际民航组织对直升机场接地、离地区灯的技术要求，并能提供 CAAC 及 ICAO 所承认的国际认证。嵌入式 LED 灯具，灯具外壳防水等级达到 IP66，并且能依据现场实际情况调节其亮度，使用寿命大于 10 万 h。

② 泛光照明灯，符合 CAAC 及 ICAO 国际民航组织对直升机场泛光照明灯的技术要求，并能提供 CAAC 及 ICAO 所承认的国际认证。灯光为暖白 LED 光源，并设置遮光罩，灯具外壳防水等级达到 IP66。

③ 机坪障碍灯，符合 CAAC 及 ICAO 国际民航组织对直升机场障碍灯的技术要求，并能提供 CAAC 及 ICAO 所承认的国际认证。灯光为红色 LED 光源，灯具外壳防水等级达到 IP66，使用寿命大于 10 万小时。

④ 机坪信标灯，符合 CAAC 及 ICAO 国际民航组织对直升机场信标灯的技术要求，并能提供 CAAC 及 ICAO 所承认的国际认证。灯光为白色 LED 光源，国际摩斯码闪光频率，灯具外壳防水等级达到 IP66，使用寿命大于 10 万 h。

⑤ 机坪风向标，符合 CAAC 及 ICAO 国际民航组织对直升机场风向标的技术要求，并能提供 CAAC 及 ICAO 所承认的国际认证。灯光为白色光源，灯具外壳防水等级达到 IP66，顶部设置低密度红色障碍灯，底部支撑杆为易折构件，使用寿命大于 10 万 h。

⑥ 机坪 VHF 电路控制柜，符合 CAAC 及 ICAO 国际民航组织对直升机场接地、离地区灯光的技术要求，并能提供 CAAC 及 ICAO 所承认的国际认证。系 VHF 控制系统与电路控制系统的集成系统，航空频率范围 118.000～136.000MHz，外壳防水等级 IP66。控制柜内置 VHF 无线电接收器，可通过 VHF 无线电话筒远程开启导航设备。

⑦ 机坪风向风速仪，国产户外专用型，用于测量瞬时风向和平均风速风向，具有显示、自动、超限报警和数据通信等功能。

4.2.2 钢结构深化设计管理

（1）超高层办公楼建筑钢结构工程中，须由钢结构深化设计人员、制造技术人员、安装技术人员共同完成钢结构施工阶段的虚拟建造及实体建造，须重视钢结构深化设计的管理工作，须重视深化设计单位的选择，通过深化设计合同明确工作内容、质量要求、设计人员组成等，以下提供某超高层商务办公建筑钢结构深化设计合同实例。

【实例 4-7】 某超高层商务办公建筑项目钢结构深化设计合同（部分内容）

1. 深化设计的深度及工作范围

（1）深化设计图纸的深度必须满足工厂制作和现场安装的要求。

（2）乙方需提供甲方所需的各类清单：包含但不限于材料清单、构件清单、零件清单及螺栓报表等。

（3）详图的图纸内容包括：图纸目录、施工详图总说明、锚栓布置图、构件布置图、安装节点图、构件详图，零件加工图等：

① 施工详图总说明应包括：制作和安装过程中依据的规范、规程、标准及规定；焊接坡口形式、焊接工艺、焊缝质量等级及无损检测要求；构件的几何尺寸以及允许偏差；表面除锈、涂装喷涂等技术要求；制作、包装、运输、安装等技术要求。

② 锚栓布置图要准确标示锚栓与轴线的关系和标高，并提供锚栓规格、材质、外形尺寸、丝扣长度及定位环板等工厂加工所需信息。

③ 构件布置图应清楚标明构件号，构件尺寸位置，标明构件安装方向（布置图中的安装方向应与构件详图中安装方向一致）。

④ 安装节点图应标明各构件相互连接情况，构件与外部构件的连接形式、连接方法、控制尺寸和有关标高。标明构件的现场或工厂的拼接节点。

⑤ 构件详图中清晰显示零件的几何形状和断面尺寸，以及在平、立面图中轴线、标高位置和编号；标注构件的安装方向，并与布置图中安装方向保持一致；图中必须标注焊缝形式；材料表应清晰显示各零件编号、外形尺寸、材质、数量、长度、重量、面积等信息；螺栓表应显示螺栓规格、长度、数量、连接构件等。图纸中需明确标识防腐涂料涂装的位置和焊接栓钉的位置。

⑥ 零件加工图：异形零件和带孔零件必须有零件加工图，零件加工图需清楚表达零件的外形尺寸，螺栓孔的位置、大小、数量及材质等加工所需信息。弯曲构件以钢板的形式建模。

⑦ 报审图与加工图构件名称及位置需保持一致。

2. 乙方的主要设计人员不得随便更换。乙方需派主要人员驻场，原则上其他设计人员需在现场集中办公。派驻人员的食宿问题由乙方自行解决，相关费用已包含在甲方支付乙方的设计费用中。

3. 乙方负责的深化图纸必须加盖设计院的签章；乙方负责深化设计交底，对深化设计图作出说明，解决及修改在制作和安装过程中的有关深化设计图中的问题等；按甲方要求绘制如构件拼接等深化设计图；对制作厂进行专项交底，与制作厂保持良好的沟通，解决制作厂对深化图纸提出的问题；乙方应与设计院主动沟通，提出一些优化意见，特别是节点设计等。

4. 深化设计依据及图纸验收：

（1）图纸深化设计要依据施工蓝图、技术核定单、设计变更单、甲方施工方案要求（包括分节分段）、本合同相关要求进行深化，要求除符合设计图纸及招标文件的技术要求外，同时符合现行建筑设计规范和其他现行规范。

（2）甲方严格按照以上依据、有关标准对乙方转化的图纸进行验收；验收时如甲方发现问题，乙方应在甲方规定的期限内予以修改。

（3）甲方在生产期间如发现图纸问题，乙方不得以甲方已签署验收报告为由拒绝修改和拒绝承担责任。

（2）国内钢结构深化设计单位数量多、发展快，同时存在准入门槛低、人员不稳定、技术水平差异较大等问题，钢结构深化设计作为影响工程的关键工作，要求深化设计单位具有相应的经验、技术能力及质量管理保证体系，应为具有钢结构专项设计资质的加工制作单位或咨询设计单位。深化设计人员除了承担设计工作，还需要进行大量的沟通协调工作，除具备设计计算能力、软件操作能力外，还应有材料、工艺、安装及相关专业等丰富的技术能力。

（3）钢结构深化设计可由具有钢结构专项设计资质的加工制作单位或咨询设计单位完成，并需要建筑设计单位的深度参与，钢结构深化设计依据施工图及设计变更，应充分结合钢结构制作、运输及安装条件及技术方案，注意与外围护结构、建筑幕墙及擦窗机、机电设备及管线、电梯井道、混凝土基础等界面划分、建模协调、协同实施，进行相关专业碰撞检查，保证钢结构设计到建造能够顺利实施，同时保证建筑工程相关专业及系统的顺利实施，对施工图等进行修改或优化时，应经建筑设计单位书面确认。进行材料替代时，应征得建筑设计单位确认。

（4）深化设计文件的表达应符合相关标准，一般包括：深化设计说明，节点深化设计布置图及计算文件，焊缝连接图；涂装防护深化设计文件；构件加工图、零部件图、预拼装图、安装详图，按规定提交符合细度要求的BIM模型等。

（5）深化设计文件应进行过程管理和评审，包括深化设计输入文件的校核评审、深化设计输出文件的校核评审、深化设计文件的审批确认等，应确定相应的职责、工作流程、网络平台及记录，及时处理发现的问题。以下提供某超高层商务办公建筑钢结构深化设计评审工作流程实例。

【实例 4-8】　某超高层商务办公建筑钢结构深化设计评审工作流程

1. 钢结构深化设计报审流程

（1）由钢结构深化设计单位根据原设计结构图及建设单位提出的具体深化设计条件完成深化详图设计，完成后钢结构深化设计单位按钢结构深化图送审计划送审有关图纸（建设单位项目部、建设单位设计部、设计单位、总包单位、监理单位各1份）。

（2）由建设单位组织各参建方对钢结构深化设计详图进行汇审，形成汇审意见，钢结构深化设计单位根据汇审意见对深化详图进行调整，调整完成再次进行汇审。

（3）汇审通过后报建设单位设计部，由建设单位设计部安排设计单位盖"审核批准章"，建设单位设计部盖"正式施工图"章并下发，审批流程见图1。

2. 钢结构深化图报审要求

（1）深化设计图纸审批应层层把关，全面校核。钢结构深化设计部门首先进行内部审核，然后报总包单位技术部进行审批，最后组织有关单位进行会审。

（2）深化设计图纸的格式应根据统一规定的要求进行编制。深化设计文件的内容、格式、技术标准、送审份数及程序应满足建设单位及有关规定的要求，从而保证设计文件的质量。

（3）施工过程中凡发生涉及施工图的变更，需设计单位的签章才可予以实施。所有有关此工程来往的联系单（或函件）都需按照质量体系的要求进行。针对该工程的特殊工艺及工艺需要进行对原设计的改动，需先行与设计单位沟通并作施工计算，交总包单位、监理单位审定签字，并交设计单位审核后方能实施。

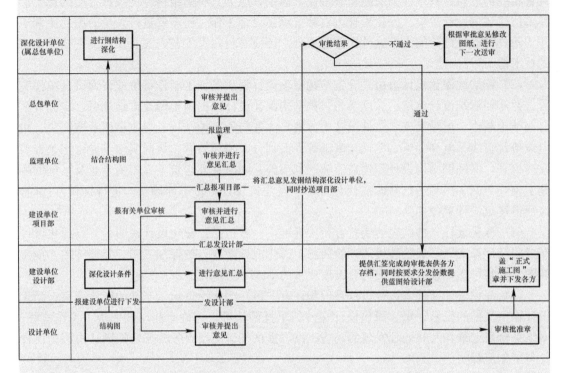

图1　审批流程

（4）每张施工详图都需有版本号，以识别是否有修改或是第几次修改。

（5）每批施工详图归档的内容包括：设计单位签章确认的施工详图；施工详图的电子文件；来往联系单文件。

4.3　建筑幕墙工程深化设计管理

4.3.1　建筑幕墙设计的协作与分工

（1）建筑幕墙设计包含概念设计、初步设计和施工图设计等阶段，国内的建筑幕墙工程均委托具备专项设计资质的设计单位进行专项设计，建筑设计单位确定建筑方案及幕墙总体方案，对幕墙的设计提出节能、抗风压、气密性、水密性等总体性的技术要求，提出饰面等材料材质、面层、观感效果等技术要求，建筑幕墙深化设计单位按建筑幕墙、建筑节能、抗震防灾、建筑防火标准及相关材料标准等进行设计，并满足建筑设计单位提出的各项要求，形成建筑设计单位与幕墙深化设计单位的分工。

（2）建筑设计的施工图中关于建筑幕墙设计内容一般包括：编制建筑幕墙设计的专项说明，明确建筑幕墙的类型、材质、建筑高度、面积等；明确安全、防火、防雷等技术要求，明确热工性能、抗风压性能、气密性能、水密性能、平面内变形性能、空气隔声性能和耐撞击性能等；提出幕墙的主要材料性能参数、饰面效果等技术要求，并明确与建筑幕墙专项设计的工作及责任界面；绘制幕墙平面图、立面图、剖面图及必要的节点详图，标注构件定位和建筑控制尺寸，标注洞口和分格尺寸，对开启位置、面积大小和开启方式，用料材质、颜色等作出规定和标注等。

（3）建筑幕墙深化设计依据合同文件、建筑施工图、建筑幕墙技术要求等进行，建筑幕墙设计应全面落实建筑设计对幕墙的各项控制性要求，当建筑幕墙工程设计中有超出现行标准规定或采用新材料、新技术和新工艺时，应进行相关论证，超高层办公楼的风压、建筑防火等应进行相应的试验测试及分析评价，建筑幕墙对主体结构的作用应经建筑设计单位审核确认。

（4）建筑幕墙深化设计内容包括设计说明、设计图纸和幕墙计算书等，具体包括设计依据、物理性能、系统组成、材料选用、制作安装技术要求、立面图、平面图、剖面图、节点详图、支撑结构图、埋件图（后置埋件图）、复杂部位三维图、BIM模型、结构计算书和热工计算书、试验检测方案等。建筑幕墙深化设计应完成幕墙建筑平、立、剖面，完成系统构造及连接设计，确定材质、规格型号、技术参数、加工工艺，提供采购、加工、制作的技术标准，完成节点、接口、衔接等，提供施工安装的技术标准等。

以下提供某超高层商务办公建筑幕墙设计合同实例，用以体现建筑幕墙工程设计分工与协作的实际情况。

【实例4-9】 某超高层商务办公建筑幕墙设计合同（部分内容）

1. 本工程幕墙分包人、专业厂家、材料设备供应商，依据主体施工图或幕墙招标图及招标文件技术要求，结合自身的技术或材料设备条件，对所承包工程项目进行深化设计。

2. 幕墙分包人深化设计的主要工作内容：根据招标图纸的要求完善幕墙系统设计，以满足施工技术要求；根据幕墙的性能等级完善幕墙的构造做法及材料表；根据幕墙招标图完善幕墙平面布置及定位；与建筑、园林、精装、结构、通风等专业配合确定幕墙连接、交接、收口做法。

3. 幕墙深化设计依据，除国家和地方现行技术规范规程、行业标准外，应满足本项目深化设计管理办法的要求，主要依据文件包括：幕墙工程招标图、招标文件技术要求、3D幕墙模型及其设计变更文件；施工图及洽商变更文件；风洞试验报告。

4. 幕墙深化设计的原则：提供深化设计图供项目部、设计部、采购部审批；严格按送审计划落实深化图纸的报审工作，避免因设计延迟施工；荷载取值必须满足规范与风洞试验要求，结构计算必须安全可靠；幕墙的平立面分格必须满足招标图及建筑外观要求，幕墙节点必须满足建筑幕墙功能性要求；幕墙深化设计需考虑与主体、建筑、结构、机电、精装、园林、照明、标识及广告等相关专业交接工作的配合；幕墙的特殊部位，铝板幕墙与玻璃幕墙的交接部位、防火幕墙与防火墙的交接部位、幕墙的收口部位、幕墙与其他分项工程的交接部位必须用图纸将做法表达清楚。

5. 幕墙深化设计的组织管理：幕墙深化设计组织管理由业主设计部负责，幕墙分包人深化设计机构、人员配置、进度计划、内部管理体系由业主设计部实施管理；幕墙分包人应根据总控制计划和本项目设计计划安排深化设计计划，经业主项目部、设计部、采购部审核批准后组织实施，业主各部门负责定期跟踪检查计划执行情况。

6. 幕墙深化设计的技术管理：幕墙深化设计技术管理主体为业主设计部，业主设计部依据项目深化设计控制文件的要求对深化设计图纸进行审核，控制设计质量。业主设计部负责制定深化设计原则用于指导深化设计，并在深化设计过程中作必要的技术指导。业主设计部、建筑师及聘请的幕墙顾问，负责深化设计图纸审批。

7. 各单位分工：业主设计部负责总协调、管理幕墙设计工作；业主项目部、采购部负责配合协调设计工作进度；建筑师负责建筑设计效果及建筑技术确认；设计院负责施工图的审核及建筑技术确认；幕墙顾问负责幕墙设计系统、施工图的审核及幕墙技术确认；幕墙分包负责幕墙施工图设计；工程总包负责幕墙施工图审核及确认；工程监理单位负责施工图纸的审核及确认。

4.3.2 建筑幕墙顾问的管理

高层办公建筑项目管理实践中，聘用高素质的专业幕墙顾问十分重要，幕墙顾问参与建筑工程已成熟和普遍，高层办公建筑项目的建筑设计单位对于专业幕墙顾问有强烈的需要，国内建筑市场除配备幕墙顾问或合作单位外，多数建筑设计单位都聘请了专业的幕墙顾问协助建筑师进行初步设计、深化设计，以期达到最佳建筑效果，专业幕墙顾问多从建筑方案设计开始协助建筑设计单位的工作。

(1) 幕墙顾问应具备丰富的工程经验、良好的服务意愿及稳定的服务团队，能够与建筑设计单位有效协同，具备建筑幕墙设计、招标、造价管理、施工管理等综合技术能力。幕墙顾问的工作范围可包括建筑幕墙及相关设计、招标顾问、施工图审查、造价审查、加工及安装施工检查等。

(2) 幕墙顾问的具体工作内容可包括：从建筑方案设计开始协助建筑设计单位的工作；负责招标图纸的设计及招标文件的编制；参与招投标工作，参与技术评标、评选幕墙承包单位；工程开始后，对于幕墙所涉及的材料进行审批，对施工图纸及计算书进行审查；对工地视察，及时发现施工中出现的问题并通报建设单位，及时整改；参与项目竣工验收，对整个幕墙工程进行评估总结等。

(3) 在项目管理实践中，应在以下方面充分发挥幕墙顾问的作用：自建筑方案设计阶段介入建筑幕墙及外立面等相关的设计工作，协同建筑设计单位保证建筑幕墙方案的可行性、合理性及经济性，提供充分的建筑幕墙工程实施的预留条件，解决设计阶段的相关专业协调问题。为建筑幕墙工程招标提供完备的招标图、技术规范、深化设计要求、主要材料选用清单等文件，提供或审核工程量清单、工程范围、合同条款等文件，对投标文件进行详细的技术与经济评审。订立建筑幕墙工程质量标准，并在实施过程中通过评审图纸及计算书、审核样品样板、检查加工厂、审核试验检测等确保质量标准的实现。在建筑幕墙工程全过程中控制安全质量风险，审核确定重大技术问题的解决方案等。

以下提供某超高层商务办公建筑幕墙顾问服务合同的实例。

【实例 4-10】 某超高层商务办公建筑幕墙顾问服务合同（部分内容）

1. 幕墙系统设计阶段（含初步设计和深化设计）

（1）全面研习建筑及相关专业包括施工图在内的设计文件，与业主及各相关技术单位沟通，充分理解本工程外立面设计意图，并确定本项目外幕墙工程的范围，及各分项的具体内容。

（2）对外立面幕墙工程进行深入研究，提供幕墙结构的分析和建议：防水、保温和节能的分析、设计等；提供幕墙的开窗方式和设计。

（3）确定幕墙的设计要求、确定荷载传递、确定埋件形式和构造，并进行结构计算、热工分析等专业性的试验，并对外立面工程与其他专业的预留和配合提供建议及方案。

（4）提供主要材料选择、加工及施工安装等问题的专业顾问意见，并提出主要材料的技术要求、可选厂家列表和性能价格优劣比较。

（5）提供包括立面设计图、立面分格、节点图、系统形式、功能设计等整体解决方案。

（6）根据初步设计提供工程概算和设计估算。

（7）提供主体结构连接、外墙边角收口、不同材料或系统交接部分的初步设计解决方案。

（8）帮助业主进行施工单位考察，并编制与幕墙相关工作的进度计划。

（9）初步评估并建议外立面维护保养方面潜在的问题及提出幕墙清洗、擦窗等解决方案，并与外幕墙工程相关各专业，如空调通风、擦窗机械、照明和广告牌等设计和供货厂商进行技术协调。

（10）搜集并整理总包及各相关厂商的专业技术意见，并向业主提交解答议案。

（11）参与并协调业主与建筑师组织的外幕墙工程有关会议，并就相关专业问题进行解答或提供技术解决方案。

2. 招标文件编制及评标阶段

（1）完成外幕墙系统方案设计图，其中主要包括立面分割、各幕墙系统节点、主要连接和边角收口节点等，以上所有图纸均达到招标文件深度。

（2）编制招标图纸，招标技术文件，包括工程范围、设计要求、投标文件的要求、材料及全部系统构件的要求、加工安装和测试验收技术要求。

（3）作为幕墙顾问参与同各相关专业的工程技术协调，听取各方意见，改进并最终完成幕墙系统招标文件。

（4）对业主认可的各投标单位的设计、加工、安装施工、组织管理等综合技术能力进行评估并提出顾问意见。

（5）根据本幕墙工程招标文件，包括建筑等各专业的设计图、幕墙工程招标设计方案和其他招标技术文件，协助业主完成指定评标的技术标准。

（6）参与业主及相关各方参加的招投标筹备会议，并解答投标单位就外墙工程招标提出的技术问题。

（7）对各投标单位递交的投标文件进行全面技术评估，包括投标技术设计方案图、结构计算书、材料选择和技术解决方案、加工及施工的质量控制和组织管理等。

（8）作为评标技术顾问之一，参加各投标单位的述标会议、听取对所有技术问题的阐述，并向投标单位就相关问题进行质询。

（9）配合业主做好技术清标工作。

（10）根据评标的技术标准，公平公正地对各投标单位的设计方案等技术环节进行综合评定并形成书面意见。从技术角度向业主阐明评审结果及各投标单位的优劣，以及承包本工程适合程度。

（11）通过技术标与商务标相结合的分析，向业主提供投标单位报价中所存在偏差技术依据，给出最佳性价比的合理中标价格。

（12）在业主与中标承包商的合约起草阶段，审定中标承包商的设计方案、材料做法、质量要求等合约技术依据。

（13）对业主与承包商合约技术部分的内容给出顾问建议。

3．施工图审核及材料加工、试验阶段。（略）

4.3.3　建筑幕墙设计评审

（1）建筑幕墙设计评审应随概念设计、初步设计、深化设计等阶段进行。

（2）概念设计及初步设计阶段评审多采取对比分析、专家评审、试验测试等方式。深化设计阶段评审一般包括图纸审查、材料选样审查、节点审查、现场视觉样板审查、模型试验、专家评审等方式。

（3）深化设计审查应注重安全性与合规性，技术依据充分、有效，符合现行规范、标准等规定，安全性、节能性、耐久性等有保证，对建筑周边及环境无不良影响，深化设计审查应注重审查技术方案的适用性，水密、隔声、开启性能等有无保证等。

（4）深化设计审查应注重符合性及协调性，确保符合建筑整体要求，与建筑各专业、各系统相协调，图纸审查应注重审查完整性及可实施性，确保在采购、加工、安装过程的有效实施。

4.4　机电工程深化设计管理

4.4.1　机电工程深化设计的范围

（1）随外部配套条件落实进行深化设计。高层办公建筑的市政公用配套条件需要较长的落实周期，往往还需进行反复协调，并按规定进行相应审批后最终确定配套方案，此后完成建筑施工图设计阶段未能完成的机房、设备、管线及路由设计，完成对建筑施工图中相应的土建等配套条件的复核调整，对相应部分的投资进行复核调整。此类深化设计一般由建筑设计单位完成并经市政公用部门审核确认，也有市政公用部门设计交由建筑设计单位复核落实的，具体见本书 2.3.4 节内容。

（2）随建筑功能需求确定进行深化设计。高层办公建筑的建筑施工图完成时，部分机电系统的功能尚未确定、部分区域的使用功能尚未确定的情况较为常见，多采取在建筑施工图设计按暂定功能及预留条件进行设计，相应的投资也为暂定，此后随着功能需求的明确相应完成后续的设计工作，包括对建筑施工图中预留条件等进行复核调整。此类深化设计可由建筑设计单位完成，也可以由专业承包单位完成，并经建筑设计等单位审核确认。

高层办公建筑在建筑智能化工程深化设计初期，建设单位往往难以提出明确要求，项目管理单位应协助建设单位选择适当先进、性价比合理的方案，使建设单位逐渐明确功能需求及标准定位，以下提供某超高层保险业总部办公建筑的建筑智能化工程设计要求的深化过程实例，用以体现其工作过程。

【实例 4-11】　某超高层保险业总部办公建筑的建筑智能化工程设计要求的深化过程

第一阶段：建筑施工图阶段的设计要求

1. 设计原则：可靠性、实用性、安全性、先进性、经济性、开放性、专业性、综合性、扩展性、易用性等，按 5A 甲级智能建筑标准设计。

2. 设计内容：配合建设单位完善弱电功能要求，确定方案、系统及配置标准、技术要求等，符合现行国家标准《智能建筑设计标准》等。设计内容包括：通信与综合布线系统、建筑设备监控系统、安全防范系统、火灾自动报警系统、有线电视系统、多媒体查询及信息发布系统、会议系统等；除火灾报警系统完成全部设计外，应提供深化设计及招标所需的系统原理图、控制点位图、平面图等，与建筑等专业配合充分考虑井道、机房的土建条件，完成预留管线、线槽设计等；审核并确认二次深化设计文件。

3. 通信及综合布线系统设计要求：综合布线系统及工作区点位配置按现行设计规范的较高标准进行设计。综合布线系统采用模块化设计。系统设计为开放式星形拓扑结构；数据主干采用光纤，语音主干采用大对数铜缆。确定通信接入位置、线路容量、规格、敷设方式等。

确定室内配管配线的方式、规格型号，并适当留有余量；确定各机房的位置、设备容量、安装方式等。设置无线对讲系统（安保用），无线网络系统覆盖；手机信号室内覆盖由运营商负责，设计考虑相应路由，并预留相应线槽。

4. 建筑设备监控系统设计要求：实现对建筑物内机电设备的监控，做到运行安全、可靠、节省能源、管理智能化。建筑设备监控系统对高低压变配电、通风空调、新风排风机组、给排水、热力和制冷系统、公共区域照明、电梯等设备运行状况进行实时信息采集监视、记录、控制等。提供控制原理图及模拟量、数字量点表。

5. 安全防范系统设计要求：安全防范系统包括：视频监控系统；车库管理系统；入侵报警系统；出入口门禁系统；一卡通系统；巡更系统。

6. 火灾自动报警系统设计要求：合理确定火灾报警等级和系统组成，报警主机应留有适当余量，以满足预留办公区及设计调整等需要。根据规范要求，在不同场所设置相应的探测器，以满足探测需要。电梯应通过消防中控室联动控制台手动/自动迫降归首。消防（喷淋）水泵应具备自动巡检功能。

7. 火灾应急广播系统设计要求：系统主机设在消防控制室，走廊及公共区设置应急广播。

火灾应急广播与背景音乐广播共用一套系统，广播系统收到火灾报警信号后人工/自动由背景音乐工作模式切换至应急广播工作模式。

8. 有线电视系统设计要求：确定机房位置。电视图像双向传输方式，满足数字电视的传输要求。

9. 多媒体查询及信息发布系统设计要求：确定系统组成及功能要求、显示屏的安装位置/种类。在主要厅堂入口处设有多媒体检索终端装置。信息发布系统：在首层大门口和大会议室预留 LED 显示装置和控制设备的房间等。

10. 会议系统设计要求：在相应的会议室设置会议系统及设备间，满足各种会议的需求。

11. 设计配合要求：电气平面图布局及尺寸应与土建平面图和设备专业布局相一致，需联动控制的内容和位置应与设备专业、土建专业相一致，并及时与土建、设备专业的设计师沟通。一些必要的中间资料（如设备用房的位置、尺寸及用电方案的确定）及时报业主审核。

第二阶段：建筑智能化工程深化设计的初步工作情况

1. 确定需要深化设计的弱电系统有：综合布线系统、安防监控系统、无线对讲系统、智能照明系统、停车场管理系统、门禁及巡更系统、能源管理系统、多媒体显示系统、楼宇自控系统、有线电视系统等。

2. 在深化设计初期，项目管理单位组织设计人员给建设单位汇报和介绍弱电各系统具体功能，使建设单位人员对各个弱电系统有一个感性认识。建设单位认为安防监控系统、智能照明系统、多媒体显示系统、楼宇自控系统原设计图纸功能要求基本能够满足日后工程管理需要，按照原设计要求细化达到施工图要求即可。有线电视系统随着网络的发展，作为办公总部可以用网络电视替代，尤其是在目前各房间功能不确定的情况下，有线电视布线无法到位，用网络电视更加便利。停车场系统作为自用办公楼，停车场地不对外的情况下，只需保证基本功能。能源管理系统根据绿建二星新规范要求，原设计需增加动力配电的电表计量，并在能源管理系统中进行监控。门禁系统可按照目前系统数量预留竖井内设备，具体门禁数量按照精装要求安装。建设单位根据自用性质提出通信及综合布线工程需要，建设单位的职场规划办公室组织信息技术部及项目管理单位具体明确通信及综合布线建设需求。

3. 建设单位确定深化设计原则：尽量按照原设计要求深化，控制预算不突破。

第三阶段：深化设计要求的细化情况及内容

1. 停车场管理系统在地下三层地下环廊的出入口处新增一进一出的车辆出入口控制系统一套。

2. 大屏幕显示系统在首层电梯厅设置 4 台信息发布终端，2 层以上每层电梯厅设置 2 台信息发布终端，地下 B1～B4 电梯厅不设置信息发布系统；大堂 2 台触摸查询机取消；首层大堂 2 个 LED 显示屏取消。8 部客梯轿厢内自带的液晶显示屏由弱电单位深化并由电梯机房施工至中控室。

3. 智能照明系统在一层值班室设置智能照明控制面板，用于控制首层大堂灯具。在地下二层车库值班室设置智能照明控制面板，控制车库灯具。其余位置不设置智能照明控制面板；智能照明主机放到一层消防控制室。

4. 能源管理系统中的水表、电表、燃气表、热量表根据绿建二星标准设计，由设备的生产厂家负责开放相关网络协议，配合能源管理系统施工及调试。

5. 门禁系统遵循原图设计，二次精装时根据精装图纸要求安装门禁设备。大堂速通门的门禁设备需与全楼的门禁系统兼容，以方便互联互通。

6. 有线电视系统取消。

7. 综合布线系统，原建筑设计图纸点位：每个工位 2 个网络点，1 个语音点。根据建设单位需求，每个工位点位为 2 个网络点，其中 1 个点为 IP 电话。

8. 五层网络机房由原设计的 290m^2 优化为现有的 70m^2，并把电话机房和调试间向西平移和网络机房合并，由弱电深化做功能性分割。进户电缆容量由弱电根据需求提供。

9. 五层机房内网络设备及弱电间综合布线网络设备由业主集中采购。IP 语音设备采购及安装由总包负责。

10. 五层机房（含网络机房、电话机房、调试间、UPS 电池室、设备存储间）和一层安防消防控制室的室内装修设计，要求达到使用要求。

（3）与各专业协调配合进行深化设计。机电工程深化设计在保证机电系统使用功能的前提下，通过综合建筑、结构、装修和机电各专业施工图纸，合理确定机电管线的走向、排列、位置及其相应土建装修位置关系和预留埋设，以达到满足使用要求、方便施工、方便检修维护的目的，机电工程深化设计必须在完成本专业施工图审核及各专业互审，充分理解设计意图的基础上进行，对施工图中存在的问题应会同建筑设计单位和建设单位确定处理方法。此类一般由施工总承包单位自行完成，也可以由施工总承包单位组织专业承包单位完成，并经建筑设计等单位审核确认。

（4）与产品及工艺配套进行深化设计。高层办公建筑的机电工程深化设计还须结合工程的产品、系统及施工方案和施工工艺，有针对性地进行深化设计。此类一般由专业承包单位完成，并经建筑设计单位、施工总包单位等审核确认。

4.4.2 机电工程深化设计管理重点

（1）施工总包单位应具备机电工程深化设计的组织能力、实施能力及 BIM 应用的工程经验等，已成为高层办公建筑项目设计管理的共识。

（2）建设单位及项目管理单位首先应做好机电工程深化设计的管理策划，划分设计工作界面并制定深化设计的管理办法，明确机电工程深化设计的责任、范围、内容、组织、计划、审核等，在工程的设计合同、施工总包合同及专业承包合同中须约定相应的工作内容、组织架构、技术标准等，从整体上保证机电工程深化设计管理的有效开展。

以下提供某超高层保险业总部办公建筑智能化工程深化设计管理策划的实例。

【实例4-12】 某超高层保险业总部办公建筑智能化工程深化设计管理策划（部分内容）

1. 施工总包单位负责在结构封顶前启动其合同清单内及暂估价弱电工程二次深化工作。

2. 由于弱电施工分包单位需要对现有图纸进行深化后方可施工，故目前弱电设计施工主要有两种方式：一种方式是建设单位单独请一家弱电设计公司进行设计深化再进行施工，另一种方式是弱电设计施工一体化。项目管理部建议采用弱电设计施工一体化形式。设计深化建议几大系统总体深化，由弱电总包负责深化设计，专业性强的、相对独立的系统可以分包施工。可以根据不同阶段分段施工，总体设计深度要明确到每个产品的型号、规格。总体设计单位要对整个系统负责，确保未来运行使用中各个系统功能正常，相互协调。

3. 本工程的综合布线系统、有线电视系统、安全防范管理系统中的监控系统已包含在施工总包合同中由施工总包单位深化设计和施工，其他弱电系统作为暂估价需招标施工单位。但是暂估价中的门禁系统、停车场管理系统、无线巡更系统和施工总包合同中的监控系统都属于安全防范系统，门禁系统、停车场管理系统、无线巡更系统在施工招标时统一考虑，为后期使用、维护创造条件。

4. 在建筑智能化工程深化设计时，建设单位相关使用部门充分参与并制定具体需求，以便深化设计能够满足今后使用要求，提高办公效率。

5. 建设单位明确二次深化的设计范围，由于未来办公使用需求不明确，网络机房和电话机房建议都由IT部门设计施工，地下部分及精装区域数据语音布点到位，其他办公区域由于办公人员数量、工位未确定，部门高管办公区域不清楚，无法进行准确预留（网线和电话线预留不足不允许中间接线，而预留数量过多、线路过长，则会造成浪费）。综合布线可以设计施工到竖井干线网络机柜，待使用单位确定，在后期进行精装修时根据实际需求自行敷设。

6. 数据机房由建设单位的信息技术部门负责设计施工及运行管理。

（3）应实施目标管理，机电深化设计情况的不同使机电深化设计管理存在巨大差异，在工程项目管理的总体目标下，应区分不同情况对机电工程深化设计实施有差异的目标管理，确保深化设计管理连续性。

（4）应充分应用信息化技术手段，高层办公建筑的机电深化设计要求具备信息化技术手段，BIM技术应用已成为机电工程深化设计的核心与关键，具体内容详见本书第5章。

第5章 基于BIM的项目设计管理

国家标准《建筑信息模型应用统一标准》GB/T 51212—2016 将 BIM 定义为"在建设工程及设施全生命周期内，对其物理和功能特性进行数字化表达，并依此设计、施工、运营的过程和结果的总称。"BIM 可以指代"building information modeling""building information model""building information management"三个相互独立又彼此关联的概念。

BIM 具有可视性、协调性、模拟性、优化性、可出图性等特点，BIM 软件具有专业功能及数据互用功能，信息建成后可以多种方式导出，可以将模型中非图形数据信息以报告的形式输出，如设备表、构件统计表等，模型信息修改后可以实时、准确体现，可以将模型数据导入其他软件使用。

我国已将新一代信息技术产业列入重点培育和发展的战略性新兴产业，住房和城乡建设部推出了《关于推进建筑信息模型应用的指导意见》《2016—2020 年建筑业信息化发展纲要》等文件，多个地方已发布了相关的指导意见及管理办法等，BIM 已在多个地区的建设方案评审、施工图审查、工程招标等环节得到推行应用，BIM 与高质量建设、智慧城市、装配式建筑评价、绿色建筑评价、智能建造、工程创优等已密切结合，多个地区大力开展 BIM 培训、示范、评选等工作。

BIM 已成为高层办公建筑设计、施工中不可缺少的支撑性技术，建设单位及项目管理单位应重视项目设计管理中 BIM 的应用策划、组织实施和过程管控等工作，基于 BIM 的项目设计管理工作流程见图 5-1。

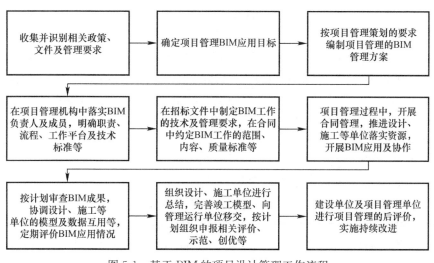

图 5-1　基于 BIM 的项目设计管理工作流程

115

5.1 BIM 应用与管理策划

BIM 应用发展快、差异大、实践性强，BIM 应用与管理策划是基于 BIM 的项目设计管理的工作基础，BIM 应用与管理策划的基本目标是合理应用与有效管控。

国家标准《建筑信息模型应用统一标准》GB/T 51212—2016 中 "6.1.1 建设工程全生命期内，应根据各个阶段、各项任务的需要创建、使用和管理模型，并应根据建设工程的实际条件，选择合适的模型应用方式。6.1.2 模型应用前，宜对建设工程各个阶段、各专业或任务的工作流程进行调整和优化。6.1.3 模型创建和使用应利用前一阶段或前置任务的模型数据，交付后续阶段或后置任务创建模型所需要的相关数据，且应满足本标准第 5 章的规定。6.1.4 建设工程全生命期内，相关方应建立实现协同工作、数据共享的支撑环境和条件。6.1.5 模型的创建和使用应具有完善的数据存储与维护机制。6.1.6 模型交付应满足各相关方合约要求及国家现行有关标准的规定。6.1.7 交付的模型、图纸、文档等相互之间应保持一致，并及时保存。" 等规定可以作为高层办公建筑项目管理中 BIM 应用与管理策划的基础内容。

5.1.1 确定项目 BIM 需求及应用范围

在项目管理实践中，BIM 应用需求来源于项目管理的外部要求与内部需要，进行 BIM 应用与管理策划前应汇集、分析以下四个方面的需求。

1. 贯彻国家和地方规划建设等方面的政策、法规及相关标准等要求

如 2017 年上海市住房和城乡建设管理委员会和上海市规划和国土资源管理局《关于进一步加强上海市建筑信息模型技术推广应用的通知》（沪建建管联〔2017〕326 号）中 "本市下列范围内的建设工程应当应用 BIM 技术，其中经论证不适合应用 BIM 技术的除外：（一）总投资额 1 亿元及以上或者单体建筑面积 2 万 m^2 及以上（以下简称规模以上）的新建、改建、扩建的建设工程。"

如 2019 年河北雄安新区管理委员会关于印发《雄安新区工程建设项目招标投标管理办法（试行）》的通知中 "第七条 在招标投标活动中，全面推行建筑信息模型（BIM）、城市信息模型（CIM）技术，实现工程建设项目全生命周期管理。"

如 2020 年北京市住房和城乡建设委员会等十二部门印发《关于完善质量保障体系提升建筑工程品质的实施意见》的通知中 "深化施工图多审合一改革，利用"互联网＋"方式实施数字化审图，积极开展人工智能审图试点，加强施工图全过程监管。"

如 2021 年《住房和城乡建设部 应急管理部关于加强超高层建筑规划建设管理的通知》（建科〔2021〕76 号）"具备条件的，超高层建筑业主或其委托的管理单位应充分利用超高层建筑信息模型（BIM），完善运行维护平台，与城市信息模型（CIM）基础平台加强对接。"

2. 落实建设单位内部的建设管理要求

当前建设单位对项目设计管理十分重视，工程实践中常常需面对并解决以下设计管理方面的问题：滞后发现设计成果中的问题、设计变更频发引起索赔及延期、各专业设计文件"打架"、建筑设计与专项设计协调难等，这些问题直接或间接地影响项目的进度、质量，影响项目的投资控制。建设单位在控制设计变更数量及金额、准确进行造价测算、检

查专业碰撞、进行可视化审查等方面有着强烈的需求，许多建设单位力图通过 BIM 的应用改善项目设计管理、降低项目风险控制的难度。

以下提供某高层商务办公建筑项目管理方案中的 BIM 策划内容实例，用以体现将建设单位内部的 BIM 管理要求转化为项目管理工作方案的实际情况。

【实例 5-1】 某高层商务办公建筑项目管理方案中 BIM 策划内容

一、施工图设计阶段的 BIM 应用

1. 搭建模型

根据设计院提供的施工图图纸进行模型搭建。建模与设计院的设计工作同步进行、同步完成，设计院如果有自己的 BIM 模型，可在其基础上进行深化，以节省时间。BIM 模型可导出制作完全符合施工图的效果图。

模型中的三维表达以及所包括的信息，与施工图所提供的信息完全一致。模型的建立满足建设单位所提出的进一步的应用要求，使建设单位可以通过这些方式以三维直观方式观察了解初步设计的成果，便于对设计成果的满足性给予准确判断。

2. 碰撞检查分析

利用 BIM 模型，对全部施工图内容进行碰撞检查，对其中发现的问题向建设单位和设计单位提交书面报告。报告不仅包括碰撞本身，也包括经专业分析所得出的碰撞原因，必要时还包括由此引出的更进一步的设计问题。

综合分析碰撞检查服务主要包括以下三个方面：专业内部碰撞检测分析；专业间的碰撞检测分析；设计变更后的碰撞检测分析。

碰撞检测分析交付成果为：专业管道检查分析模型和碰撞分析报告（项目阶段报告）。可按照约定定期交付，重大碰撞分析结果即时交付。所有碰撞分析报告均及时归档，项目结束时一并移交。

（1）专业内部碰撞检测分析

依据经建设单位确认的各专业设计图纸，对项目范围内各子项专业内部系统主干管道之间进行自检碰撞检测分析，并提供检查分析设计模型和各专业碰撞分析报告。

（2）专业间的碰撞检测分析

依据经建设单位确认的综合管线专业设计图纸，对项目范围内各子项专业之间的系统主干管道进行碰撞检测分析，专业系统主干管道与建筑、结构专业进行碰撞检测分析，并提供检查分析设计模型和相关碰撞检测分析报告。

（3）设计变更碰撞检测分析

在变更前期对变更方案可能对其他专业造成的影响，以及影响的范围进行分析，验证变更方案的可行性。变更方案确定后依据经建设单位确认的专业设计变更图纸及综合管线设计变更图纸，修改设计变更范围内的专业模型，对设计变更范围内的专业内部系统主干管道之间进行碰撞检测分析，专业之间的系统主干管道进行碰撞检测分析，专业系统主干管道与建筑、结构专业进行碰撞检测分析，并提供检查分析设计模型和相关碰撞检测分析报告。

3. 管线综合与优化

基于施工图的设计阶段管线综合与优化，并进行净空分析。根据形成的错误报告，按照管线避让原则进行管线调整避让，例如大管优先、有压让无压、金属管避让非金属管、电气避热避水等原则，出具管线综合排布图。

4. 建筑物房间内净高检查

为了保证对室内空间的需求，对设备管道密集、标高控制困难的区域，包括但不限于地下、机房、走廊等进行净高和层高检测，发现净高不合理的房间或区域，提供书面文档，及时向建设单位反映，这一过程中，将充分与施工单位进行密切合作，不仅考虑设计要求，也要满足施工的现场操作需求，保证功能使用质量达到要求。

二、施工深化设计阶段的 BIM 应用

基于碰撞检测报告及专业间协调报告，对各专业的协调设计提出优化建议。利用 BIM 技术自身的优势，同深化设计部门相结合，辅助深化设计部门进行深化设计，以模型的方式进行直观的体现。

优化建议以模型和书面形式提交给建设单位和相关单位。例如：

（1）综合结构留洞图等深化图纸，建立剪力墙预留洞口及套管模型，提出优化建议，以减少现场拆、改、砸等造成的浪费。

（2）依据建筑智能化深化设计成果，持续更新建筑 BIM 数据。编写专业协调设计报告，提出设计优化建议。在更新过程中，将对建筑智能化自身和智能化与其他专业间的可能冲突，通过模型予以查验，并优化。

（3）依据幕墙深化设计成果，持续更新建筑 BIM 数据。与深化设计部门相结合，通过 BIM 可视化设计工具实现幕墙深化设计效果。BIM 模型将准确反映幕墙的设计效果。同时在更新过程中，将对幕墙自身和幕墙与其他专业间的可能冲突，通过模型予以查验，配合设计部门提出相应的专业建议。

（4）整合各专业单位深化设计模型，对不同分项工程提供的模型进行相互间的检查，确保模型的准确性和模型与各自深化设计的一致性。根据建设单位要求和施工需要，对施工过程中的变更洽商更新模型，以及将施工过程中深化确认的结果录入模型。同时，对于模型数据所关联的资料，在模型中将建立专门的链接或数据库进行存贮。模型和数据可随时应建设单位要求进行查阅和调用。

三、施工阶段的 BIM 应用

1. 施工指导

根据 BIM 模型，配合施工单位深度熟悉图纸，协助建设单位及施工单位明确质量、进度、安全管理中的关键节点。依据 BIM 模型所反映出的现场实际，与施工单位相配合，应用 BIM 进行模拟和施工指导，协助建设单位及施工单位在工程实施前即对工程有直观和更深入的理解。

2. 质量控制

相比于以往的二维图纸技术交底，使用 BIM 模型进行技术交底更加直观准确，特别是对于工程关键节点和部位的参数化三维展示，可以让工程技术人员更加清楚地了解某一工程关键部位的空间布局和构造特性。

3. 进度控制

进度控制包括4D施工模拟与施工进度动态更新优化。在施工前期，提供准确的

WBS代码（工作分解结构代码）及进度计划的Project进度计划文件，向建设单位提供4D施工进度模拟、工程整体施工方案和进度计划的4D施工模拟，用于探讨中期及长期的施工方案和计划；在中、长期4D施工模拟的基础上，根据建设单位及工程管理需要，建立更详细的4D施工模拟，用于探讨短期施工方案和计划，确定最合理的施工组织。在施工过程中，根据局部工程计划的调整对整个工程的进度计划进行动态更新，并结合BIM模型实现对工程进度的实时动态优化。

4. 施工重点、难点模拟

组织设计单位及施工单位等提出施工重点、难点的专项实施方案，必要时应同时提供时间、空间、资源等约束条件。由施工单位完成上述施工重点、难点BIM的模型。对施工重点、难点的模拟展示，以模型方式展示或以AVI视频的方式录制。以三维直观方式对施工重点、难点加深理解，加强质量控制。

5. 施工现场监督和管理

通过各专业三维BIM模型的建立及深化设计综合排布，结合各分包施工工艺进行详细技术交底，从而指导现场施工生产，及时发现与综合排布不一致位置并进行调整。并对现场施工进度进行实时跟踪，并且和计划进度进行比较，及时发现施工进度的延误。对于重点部位、隐蔽工程等需要特别记录的部分，现场人员将以文档、照片等记录方式与BIM模型相对应的构件关联起来，使得建设单位能够更深入地掌握现场发生的情况。

3. 提高项目管理工作效率

提高项目设计管理的便捷性与协调性，实现设计、采购、施工一体化管理。

（1）以往在高层办公建筑项目管理中的设计文件以纸质或电子版文件的方式，设计文件的流转、存储、查询等存在诸多障碍和不便，在不同专业的设计文件管理、不同单位的设计文件管理、不同版本的设计文件管理、设计变更管理等方面存在难点，给项目设计管理带来不利影响。提高项目设计管理工作效率是高层办公建筑的建设单位与项目管理单位强烈的内在需求。当前成熟的BIM云平台能够有效地实现项目管理过程的设计文件的统一授权、实时管理及协同工作，不同专业、不同系统、不同区域以无缝衔接的方式开展团队化协同工作，有利于提高设计质量、保证设计进度，传统管理方式中设计深度、资料提交、阶段成果、会审沟通等相关工作要求、配合协作方式和工作流程等将会发生根本性改变。

（2）BIM使设计文件与相关的工程信息有效关联，利用可视化、参数化等手段能够快速查询相关技术参数、采购、管理、加工等信息，并提供相应的动态报告，提高对项目采购、施工等动态的掌控能力。

（3）施工阶段应用BIM平台共享各单位设计、材料、构件、设备、造价等信息，可以实现项目的协同与管理数据的共享，改变传统的文字和会议等沟通方式，改变传统的程序、时限和授权等协作方式，使项目管理实现伴随化、扁平化、一体化。

4. 应用BIM模型信息支持项目管理过程中技术经济优化的需求

项目管理实践中得到参建单位广泛认同的需求包括可视化交流、多方案对比、动态模拟、实时获取工程信息等，这些技术手段能够有效地提高项目管理的透明度与决策的合理性。

5.1.2 制定项目 BIM 交付标准

项目管理实践中应用 BIM 进行设计成果交付时,为保证顺利交付与有效应用,应制定项目 BIM 交付标准,规定 BIM 交付的命名规则、版本管理、模型深度、属性信息、工程图纸、文件链接等方面的内容,BIM 交付标准的制定与实施应得到重视。

以下提供某高层行政办公建筑 BIM 交付标准实例,用以体现 BIM 交付标准的关键内容。

【实例5-2】 某高层行政办公建筑的 BIM 交付标准(部分内容)

一、软件要求

项目采用 BIM 建模软件及版本由建设单位项目负责人前期统一确定。在实施过程中各参与单位及人员不得擅自升级、更换。推荐使用 REVIT2019 为统一建模软件。

二、文件命名

(一)要求

1. BIM 模型交付物的电子文件名与其内容一致。同一工程不同阶段内,各文件应使用统一名称,并保持唯一不变;

2. BIM 模型交付物相同格式的文件应使用统一的版本。

(二)模型文件命名

模型文件名=【项目名称】-【单体名称】-【建设阶段】-【专业缩写】-【专业名称】(或【系统名称】或【位置名称】)-【楼层名称】。如:

FZX-办公楼-初设-AR-建筑-F1;

FZX-办公楼-初设-PD-消防-F1;

FZX-办公楼-初设-HVAC-F0801 机房-F8。

1. 项目名称:项目名称拼音缩写。

2. 单体名称:采用汉字编写,如:办公楼。

3. 建设阶段:采用汉字编写,如:初设。

4. 专业缩写:采用英文缩写,如:AR,专业缩写示例见表1。

专业缩写示例 表1

专业	缩写	英文
建筑	AR	Architecture
结构	ST	Structure
给水排水	PD	Provide and Dranage
…	…	…

5. 专业名称:采用汉字编写,如:建筑。具体参考"专业缩写表"中的"专业"列。

6. 系统名称:采用汉字编写,如:消防。

7. 位置名称:采用汉字编写(取建筑图纸上房间编号等),如:F0201 办公室。

8. 楼层名称:采用英文及阿拉伯数字编号,如:F1。

(三)BIM 中各专业构件的颜色及颜色编号

如表2所示。

各专业构件的颜色及颜色编号　　　　　　表2

专业	构件名称	系统	系统缩写	模型中构件颜色及编号
通风	HVAC-空调送风管	送风系统	HVAC-SF	
	HVAC-空调回风管	回风系统		
	...	...	...	
空调水	HVAC-冷冻水供水管	冷冻水系统	HVAC-LD	
	HVAC-冷冻水回水管			
	...	...	...	
给排水	PD-生活给水管	生活给水系统	PD-JS	
	PD-生活中水管	生活中水系统	PD-ZS	
	...	...	...	
弱电	ELV-安防桥架	安防桥架	ELV-AF	
	ELV-楼控桥架	楼控桥架	ELV-LK	
	...	...	...	...

三、建模标准

（一）基点、定位规定

1. 基点：根据项目统一约定，将轴网的某一点（如A轴和1轴交点）作为项目基点。项目基点在各专业均必须放置在各相关软件的（0，0，0）处。

2. 定位：建立并使用统一的项目轴网、标高的基础文件，由建筑或总图专业创建。结构专业在此基础文件的基础上对标高进行相应调整修改，以作为结构专业定位的基础文件。

（二）模型拆分

1. 按建筑单体（或区域）拆分

项目中包含若干单体建筑（或区域），如：地下室、商业、A楼、B楼等。BIM模型应首先按照不同建筑单体（或区域）进行划分，分建筑单体（或区域）对应不同文件夹。

2. 按专业拆分

对于每个单体（或区域），再按照专业分类成不同子文件夹。相关专业模型保存在对应子文件夹中。

3. 按楼层拆分

基于单体（或区域）和专业划分的基础上，要求每层单独拆分为一个模型文件。模型文件命名参见本交付标准"楼层名称示意表"。

（三）模型整合

1. 按建筑单体（或区域）整合

对应每个建筑单体（或区域），将所有专业和楼层整合至同一个模型，以便于对建筑单体（或区域）进行分析。

2. 按楼层整合

基于各单体（或区域），对应于每个楼层，将所有专业整合至同一个模型，以便于对各层进行分析。

3. 项目完整整合

将所属项目的所有单体（或区域）、所有专业及全部楼层整合至同一个模型，以用于项目综合分析。

（四）模型扣减规则

1. 构件扣减应通过软件内置规则的方式实现。

2. 构件扣减宜遵循以下原则：

（1）施工先后顺序。

（2）材料优先等级。

3. 涉及扣减关系的构件包括以下专业：

（1）建筑：砌体墙、建筑粗装层、保温层（防水层）。

（2）结构：基础、柱、墙、梁、板、楼梯。

（3）内装：墙（柱）饰面、地面铺装、吊顶、踢脚线等。

（4）景观：铺底、景观构筑物、挖方填方。

4. 构件交汇处处理方法

（1）建筑模型和结构模型分开绘制。

（2）同一种类构件不应重叠。

（3）不同强度不应重叠（混凝土强度大的构件扣减强度小的构件，相同强度按受力方式区分优先等级）。

（4）结构构件剪切建筑构件。

（5）通用规则：同类别构件必须扣减不能重叠。

（6）常规构件优先级可以参照混凝土柱＞混凝土墙＞混凝土梁＞混凝土板＞砌体墙＞精装修地面＞精装修墙面＞精装修天棚＞精装修墙面＞精装修地面的基本逻辑。

（五）链接文件规定

1. 链接CAD文件处理

链接CAD文件作为建模底图，应做一定的处理。处理的目标是：使图纸只包含并显示全部本专业（以要链接进的模型文件为准）信息，作为项目基点的轴网的交点移至（0，0，0）点处。注意备份原始文件。

2. 链接CAD文件命名

为检查追踪清晰，链接CAD文件应重命名，链接CAD命名＝【专业】-【单体（或区域）】-【楼层】-【提资日期】，如：建筑-1＃楼-F3-20150723。注意备份原始文件。

四、文件格式

主要成果文件格式：

1. 三维模型：Autodesk Revit：＊. rvt

2. 二维图纸：AutoCAD：＊. dwg　＊. dxf

3. 问题报告：Word：＊. doc

5.2 BIM 模型及信息管理

5.2.1 审查基础 BIM 模型

基础 BIM 模型是由建筑设计单位直接进行正向建模或伴随建模，或建筑设计单位审查 BIM 顾问单位的翻模后形成的 BIM 模型成果，是应用 BIM 模型进行项目设计协同的基础，建设单位及项目管理单位应重视验证审查基础 BIM 模型的适用性、正确性与完整性，审查包括模型实体及所属信息，涉及模型单元、模型架构、模型精细度、几何表达精度、信息深度等。在项目管理实践中，BIM 模型审查这一关键的管理环节往往被忽略或回避，如果项目设计协同的基础 BIM 模型实体与信息存在缺陷而未及时发现和解决，将给项目设计管理带来难以估量的后果。

1. 基础 BIM 模型的审查内容

（1）审查模型设计依据是否正确、有效、充分，审查相关标准是否适用有效，检查各专业的版本是否一致，检查模型的签署及标识等。

（2）审查模型深度是否符合规定并适用于后续工作，包括模型精细度、几何表达精度、信息深度等是否符合要求，检查模型各部分的深度一致性，检查模型索引路径是否有效。

（3）审查模型及相关信息文件的完整性及配套性，包括模型、附属信息表、设计图纸及其他技术经济指标等，检查用于支持模型表达的视图、表格、文档、图像等的关联性及一致性。

（4）审查模型单元及架构的规范性，检查模型实体及所属信息的正确性，检查建模方法、构件及空间关系等的合理性。

（5）审查模型的可用性，检查模型的输出及测试由模型的导入结果。

2. 基础 BIM 模型的审查方法与工作流程

（1）基础 BIM 模型的部分技术审查可借助于专用软件，但当前的全方位审查主要依靠人工操作及视觉审查，项目管理单位应督促建筑设计单位或 BIM 顾问单位进行基础 BIM 模型审查并提交审查报告，组织基础 BIM 模型使用单位进行交接检查和测试工作并提交测试报告。

（2）基础 BIM 模型审查工作流程如图 5-2 所示。

以下提供某高层行政办公建筑基础 BIM 模型审查记录实例，用以体现基础 BIM 模型审查的重要性及审查内容、方法等。

图 5-2 基础 BIM 模型审查工作流程

【实例5-3】 某高层行政办公建筑基础BIM模型审查记录（部分内容）

工程名称	某高层行政办公建筑项目		编号	SYSH-BIM0*
设计阶段	初步设计□ 施工图设计□			
设计监理人员	总监： 设计监理组：			
图号	审核意见			处理结果

1. A栋与B栋的共同问题。本次模型已修正大部分管线与结构碰撞问题及管线相互碰撞，但对净高要求是否进行碰撞实测请核实。

（1）标准层上，结构图中有部分板厚加厚150mm，BIM模型上结构板厚均为110mm。

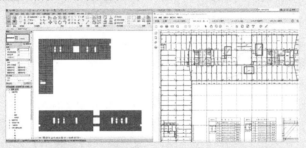

（2）屋顶造型应为钢构架格栅，BIM模型表达有误。

（3）屋顶缺少出屋面机房及电梯井道顶部结构的表达，出屋面机房为斜屋面设计，与钢构架格栅之间的关系应有BIM建模表达。部分排烟机房室内地坪因电梯井道顶部结构造成高差，设备应综合考虑风管排布及出屋面百叶面积（下左图所示），个别机房内适当增加检修门（下右图所示）。

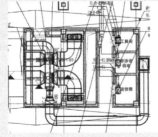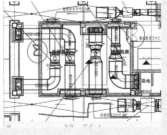

图号	审核意见	处理结果
	（4）7 月 4 日设计监理审核记录 SYSH-0A-水暖 01 中提示：排烟风管底标高为 2597mm，不满足室内净高 2600mm 的要求，本次图中排烟风管依然不满足，有部分排烟风管下标高为 2572mm，下截图以 A 栋六层局部示例。其余部位是否满足净高要求，应核实并出具碰撞报告。 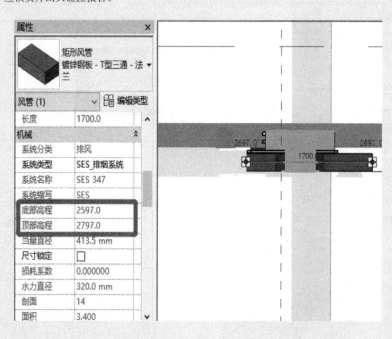 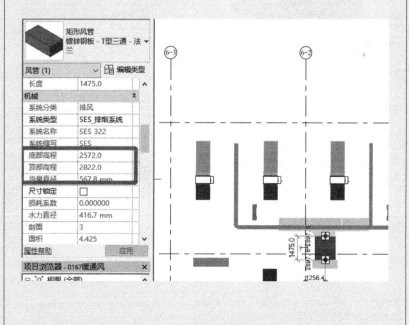	

图号	审核意见	处理结果

（5）7月4日提供的招标文件 BIM 碰撞报告中提示：B2 层风管底标高仅为 2300mm，不满足要求，本次图中此部分标高仍为 2300mm。对其他净高有要求的地方是否满足要求，应核实并出具碰撞报告。

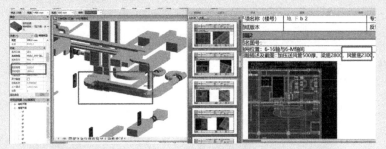

（6）应补充室外管线综合图及相应 BIM 图纸，满足管线覆土高度要求及保证室外工程及地下建筑物的布置协调。

二、B 栋模型问题

（1）模型中看到部分结构外露，是否合模时候有问题。

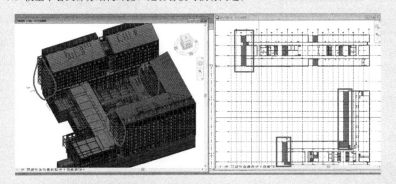

（2）B 栋会议室内消防喷淋最低标高 2.7m 与会议室 3m 高外门高度冲突，会议室内设置 3m 高的电缆桥架是否合适？

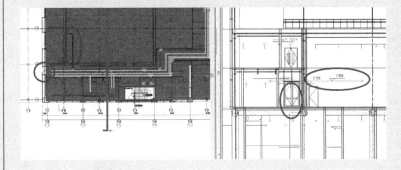

126

工程名称	某高层行政办公建筑项目		编号	SYSH-BIM0*
设计阶段	初步设计□ 招标图□ 施工图设计√			
设计监理人员	总监:	设计监理组:		
图号	审核意见			处理结果

针对 A 栋及 B 栋 BIM 图纸，我单位组织进行审核，具体问题如下：

1. 重力排水、压力排水的连接方式和管件形式与图纸不符。

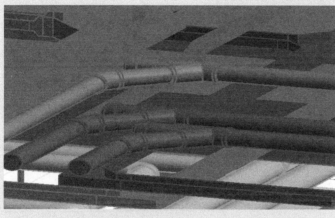

2. 空调水管材质及连接方式不正确，开三通位置不正确。

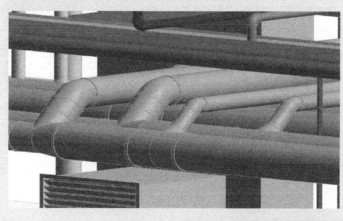

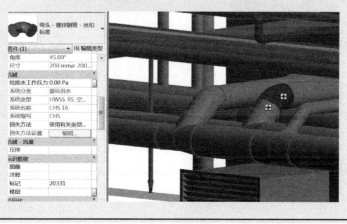

图号	审核意见	处理结果

3. 无保温、无支架、多排管道个别部位检修困难，未考虑抗震支架设置。

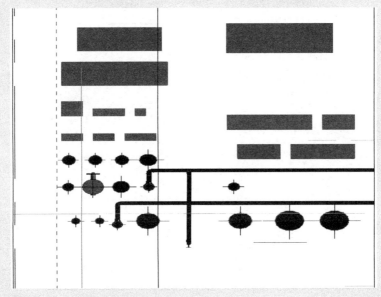

4. 餐厅部位喷淋管道不满足餐厅吊顶标高要求。

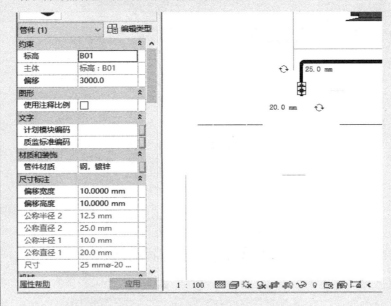

前厅	通体砖楼面 (低温热水辐射采暖楼面)	楼暖5	150	A	干挂GRC板墙面	详精装修	A	不锈钢板	100	踢5C 踢5D	A	装饰石膏板、铝板	3600
卫生间、更衣、淋浴	防滑地砖楼面 (低温热水辐射采暖楼面)	楼暖7S	150 300	A	薄型面砖墙面 (防水)	内墙10改*	—	—	—	—		铝板吊顶	3000
餐厅、理发室	通体砖楼面 (低温热水辐射采暖楼面)	楼暖5	150	A	无机耐擦洗涂料	内墙3-内涂3	A	不锈钢板	100	踢5D	A	铝条板吊顶(不上人)	3300
健身房	复合聚氯乙烯 (低温热水辐射采暖楼面)	楼暖5	150	B1	无机耐擦洗涂料	内墙3-内涂3	A	不锈钢板	100	踢5D	A	矿棉板吸声吊顶	3300

图号	审核意见	处理结果
	5. 排水管道、雨水、冷凝水等无压管道未考虑坡度。 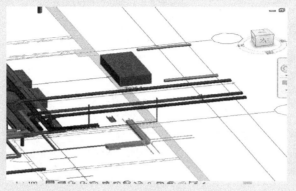 6. 消火栓未考虑进消火栓箱支管做法。 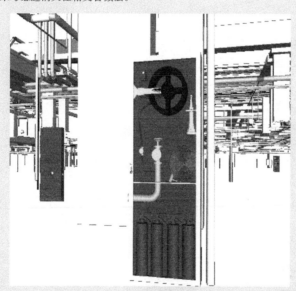 7. 风管风口应考虑下接做法，风阀表示不全。 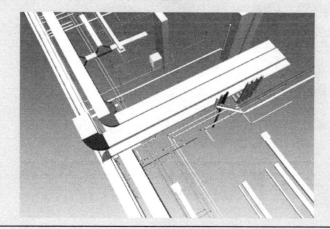	

图号	审核意见	处理结果
	 8. 空调水管支管未接到位，水阀未表示。 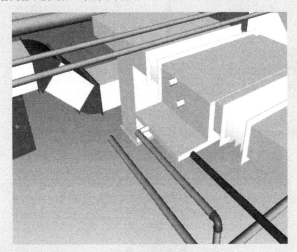 9. 风口形式不能吸顶安装。 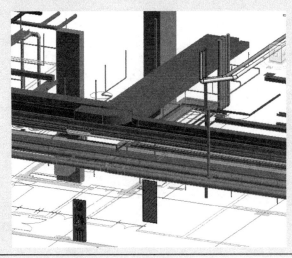	

图号	审核意见	处理结果
	10. 水管排布应考虑横平竖直。 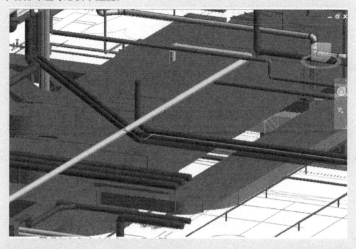 11. 部分位置风盘下接风管过长，不利于检修。  12. 新风机房未完善。 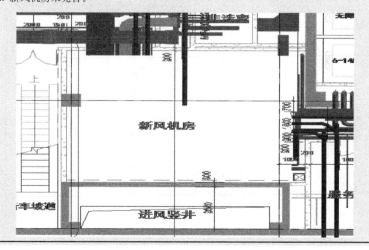	

图号	审核意见	处理结果
	13. 报警阀间未完善。 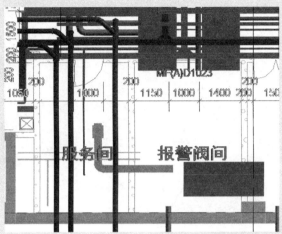	
	14. 消防泵房未完善。 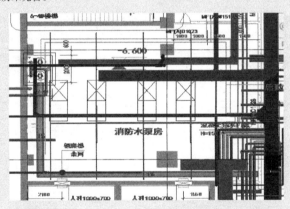	
	15. 出外墙等防水套管未表示。 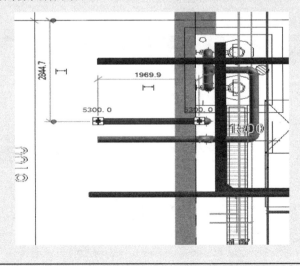	

图号	审核意见	处理结果
	16. 机房精密空调设备未表示。 	
	17. 消火栓支管进箱方式不正确。 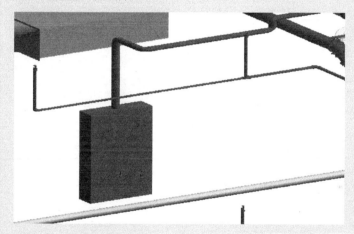	
	18. 风机设备信息与图纸不符。 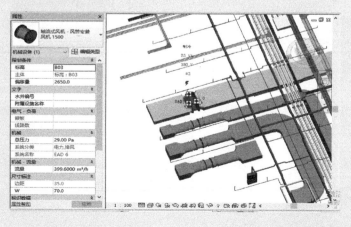	

图号	审核意见	处理结果
	19. 风管材质做法与图纸不符。 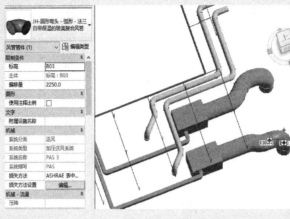	
	20. 人防机房设备未表示。 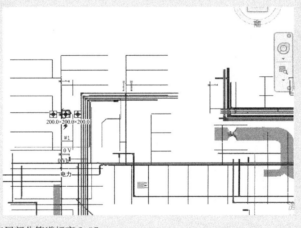	
	21. 地下三层部分管道标高 2.37m。 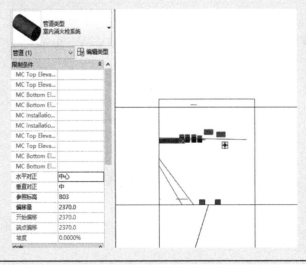	

图号	审核意见	处理结果
	22. 水管过低，桥架低侧不成一线。 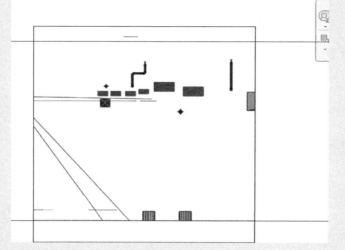 23. 压力排水水泵未表示。 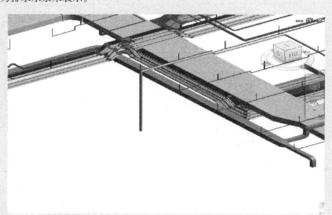 24. 超过 1.2m 风管下喷淋未追位。 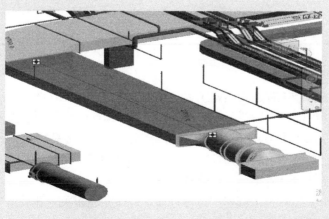	

图号	审核意见	处理结果
	25. 喷淋末端试水装置未表示。 26. 卫生间未表示。 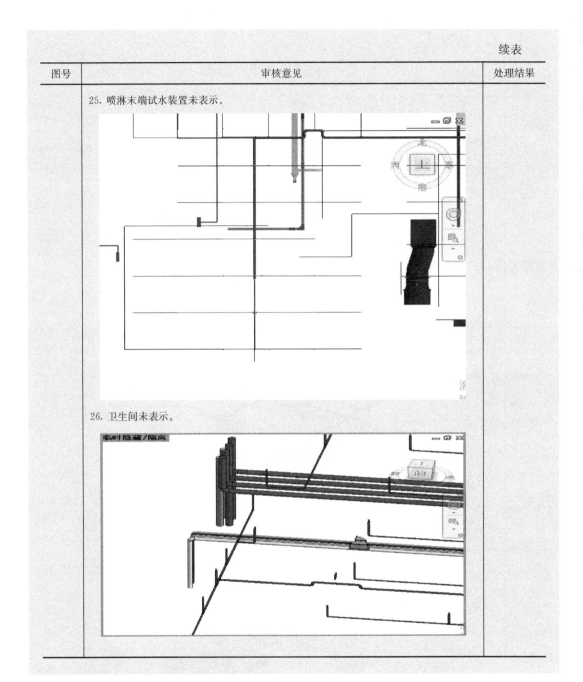	

5.2.2 审查施工深化设计模型

高层办公建筑的幕墙工程、钢结构工程、机电工程等深化设计中已广泛应用 BIM,机电深化设计的 BIM 软件一般具有管线综合、参数复核计算、支吊架选型及布置、与设备产品对应的模型元素库等多种功能。其中 BIM 在机电工程各专业模型内部、各专业模型之间、机电与建筑结构模型之间碰撞检查的作用已不可替代,BIM 还能应用在机电深化设计的设备选型、设备布置及管理、专业协调、管线综合、净空控制、参数复核、支吊架设计及荷载验算、机电末端和预留预埋定位等方面,最终完成相关专业管线综合,校核系统合理性,输出机电管线综合图、机电专业施工深化设计图及相关专业配合条件图等。

机电深化设计模型包括给水排水、暖通空调、建筑电气等各系统的模型元素，以及支吊架、减振设施、管道套管等用于支撑和保护的相关模型元素，机电深化设计 BIM 应用交付成果包括机电深化设计模型、机电深化设计图、碰撞检查分析报告等。

在项目管理实践中发现了许多机电深化设计模型的问题，典型且严重的问题包括：

（1）机电工程 BIM 建模及深化设计采用外包模式，外包单位能力差异大、缺乏有效的质量控制手段；

（2）BIM 建模前未认真审查核对设计文件的完整性、一致性，未对重难点部位进行必要的现场复核；

（3）管线综合排布规则不完善、不合理，缺乏对其他待定工程的施工空间的考虑、缺乏对运行维护作业条件的考虑；

（4）机电工程深化设计时单纯追求管线间距的最小化及建筑净空最大化，随意拆分变更管线影响系统压力、流量、阻力等技术参数；

（5）碰撞检查及管线综合排布时，遗漏弱电、精装修、抗震支架、挡烟垂壁等系统或构件，或未预留足够的施工空间；

（6）机电工程深化设计时未预留适当的间距，导致管道保温、电气布线等难以施工，导致既有的建筑及结构构件的损坏；

（7）为保证管线在有限空间内的排布，采用不合理的布置方式，随意增加弯头、接头及管件等，影响管线的可靠性并增加造价。

建设单位及项目管理单位应重视对相关深化设计方案及成果审查。

1. 审查深化设计方案

国家标准《建筑信息模型施工应用标准》GB/T 51235—2017 中"施工 BIM 应用应事先制定施工 BIM 应用策划，并遵照策划进行 BIM 应用的过程管理。施工 BIM 应用策划宜明确下列内容：①BIM 应用目标；②BIM 应用范围和内容；③人员组织架构和相应职责；④BIM 应用流程；⑤模型创建、使用和管理要求；⑥信息交换要求；⑦模型质量控制和信息安全要求；⑧进度计划和应用成果要求；⑨软硬件基础条件等。"

建设单位及项目管理单位审查深化设计方案的目的是落实项目 BIM 应用与管理策划的各项内容，审查深化设计单位是否满足项目设计管理的相关要求，审查并组织完善深化设计规则，细化深化设计成果审查的节点与工作程序等，以便从源头上把握深化设计的质量，审查深化设计方案的常规内容包括：工程概况、编制依据、BIM 实施部署、工作进度计划等。重点内容包括：BIM 模型的内容、范围以及建模精度，深化设计的重点部位及系统，机电管道的排布效果及排布原则，信息录入的质量要求，BIM 模型的检查与审核等，重点内容应具体、有针对性和操作性。

以下提供某高层金融机构办公建筑机电 BIM 深化设计方案的部分内容实例。

【实例5-4】 某高层金融机构办公建筑机电 BIM 深化设计方案的部分内容

一、本项目 BIM 应用目标及方向

1. 目标

（1）合理布置各专业管线，最大限度地增加建筑使用空间，减少由于管线冲突造成的二次施工。

（2）综合协调机房及各楼层平面区域或吊顶内各专业的路由，确保在有效的空间内合理布置各专业的管线，以保证吊顶的高度，同时保证机电各专业的有序施工。

（3）综合排布机房及各楼层平面区域内机电各专业管线，协调机电与土建、精装修专业的施工冲突。

（4）确定管线和预留洞的精确定位，减少对结构施工的影响。

（5）弥补原设计不足，减少因此造成的各种损失。

（6）核对各种设备的性能参数，提出完善的设备清单，并核定各种设备的订货技术要求，便于采购部门的采购。同时将数据传达给设计以检查设备基础、支架是否符合要求，协助结构设计绘制大型设备基础图。合理布置各专业机房的设备位置，保证设备的运行维修、安装等工作有足够的平面空间和垂直空间。

（7）综合协调竖向管井的管线布置，使管线的安装工作顺利地完成，并能保证有足够多的空间完成各种管线的检修和更换工作。

（8）完成竣工图的制作，及时收集和整理施工图的各种变更通知单。在施工完成后，绘制竣工图，保证竣工图具有完整性和真实性。

2. 方向

设计校核、碰撞检查、BIM 模型及图纸深化、施工图提取、可视化沟通应用、技术管理、生产管理、安全管理、质量管理、成本预算管理、竣工物业运维支持。

二、管线综合方案

1. 概况

本工程是办公建筑，机电工程专业多，管线密集，深化设计的协调工作量很大。在充分理解业主和设计意图的基础上，项目机电部在本项目中负责所有机电系统的管线综合深化设计，并在立面照明工程、涉密网系统、手机信号覆盖、精装修部分、市政外线等其他工程分包未进场前负责考虑相应的管线综合及竖井排布，预留足够的高度及空间以上系统的管路及设备的安装及敷设。

施工过程中，项目机电部将负责建立完善图纸深化管理制度，主持图纸深化工作，并将深化管理制度、图纸深化标准、图纸深化流程、深化图纸呈送监理、设计方、设计顾问、业主审批，同时负责校对机电各专业设计参数复核，以保证系统达到设计要求，对主管范围内机电各专业深化设计负有全面的协调管理责任。

在本工程深化设计中，项目机电部将投入大量具有丰富经验的深化设计人员，组建深化设计管理部，建立专项深化设计管理体系并制定详细的深化设计管理制度。在深化设计工作中，使用 Autodesk Revit、Rebro 等软件，利用 BIM 技术辅助深化设计及施工管理，建立详细、精准符合现场实际情况的 BIM 机电模型以供各方单位检查使用。另外凭着项目机电部对机电安装管理丰富的技术经验，将特别对人防、车库、大型设备机房、管井排布等重点、难点部位的深化设计工作进行全方位的深入设计和管理，以加快深化设计进度，满足业主要求。

2. 管线综合的作用

（1）安装工程的各种管线及其支护系统纵横交错纷繁复杂，而给排水、强弱电、暖通、消防等专业的图纸专业多，这就造成实际施工过程中常常出现管线布设不规范、相互碰撞、甚至无法安放的情况，直接导致质量返工、材料浪费、观感杂乱，严重的还可能延误工期。

（2）综合管线深化设计即在机电安装工程施工前将各机电专业（给排水、电气、空调暖通等）的管线位置进行合理的布置，发现各专业管线在设计中存在的矛盾，解决各专业间存在的配合问题。

（3）综合管线深化设计可以使各功能的管线在建筑空间上占有合理的位置，既能满足各专业的技术要求，又整齐有序、节省层高，减少二次拆改，加快施工进度，降低成本，保证管线施工的可行性、维护管理的可靠性以及日常使用的美观性。

3. 管线综合具体实施

本工程包括通风空调系统、消防自动喷淋系统、消火栓系统、强弱电系统、给排水系统、雨水系统等专业。综合管线主要包括：给排水专业管线、空调通风专业管线及电气专业管线。其中给排水管线主要包括生活给水管（其中又经常分高、中、低区生活给水管）、排（雨、污、生活废）水管、消防栓给水管（高、低区）、喷淋管（高、低区）以及生活热水管、蒸汽管等；空调通风管线主要包括空调风管、平时排送风管、消防排烟管、空调冷冻水管、冷凝水管以及冷却水管等；由于电气专业管线占用空间较少，因此在设计综合管线时只是将动力、照明等配电桥架和消防报警及开关联动等控制线桥架纳入设计范围。管线综合设计应对各专业的走管要求全面了解，认真熟悉各专业图纸，包括：暖通、给排水、电气、结构、建筑等专业图纸，以便合理确定层高和布置管线，达到指导施工的要求。

（1）管线综合由施工单位组成深化设计小组，会同项目总工程师、施工经理共同制定深化设计、施工工作计划，确保设计、施工的连续性。

（2）参建单位分工见表1。

参建单位分工　　　　　　　　　　　　　　　　　　　　　表1

机构	职责
建设单位	制定审核方案、提出审核意见、协调施工总包单位与建筑设计单位
建筑设计单位	基本技术支持，对深化图纸的审核签字确认
施工总包单位	对机电管线深化设计、出深化设计图纸、满足建设单位及现场施工要求
监理单位	会同建筑设计单位对深化设计图纸审核，对现场安装进行质量控制

（3）设备管线的综合排布

将所有管线全部合成在一个图上，找出复杂的交叉位置，发现各项专业在设计上存在的矛盾，对单项工程原来布置的走向、位置有不合理或与其他工程发生冲突的现象，提出调整位置和相互协调的意见（根据布管原则），会同各部门、各施工单位商讨解决。使各项管线在建筑空间上占有合理的位置，然后画详细的大样图，出图后再到现场认真核对，并进一步修改，最终完成管线综合图。

（4）管线综合深化设计

BIM深化设计软件以Rebro和Revit为主要建模和碰撞调整软件，对有特殊要求的部位应用 navisworks 进行模拟漫游及综合调整。出图统一以 DWG 和 PDF 格式文件为主，辅助以 ifc 模型文件方便查看。

(5) 管线工程综合设计原则

① 大管优先，因小管道造价低易安装，且大截面、大直径的管道，如空调通风管道、排水管道、排烟管道等占据的空间较大，在平面图中先作布置。

② 临时管线避让长久管线。

③ 有压让无压是指有压管道和无压管道。无压管道，如生活污水、粪便污水排水管、雨排水管、冷凝水排水管都是靠重力排水，因此，水平管段必须保持一定的坡度，是顺利排水的必要和充分条件，所以在与有压管道交叉时，有压管道应避让。

④ 金属管避让非金属管。因为金属管较容易弯曲、切割和连接。

⑤ 电气避热避水在热水管道上方及水管的垂直下方不宜布置电气线路。

⑥ 消防水管避让冷冻水管（同管径）。

⑦ 低压管避让高压管。因为高压管造价高。

⑧ 强弱电分设由于弱电线路如电信、有线电视、计算机网络和其他建筑智能线路易受强电线路电磁场的干扰，因此强电线路与弱电线路不应敷设在同一个电缆槽内，而且留一定距离。

⑨ 附件少的管道避让附件多的管道，这样有利于施工和检修，更换管件。各种管线在同一处布置时，还应尽可能做到呈直线、互相平行、不交错，还要考虑预留出施工安装、维修更换的操作距离、设置支、柱、吊架的空间等。

(6) 综合管线的排布方法

① 定位排水管（无压管）。排水管为无压管，不能上下翻转，应保持直线，满足坡度。一般应将其起点（最高点）尽量贴梁底使其尽可能提高。沿坡度方向计算其沿程关键点的标高直至接入立管处。

② 定位风管（大管）。因为各类暖通空调的风管尺寸比较大，需要较大的施工空间，所以接下来应定位各类风管的位置。风管上方有排水管的，安装在排水管之下；风管上方没有排水管的，尽量贴梁底安装，以保证吊顶高度整体的提高。

③ 确定了无压管和大管的位置后，余下的就是各类有压水管、桥架等管道。此类管道一般可以翻转弯曲，路由布置较灵活。此外，在各类管道沿墙排列时应注意以下方面：保温管靠里非保温管靠外；金属管道靠里非金属管道靠外；大管靠里小管靠外；支管少、检修少的管道靠里，支管多、检修多的管道靠外。管道并排排列时应注意管道之间的间距。一方面要保证同一高度上尽可能排列更多的管道，以节省层高；另一方面要保证管道之间留有检修的空间。管道距墙、柱以及管道之间的净间距应不小于100mm。

4. 管线综合注意事项

(1) 首先必须进行大量的准备工作，将所有设备专业的每张图纸的管道逐一进行详细分析，每种管道最好采用两个图层，一个是管线图层，包括阀门及设备等，另一个是说明图层，用来标注该种管的管径、编号、文字说明等，为了便于区分，每种类型的管线图层和说明图层采用一种颜色，比如风管、给水管、喷淋管、排水管、动力桥架采用各自不同的颜色（打图时为了突出显示管道线，可临时修改各说明图层颜色）。另外，由于喷淋管较多，为了图面的清晰一般在较小的支管处断开，标上断开符号，施工时可参照喷淋平面。

（2）将经细致处理后得到的空调风水管、电桥架、各种给排水管及喷淋主管汇总于一张图中，最好是将水、电气的管线复制到空调通风图中，因为通风空调图纸图形相对比较复杂。汇总后对重叠的各种管道进行调整、移动，同时确定十几种管道的上、下、左、右的相对位置，且必须注意某些管道的特定要求，如电气管线不能受湿，尽量安装在上层；排污管、排废水管、排雨水管有坡度要求，不能上下移动，所有其他管道必须避之；生活给水管宜在上方等。

（3）接着要根据结构的梁位、梁高和建筑层高及安装后的高度要求，在管线密集交叉较多或管线安装高度有困难的地方画安装剖面图，同时调整各管道的位置和安装高度，在必要的情况下还需要调整一些管道的截面尺寸（如风管截面）。为了尽可能减少交叉点，有时须调整管道的水平位置，管道上下排列时，要考虑哪些管道应在上，哪些在下；交叉管时，要考虑哪些管道能上绕，哪些能下绕。

（4）以上所有管道尺寸的修改及位置的调整都必须与相关专业设计人员进行磋商。

（5）交叉的地方将上下管线标高确定出来，管线返弯的地方标明前后标高。确保协调后的管线不再冲突，可以顺利进行施工。

（6）对走廊等管线重叠密集的地方进行竖向排布的协调，确保管线安装占用空间最小，满足建筑装修高度。

（7）设备层、技术间等工艺管线多的地方确保协调后各设备之间连接的管线尽量走近路，管道找最有利位置就近出技术间并方便与使用端连接。

2. 审查机电深化设计成果

机电深化设计应保证各专业各系统管道、部件的排布是合理的，争取形成一个功能合理、符合建筑净空要求、观感质量好及便于施工的整体系统，避免施工期间调整及施工后期返工。在项目管理实践中，组织并实施伴随性的审查能够取得明显的效果，建设单位及项目管理单位应组织建筑设计单位、机电深化设计单位、监理单位、施工单位等通过伴随审查及时发现和解决深化设计的问题。

以下提供某高层金融机构办公建筑机电 BIM 深化设计审查情况报告实例，用以体现 BIM 深化设计审查的过程、方法及问题等实际情况。

【实例 5-5】 某高层金融机构办公建筑 BIM 深化设计审查情况报告（部分内容）

1. 审核机电深化 BIM 模型要点

（1）系统的完整性，本工程在施工中以 BIM 图为依据，所以在模型审核中，对于重点部位的管道、阀部件的完整性进行检查。

（2）建模的精度和内容是否满足合同及 BIM 方案的要求，其目的除了检查其履约情况外，更重要的是在建模中如保温的缺失影响管道的排布方式，系统信息的缺失，可能造成系统无法按系统拆分，进而影响分系统检查其内容。

（3）审核模型的目的是交付合格的工程，在审核模型时要有重点地检查标准中重要及关键条文的符合情况，如：水泵出水管进干管的形式、冷水机组与墙体、风管的空间是否影响检修，排水管道（包括透气管）的坡度是否满足要求（有些非重要的部位如最大坡度影响大量的管道路由可调为最小坡度），暖气上翻弯是否合理设置放气阀、成排管道的支架加设情况等。

（4）管道排布是否为最优的方案，大量的管线排布在一定的空间里应满足使用功能要求，也在观感、建筑净空高度上达到最大化，争取部分区域可以适当降低造价，在深化模型的审核中，各参与审核单位的工程师要结合自己的技术和经验，提出模型中的问题，减少后期的返工。

2. 机电深化设计模型审核问题

示例如表1所示。

机电深化设计模型审核问题 表1

编号	模型问题图片	问题描述
1		通风管道排布欠合理，管道翻弯曲次数过多，仍存在多处管线碰撞
2		排水管道与消防管道碰撞处的调整方式不当，未充分利用结构梁预留孔洞，造成消防 DN150 管道多次翻弯
3		BIM 软件缺少排水管道的四通管件模型，排布管道明显"绕路"

编号	模型问题图片	问题描述
4		排布通风管道时，管底标高不一致，造成给水、热水管道无法利用通风管道与结构梁间的空间，造成给水、热水管道多次翻弯
5		空调通风管道未采取同材质同支架布置方式，排布后空调通风管道间距过小、保温难以施工，部分管道翻弯过多
6		成排管道布置未采取共架方式，管道间距过大
7		消防喷淋管道标高不合理，未与其他系统管道分层布置，造成喷淋管道与其他系统管道多处发生碰撞

编号	模型问题图片	问题描述
8	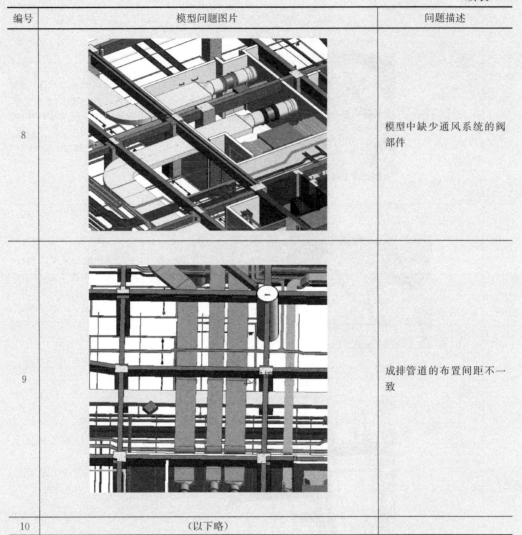	模型中缺少通风系统的阀部件
9		成排管道的布置间距不一致
10	（以下略）	

3. 机电深化设计模型审核问题的总结

本工程机电深化设计模型的审核除符合标准相关规定，应与工程实际及经验结合、注意发现细节问题，总结审核模型的问题如下：

（1）各类管线采用吊装、支架或托架予以固定，管线吊架或支架的位置及空间不可忽略。

（2）喷淋水平干管上要接出支管以布置喷头，管线布置时应留有接出支管的空间。

（3）强、弱电桥架之间宜有一定间距，以免互相干扰，深化时，应尽可能地分别布置在走道两侧，强、弱电管道井尽量独立设置。若条件不具备，强、弱电桥架在一个管道井内布置时，必须布置在管道井内两侧。

（4）对已预埋的管线、预埋套管的管线，应尽量减少或避免管线位置的移动。

（5）管线安装后，还有后续的穿线、调试等工作，如果有可能，还要了解到以后可能增加的二次施工内容，所以要预留出足够的空间。

（6）管线布置时要经常到现场对土建结构进行核对，测量实际结构的净空高度、外形尺寸，防止结构偏差影响整体布置。

（7）全面关注影响管线综合的各类因素。除建筑结构及管线本身尺寸外，还要考虑到保温层厚度、施工维修所需的间隙、吊架角钢、吊顶龙骨所占空间，以及有关设备如吊柜空调机组、装修造型等。

3. 通过现场实体样板验证并优化机电深化设计模型

在项目管理实践中发现直接依照机电深化设计 BIM 模型进行施工仍然存在较多的问题，对于高层办公建筑等机电系统复杂、有建筑净空限制、质量标准高的工程，有必要通过现场实体样板验证机电深化设计 BIM 成果，并进行必要的调整和优化，在工程的重难点区域需要反复细致地进行调整。

以下提供某高层金融机构办公建筑通过实体样板验证机电深化设计实例，用以体现实体验证的重要性及工作过程情况。

【实例5-6】　某金融机构高层办公建筑通过实体样板验证机电深化设计实例

某高层金融机构办公建筑，总建筑面积超过 12 万 m^2，地上 17 层，地下 5 层，是集办公、会议、数据中心、后勤为一体的综合性办公建筑，为充分利用 BIM 技术保证管道合理排布和功能实现，建筑设计单位和施工总包单位均配备了 BIM 工作团队，在 BIM 深化设计完成后、机电全面施工前，组织进行两个全要素实体样板，通过实体样板验证并进一步优化了机电设计成果。

1. 地下室综合机电样板

地下室正式具备机电安装施工条件后，要求施工总包单位进行样板施工，综合考虑后选择在地下二层车库一处包含给水、排水、排风、空调水、消防、强电、弱电、照明、中水等九个专业系统的部位作为地下室机电施工样板，编制样板施工方案及创优措施，对设备招采、封样、进场及安装等进行了详细的施工策划。

在实体样板实施过程中发现了深化设计尚需改进的问题，及时对 BIM 模型进行优化、完善，能够以点带面地发现和解决问题，确保机电深化设计的准确性及可实施性。

（1）机电深化设计 BIM 模型的审查

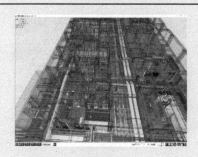

深化模型

以漫游方式审核深化模型

通过漫游等方式审查了地下室综合样板区机电模型，核查管道排布的合理性、细节的合规性，发现并提出不符合标准或图纸的问题及修改要求。

（2）重难点区域的优化调整

本工程机电系统复杂，地下室大量的管线交叉排布，样板区具有代表性，通过对重难点区域多次排布调整，找到各专业系统在施工操作、质量功能、观感效果等各方面的平衡点，保证实体样板施工一次到位。

第一版

第二版

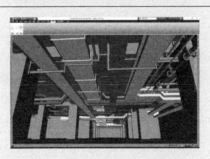

第三版

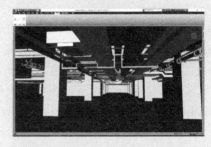

第四版

第五版

第六版

第七版

现场实体

（3）实体样板实施

1. 在结构顶板进行定位放线

2. 样板安装施工

3. 完成地下室机电综合样板

4. 组织样板评定审查

5. 对重难点问题进行优化调整

6. 扩大样板区域进行验证

通过地下室机电实体样板的实施，发现部分在 BIM 模型上难以发现的问题，如：①BIM模型上很难察觉大量45°弯头翻弯不太美观；②模型上管道间距跟现场实际间距有偏差；③不锈钢管成品弯头弯曲半径难以满足模型翻弯要求；④桥架三通弯头的角度模型与成品偏差；⑤不同管径管道做共架不美观；⑥不同材质（保温与非保温）管道并排敷设不美观；⑦不同连接方式管道必须分类综合排布（影响连接管件的成排成线）；⑧不同支吊方式的管道必须分类综合排布；⑨不同外观的管道必须分类综合排布等。在 BIM 模型中认为很合理的排布，在现场按照模型施工后仍有大量可以改进优化的内容。

2. 地上办公区综合机电样板

本工程地上部分全部为精装修交工，办公区内设置四管制冷梁、风盘、VRV室内机、排风送风管等管道，对管线排布及施工质量要求非常高，地上部分标准层具备条件后进行整层机电样板的施工，以作为全面机电安装的模板。

（1）机电深化设计模型审核与现场实体样板实施

1. 地上标准层机电深化模型

2. 以漫游等方式查找深化模型问题

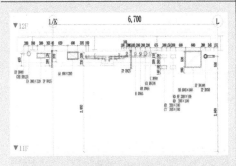

3. 依据深化模型绘制节点图指导样板施工

4. 进行样板评审检查

5. 重难点区域优化调整

6. 建设单位组织最终审核

（2）地上办公区机电样板总结

精装修交工项目的建筑净高的要求严，而机电系统又很复杂，在地上办公区样板实施中优化完善了机电深化设计模型，达到了预期目的，实施实体样板发现的问题包括：

① 施工过程中要安排风管先施工，过程中有碰撞或者保温空间较小时其他管道调整代价小；

② 空调水管道尽量避免翻弯，翻弯会增加放气阀还要增加检修口，代价较高；

③ 走廊桥架排布要紧靠办公区一侧，避免出线管穿插绕弯；

④ BIM 排布过程中一定要把吊顶局部构造画上，比如灯具、膜灯、玻璃顶、加大龙骨、凹槽等，这些在排布过程中容易忽视的地方都会导致与管线碰撞难以施工；

⑤ 管道 BIM 排布一定要把保温距离算上，否则很容易出现无保温空间的现象；

⑥ 建模精度一定要够，否则管道与管道、管道与结构、管道与精装龙骨之间的距离过近，如冷冻水保温不到位影响很大；

⑦ 精装区的排布要重点关注带坡度管道路由，尤其像风机盘管冷凝水的坡度，末端较多，坡度不够容易出现问题；

⑧ 检修口的位置要综合考虑，机电系统较多，要提前预估检修口的位置，保证各个阀门设备的位置，设备的左右式，上人的空间等，减少后期的麻烦。

5.3 BIM 应用与管理思考

（1）高层办公建筑项目管理实践中，当前多数建筑设计单位实行的是"翻模"BIM 应用模式，一般由与建筑设计单位合作或附属的 BIM 机构提供 BIM 支持服务，建筑设计单位完成 CAD 设计后交由 BIM 机构进行建模、检查、专业综合及信息完善等工作，BIM 成果在交付使用前由建筑设计单位进行审核。

（2）在"翻模"的 BIM 应用模式下，建筑设计单位按传统二维设计工作流程开展工作，各专业设计人员能够集中精力在熟悉的模式下进行设计工作，二维设计文件仍然是建筑设计单位的设计成果主体，而 BIM 模型则成为二维设计文件的附属性及伴随性的文件。建筑设计单位对 BIM 模型的关注度不高，多缺乏有效的质量管控，经常在 BIM 建模的质量及效率方面出现问题，如：设计文件交付建模前未经核查，翻模过程中频繁发生设计信息缺失及版本混用，建筑设计单位缺乏对模型的有效检查，不同的 BIM 机构和专业模型数据识别和共享困难，BIM 模型更新滞后，无法进行有效的专业协同等。

（3）高层办公建筑项目管理中，如果以 BIM 作为设计成果主体开展协同工作，由 BIM 机构进行"翻模"的应用模式必然难以适应，需采取"同步建模"或"正向设计"的 BIM 应用模式，这两种模式给建筑设计单位带来巨大挑战，给设计人员提出了新的要求，设计工作的整体流程将发生很大的改变，建筑设计单位应建立具有统一管理、可交互协同、大容量网络化的设计工作平台，并需要建筑构件及设备等详细信息及模型的支持，因此"同步建模"或"正向设计"模式在满足项目管理的需求、能力支持及成本等方面，还需较长时间的实践积累。

在本章提供的高层办公建筑项目管理实例中，以成熟可靠、有效解决设计管理的重难点为 BIM 的应用原则，通过加强事前策划与过程管理，实践中能够取得明显的效果。

第6章 工程总承包模式下的项目设计管理

1984年9月18日，国务院发布的《国务院关于改革建筑业和基本建设管理体制若干问题的暂行规定》提出工程承包公司接受建设项目主管部门（或建设单位）的委托，或投标中标，对项目建设的可行性研究、勘察设计、设备选购、材料订货、工程施工、生产准备直到竣工投产实行全过程的总承包，自20世纪80年代起至今，工程总承包历经起步、探索和发展阶段，至今已近四十年。

2017年2月21日国务院办公厅颁发的《国务院办公厅关于促进建筑业持续健康发展的意见》（国办发〔2017〕19号）是建筑业改革发展的顶层设计，提出"加快推行工程总承包。装配式建筑原则上应采用工程总承包模式。政府投资工程应完善建设管理模式，带头推行工程总承包。加快完善工程总承包相关的招标投标、施工许可、竣工验收等制度规定。按照总承包负总责的原则，落实工程总承包单位在工程质量安全、进度控制、成本管理等方面的责任。除了以暂估价形式包括在工程总承包范围内且依法必须进行招标的项目外，工程总承包单位可以直接发包总承包合同中涵盖的其他专业业务"。

住房和城乡建设部、国家发展改革委于2019年12月23日发布了《房屋建筑和市政基础设施项目工程总承包管理办法》（本章中简称《办法》），明确工程总承包是指承包单位按照与建设单位签订的合同，对工程设计、采购、施工或者设计、施工等阶段实行总承包，并对工程的质量、安全、工期和造价等全面负责的工程建设组织实施方式，包括EPC（设计-采购-施工）及DB（设计-施工）等总承包模式。

某高层行政办公建筑实施工程总承包，在项目设计管理实践中遇到很多新的课题，具有实践创新意义，本章结合某高层行政办公建筑的实践，介绍分析工程总承包模式下项目设计管理中应关注的问题。

6.1 总承包招标文件的编制

《办法》规定"建设单位应当根据招标项目的特点和需要编制工程总承包项目招标文件，主要包括以下内容：（一）投标人须知；（二）评标办法和标准；（三）拟签订合同的主要条款；（四）发包人要求，列明项目的目标、范围、设计和其他技术标准，包括对项目的内容、范围、规模、标准、功能、质量、安全、节约能源、生态环境保护、工期、验收等的明确要求；（五）建设单位提供的资料和条件，包括发包前完成的水文地质、工程地质、地形等勘察资料，以及可行性研究报告、方案设计文件或者初步设计文件等"。

国内多个地方的政府性投资项目采用工程总承包方式组织实施的，原则上应在初步设计概算审批完成后进行，某高层行政办公建筑以初步设计图及经审批的初步设计概算为基础，开展工程总承包招标工作。

6.1.1 制定招标图深度要求

在工程总承包招标前须完成招标图，招标图应满足招标控制价编制的要求，须在初步设计文件的基础上扩大设计深度，以满足编制工程量清单和编制招标控制价的需求，达到工程总承包固定总价合同条件，以符合招标要求，最终实现工程总承包模式的投资控制及项目管理目标，工程总承包招标图与初步设计文件深度及内容有明显差异，部分专业的差异较大。

以下提供某高层行政办公建筑工程总承包招标图设计深度标准实例，用以体现工程总承包招标图与初步设计文件的差异。

【实例6-1】 某高层行政办公建筑工程总承包招标图设计深度标准

1 建筑

1.1 设计文件

在招标图纸设计阶段，建筑专业设计文件应包括图纸目录、设计说明、设计图纸。

1.2 图纸目录

先列绘制图纸，后列选用的标准图或重复利用图。

1.3 设计说明

（1）依据性文件名称和文号，如批文、本专业设计所执行的主要法规和所采用的主要标准（包括标准名称、编号、年号和版本号）及设计合同等。

（2）项目概况，内容应包括建筑名称、建设地点、建设单位、建筑面积、建筑基底面积、项目设计规模等级、设计使用年限、建筑层数和建筑高度、建筑防火分类和耐火等级、人防工程类别和防护等级、人防建筑面积、屋面防水等级、地下室防水等级、主要结构类型、抗震设防烈度等，以及能反映建筑规模的主要技术经济指标。

（3）设计标高，工程的相对标高与总图绝对标高的关系。

（4）用料说明和室内外装修。

① 墙体、墙身防潮层、地下室防水、屋面、外墙面、勒脚、散水、台阶、坡道、油漆、涂料等处的材料和做法，墙体、保温等主要材料的性能要求，可用文字说明或

部分文字说明，部分直接在图上引注或加注索引号，其中应包括节能材料的说明，室内装修做法如表1所示；

室内装修做法表　　　　　　　　　　　表1

名称＼部位	楼、地面	踢脚板	墙裙	内墙面	顶棚	备注
门厅						
走廊						
…						
…						

② 室内装修部分除用文字说明以外亦可用表格形式表达，在表上填写相应的做法或代号；较复杂或较高级的民用建筑应另行委托室内装修设计；凡属二次装修的部分，可不列装修做法表和进行室内施工图设计，但对原建筑设计、结构和设备设计有较大改动时，应征得原设计单位和设计人员的同意。

（5）门窗表应描述出门的类型、材质和使用部位等信息。

（6）幕墙工程（玻璃、金属、石材等）及特殊屋面工程（金属、玻璃、膜结构等）的特点，节能、抗风压、气密性、水密性、防水、防火、防护及隔声的设计要求。

（7）电梯（自动扶梯、自动步道）选择及性能说明（功能、额定载重量、额定速度、停站数、提升高度等）。

（8）建筑设计防火设计说明，包括总体消防、建筑单体的防火分区、安全疏散、疏散人数和宽度计算、防火构造、消防救援窗设置等。

（9）无障碍设计说明，包括基地总体上、建筑单体内的各种无障碍设施要求等。

（10）建筑节能设计说明。

① 设计依据；

② 项目所在地的气候分区、建筑分类及围护结构的热工性能限值；

③ 建筑的节能设计概况、围护结构的屋面（包括天窗）、外墙（非透光幕墙）、外窗（透光幕墙）、架空或外挑楼板等构造组成和节能技术措施，明确外门、外窗和建筑幕墙的气密性等级；

④ 建筑体形系数计算、窗墙面积比（包括屋顶透光部分面积）计算和围护结构热工性能计算，确定设计值。

（11）根据工程需要采取的安全防范和防盗要求及具体措施，隔声、减振、减噪的要求和措施。

（12）项目按绿色建筑要求建设，应有绿色建筑设计说明。

（13）其他需要说明的问题。

1.4　总平面图

（1）测量坐标值。

（2）场地范围的测量坐标（或定位尺寸），道路红线、建筑控制线、用地红线等的位置。

（3）建筑物、构筑物（人防工程、地下车库、油库、贮水池等隐蔽工程以虚线表示）的名称或编号、层数、定位（坐标或相互关系尺寸）。

（4）广场、停车场、运动场地、道路、围墙、无障碍设施、排水沟、挡土墙、护坡等的定位（坐标或相互关系尺寸），消防车道和扑救场地，需注明。

（5）指北针或风玫瑰图。

（6）建筑物、构筑物使用编号时，应列出"建筑物和构筑物名称编号表"。

（7）注明尺寸单位、比例、建筑正负零的绝对标高、坐标及高程系统（如为场地建筑坐标网时，应注明与测量坐标网的相互关系）、补充图例等。

1.5　竖向布置图

（1）场地测量坐标值。

（2）场地四邻的道路、水面、地面的关键性标高。

（3）建筑物、构筑物名称或编号、室内外地面设计标高、地下建筑的顶板面标高及覆土高度限制。

（4）广场、停车场、运动场地的设计标高，以及景观设计中，水景、地形、台地、院落的控制性标高。

（5）道路、坡道、排水沟的起点、变坡点、转折点和终点的设计标高（路面中心和排水沟顶及沟底）、纵坡度、纵坡距、关键性坐标。

（6）挡土墙、护坡或土坎顶部和底部的主要设计标高及护坡坡度。

（7）用坡向箭头或等高线表示地面设计坡向，当对场地平整要求严格或地形起伏较大时，宜用设计等高线表示，地形复杂时应增加剖面表示设计地形。

（8）指北针或风玫瑰图。

（9）注明尺寸单位、比例、补充图例等。

（10）注明尺寸单位、比例、建筑正负零的绝对标高、坐标及高程系统（如为场地建筑坐标网时，应注明与测量坐标网的相互关系）、补充图例等。

1.6　平面图

（1）承重墙、柱及其定位轴线和轴线编号，轴线总尺寸（或外包总尺寸）、轴线间尺寸（柱距、跨度）、门窗洞口尺寸、分段尺寸。

（2）内外门窗位置、编号，门的开启方向，注明房间名称或编号，库房（储藏）注明储存物品的火灾危险性类别。

（3）墙身厚度（包括承重墙和非承重墙），柱与壁柱截面尺寸（必要时）及其与轴线关系尺寸，当围护结构为幕墙时，标明幕墙与主体结构的定位关系及平面凹凸变化的轮廓尺寸；玻璃幕墙部分标注立面分格间距的中心尺寸。

（4）变形缝位置、尺寸及做法索引。

（5）主要建筑设备和固定家具的位置及相关做法索引，如卫生器具、雨水管、水池、台、橱、柜、隔断等。

（6）电梯、自动扶梯、自动步道及传送带（注明规格）、楼梯（爬梯）位置，以及楼梯上下方向示意和编号索引。

（7）主要结构和建筑构造部件的位置、尺寸和做法索引，如中庭、天窗、地沟、地坑、重要设备或设备基础的位置尺寸、各种平台、夹层、人孔、阳台、雨篷、台阶、坡道、散水、明沟等。

(8) 楼地面预留孔洞和通气管道、管线竖井、烟囱、垃圾道等位置、尺寸和做法索引，以及墙体（主要为填充墙、承重砌体墙）预留洞的位置、尺寸与标高或高度等。

(9) 车库的停车位、无障碍车位和通行路线。

(10) 室外地面标高、首层地面标高、各楼层标高、地下室各层标高。

(11) 首层平面标注剖切线位置、编号及指北针或风玫瑰。

(12) 有关平面节点详图或详图索引号。

(13) 每层建筑面积、防火分区面积、防火分区分隔位置及安全出口位置示意，当整层仅为一个防火分区，可不注防火分区面积，或以示意图（简图）形式在各层平面中表示。

(14) 屋面平面应有女儿墙、檐口、天沟、坡度、坡向、雨水口、屋脊（分水线）、变形缝、楼梯间、水箱间、电梯机房、天窗及挡风板、屋面上人孔、检修梯、室外消防楼梯、出屋面管道井及其他构筑物，必要的详图索引号、标高等；表述内容单一的屋面可缩小比例绘制。

(15) 选择绘制必要的局部放大平面图。

(16) 图纸名称、比例。

(17) 图纸的省略：如系对称平面，对称部分的内部尺寸可省略，对称轴部位用对称符号表示，但轴线号不得省略；楼层平面除轴线间等主要尺寸及轴线编号外，与首层相同的尺寸可省略；楼层标准层可共用同一平面，但需注明层次范围及各层的标高。

1.7 立面图

(1) 两端轴线编号，立面转折较复杂时可用展开立面表示，但应准确注明转角处的轴线编号。

(2) 立面外轮廓及主要结构和建筑构造部件的位置，如女儿墙顶、檐口、柱、变形缝、室外楼梯和垂直爬梯、室外空调机搁板、外遮阳构件、阳台、栏杆、台阶、坡道、花台、雨篷、烟囱、勒脚、门窗（消防救援窗）、幕墙、洞口、门头、雨水管，以及其他装饰构件、线脚和粉刷分格线等。

(3) 建筑的总高度、楼层位置辅助线、楼层数、楼层层高和标高以及关键控制标高的标注，如女儿墙或檐口标高等；外墙的留洞应注尺寸与标高或高度尺寸（宽×高×深及定位关系尺寸）。

(4) 在平面图上表达不清的窗编号。

(5) 各部分装饰用料、色彩的名称或代号。

(6) 剖面图上无法表达的构造节点详图索引。

(7) 图纸名称、比例。

1.8 剖面图

(1) 剖视位置应选在层高不同、层数不同、内外部空间比较复杂、具有代表性的部位；建筑空间局部不同处以及平面、立面均表达不清的部位，可绘制局部剖面。

（2）墙、柱、轴线和轴线编号。

（3）剖切到或可见的主要结构和建筑构造部件，如室外地面、底层地（楼）面、地坑、地沟、各层楼板、夹层、平台、吊顶、屋架、屋顶、出屋顶烟囱、天窗、挡风板、檐口、女儿墙、幕墙、爬梯、门、窗、外遮阳构件、楼梯、台阶、坡道、散水、平台、阳台、雨篷、洞口及其他装修等可见的内容。

（4）标高；主要结构和建筑构造部件的标高，如室内地面、楼面（含地下室）、平台、雨棚、吊顶、屋面板、屋面檐口、女儿墙顶、高出屋面的建筑物、构筑物及其他屋面特殊构件等的标高，室外地面标高。

（5）节点构造详图索引号。

（6）图纸名称、比例。

1.9 详图

（1）选择典型的内外墙、屋面等节点，绘出不同构造层次，表达节能设计内容，标注各材料名称及具体技术要求，注明细部和厚度尺寸等。

（2）选择典型的楼梯、电梯、卫生间、管沟、设备基础、汽车坡道等局部平面放大和构造详图，注明相关的轴线和轴线编号以及细部尺寸，设施的布置和定位、相互的构造关系及具体技术要求等，应提供预制外墙构件之间拼缝防水和保温的构造做法。

（3）门、窗、幕墙绘制立面图，标注洞口和分格尺寸，对开启位置、面积大小和开启方式，用料材质、颜色等作出规定和标注。

（4）对另行专项委托的幕墙工程、金属、玻璃、膜结构等特殊屋面工程和特殊门窗等，应标注构件定位和建筑控制尺寸。

2 结构

2.1 设计总说明

（1）工程概况

① 工程地点，工程周边环境，工程分区，主要功能；

② 各单体（或分区）建筑的长、宽、高，地上与地下层数，各层层高，主要结构跨度，特殊结构及造型。

（2）设计依据

① 主体结构设计使用年限；

② 自然条件：基本风压，地面粗糙度，基本雪压，气温（必要时提供），抗震设防烈度等；

③ 工程地质勘察报告；

④ 建设单位提出的与结构有关的符合有关标准、法规的书面要求；

⑤ 设计所执行的主要法规和所采用的主要标准（包括标准的名称、编号、年号和版本号）。

（3）建筑分类等级

应说明下列建筑分类等级及所依据的规范或批文。

① 建筑结构安全等级；

②　地基基础设计等级；

③　建筑桩基设计等级；

④　建筑抗震设防类别；

⑤　主体结构类型及抗震等级；

⑥　地下水位标高和地下室防水等级；

⑦　人防地下室的设计类别、防常规武器抗力级别和防核武器抗力级别。

⑧　建筑防火分类等级和耐火等级；

⑨　混凝土构件的环境类别。

（4）主要荷载（作用）取值及设计参数

①　楼（屋）面面层荷载、吊挂（含吊顶）荷载；

②　风荷载；

③　雪荷载；

④　地震作用（包括设计基本地震加速度、设计地震分组、场地类别、场地特征周期、结构阻尼比、水平地震影响系数最大值等）；

⑤　地下室水浮力的有关设计参数。

（5）上部及地下室结构设计

①　结构缝（伸缩缝、沉降缝和防震缝）的设置；

②　上部及地下室结构选型及结构布置说明；对于复杂结构，应根据有关规定判定是否为超限工程；

③　关键技术问题的解决方法；特殊技术的说明，结构重要节点、支座的说明或简图；

④　有抗浮要求的地下室应明确抗浮措施；

⑤　结构特殊施工措施、施工要求及其他需要说明的内容。

（6）地基基础设计。

①　工程地质和水文地质概况，应包括各主要土层的压缩模量和承载力特征值（或桩基设计参数）；地基液化判别，地基土冻胀性和融陷情况，抗浮设防水位特殊地质条件等说明，土及地下水对钢筋、钢材和混凝土的腐蚀性；

②　基础选型说明；

③　采用天然地基时应说明基础埋置深度和持力层情况；采用桩基时，应说明桩的类型、桩端持力层及进入持力层的深度、承台埋深；采用地基处理时，应说明地基处理要求；

④　关键技术问题的解决方法；

⑤　施工特殊要求及其他需要说明的内容。

（7）主要结构材料。混凝土强度等级、钢筋种类、砌体强度等级、砂浆强度等级、钢绞线或高强钢丝种类、钢材牌号、预制构件连接材料、密封材料、特殊材料等。特殊材料或产品（如高强螺栓等）的说明等。

2.2　设计图纸

（1）基础平面图及主要基础构件的截面尺寸。

（2）主要楼层结构平面布置图，注明主要的定位尺寸、主要构件的截面尺寸；结构平面图不能表示清楚的结构或构件，可采用立面图、剖面图、轴测图等方法表示。

（3）结构主要或关键性节点、支座示意图。

（4）伸缩缝、沉降缝、防震缝、施工后浇带的位置和宽度应在相应平面图中表示。

3 给水排水

3.1 在招标图纸设计阶段，建筑给水排水专业设计文件应包括图纸目录、设计说明、设计图纸、设备及主要材料表，满足工程预算清单编制要求。

3.2 图纸目录：绘制设计图纸目录、选用的标准图目录及重复利用图纸目录。

3.3 设计总说明

（1）设计总说明：可分为设计说明、施工说明两部分。

1）设计依据：

① 已批准的初步设计（或方案设计）文件（注明文号）；

② 建设单位提供有关资料和设计任务书；

③ 本专业设计所采用的主要规范、标准（包括标准的名称、编号、年号和版本号）；

④ 工程可利用的市政条件或设计依据的市政条件：说明接入的市政给水管根数、接入位置、管径、压力，或生活、生产、室内、外消防给水来源情况；说明污、废水排至市政排水管或排放需要达到的水质要求、污废水预处理措施，需要进行污水处理或中水回用时需要达到的水质标准及采取的技术措施；

⑤ 建筑和有关专业提供的条件图和有关资料。

2）工程概况：内容参照初步设计；

3）设计范围：内容参照初步设计；

4）给水排水系统简介：主要的技术指标（如最高日用水量、平均时用水量、最大时用水量，各给水系统的设计流量、设计压力，最高日生活污水排水量，雨水暴雨强度公式及排水设计重现期、设计雨水流量，设计小时耗热量、热水用水量、循环冷却水量及补水量，各消防系统的设计参数、消防用水量及消防总用水量等）；设计采用的系统简介、系统运行控制方法等；

5）说明主要设备、管材、器材、阀门等的选型；

6）说明管道敷设、设备、管道基础，管道支吊架及支座，管道、设备的防腐蚀、防冻和防结露、保温，管道、设备的试压和冲洗等；

7）专篇中如建筑节能、节水、环保、人防、卫生防疫等给水排水所涉及的内容；

8）绿色建筑设计：

① 设计依据；

② 绿色建筑设计的项目特点与定位；

③ 给排水专业相关的绿色建筑技术选项内容及技术措施；

④ 需在其他子项或专项设计、二次深化设计中完成的内容（如中水处理、雨水收集回用等），以及相应设计参数、技术要求。

9）需专项设计及二次深化设计的系统应提出设计要求；

10）凡不能用图示表达的施工要求，均应以设计说明表述；

11）有特殊需要说明的可分列在有关图纸上。

（2）图例。

3.4 给水排水总平面图

（1）绘制各建筑物的外形、名称、位置、标高、道路及其主要控制点坐标、标高、坡向，指北针（或风玫瑰图）、比例。

（2）绘制给排水管网及构筑物的位置；备注构筑物的主要尺寸。

（3）对较复杂工程，可将给水、排水（雨水、污废水）总平面图分开绘制，以便于施工（简单工程可绘在一张图上）。

（4）标明给中水管管径、阀门井、水表井、消火栓（井）、消防水泵接合器（井）等。

（5）排水管标注主要检查井编号、水流坡向、管径，标注管道接口处市政管网（检查井）的位置、标高、管径等。

3.5 雨水控制与利用及各净化建筑物、构筑物平、剖面及详图。绘制各建筑物、构筑物的平面图，图中表示出工艺设备布置、结构形式。

3.6 水泵房平面展开系统原理图。应绘出水泵及编号、管道位置，列出设备及主要材料表，标出管径、阀件、起吊设备、计量设备等位置、尺寸。如需设真空泵或其他引水设备时，要绘出有关的管道系统和平面位置及排水设备。

3.7 水塔（箱）、水池配管及详图。分别绘出水塔（箱）、水池的形状、工艺尺寸展开系统原理图，标注管径及贮水容积。

3.8 循环水构筑物的平面、展开系统原理图。有循环水系统时，应绘出循环冷却水系统的构筑物（包括用水设备、冷却塔等）、循环水泵房及各种循环管道的平面、展开系统原理图，并标注相关设计参数。

3.9 污水处理。如有集中的污水处理，应按照《市政公用工程设计文件编制深度规定》要求，另行专项设计。

3.10 建筑室内给水排水图纸

（1）平面图

1）应绘出与给水排水、消防给水管道布置有关各层的平面，内容包括主要轴线编号、房间名称、用水点位置，注明各种管道系统编号（或图例）；

2）应绘出给水排水、消防给水管道平面布置、立管位置及编号，管道穿越建筑物地下室外墙或有防水要求的构（建）筑物的防水套管形式等；

3）底层（首层）等平面应注明引入管、排出管、水泵接合器管道等管径、还应绘出指北针；

4）标出各楼层建筑平面标高（如卫生设备间平面标高有不同时，应另加注或用文字说明）和层数，建筑灭火器放置地点（也可在总说明中交代清楚）；

5）若管道种类较多，可分别绘制给排水平面图和消防给水平面图；

6）需要专项设计（含二次深化设计）时，应在平面图上注明位置，预留孔洞，设备与管道接口位置及技术参数。如厨房、抗震支吊架、气体灭火系统、厨房灭火装置、太阳能热水系统等应满足预算清单编制需求。

（2）系统图

系统图可按系统原理图或系统轴测图绘制。

1）系统原理图。对于给水排水系统和消防给水系统等，采用原理图或展开系统原理图将设计内容表达清楚时，绘制（展开）系统原理图。图中标明立管和横管的管径、立管编号、楼层标高、层数、室内外地面标高、仪表及阀门、各系统进出水管编号、各楼层卫生设备和工艺用水设备的连接，排水管还应标注立管检查口，通风帽等距地（板）高度及排水横管上的竖向转弯和清扫口等。

2）系统轴测图。对于给水排水系统和消防给水系统，也可按比例分别绘出各种管道系统轴测图。图中标明管道走向、管径、仪表及阀门、伸缩节、固定支架、控制点标高和管道坡度（设计说明中已交代者，图中可不标注管道坡度）、各系统进出水管编号、立管编号、各楼层卫生设备和工艺用水设备的连接点位置。

在系统轴测图上，应注明建筑楼层标高、层数、室内外地面标高；引入管道应标注管道设计流量和水压值。

3）当自动喷水灭火系统在平面图中已将管道管径、标高、喷头间距和位置标注清楚时，可简化绘制从水流指示器至末端试水装置（试水阀）等阀件之间的管道和喷头。

3.11 设备及主要材料表。给出使用的设备、主要材料、器材的名称、性能参数、计数单位、数量、备注等。

3.12 当采用装配式建筑技术设计时，应明确装配式建筑设计给排水专项内容；明确装配式建筑给排水设计的原则及依据；与相关专业的技术接口要求。

4 供暖通风与空气调节

4.1 在招标图纸设计阶段，供暖通风与空气调节设计文件应有设计说明书，设计文件还应包括设计图纸、设备表及计算书。

4.2 设计说明：

（1）设计依据。

1）摘述设计任务书和其他依据性资料中与供暖通风与空气调节专业有关的主要内容；

2）与本专业有关的批准文件和建设单位提出的符合有关法规、标准的要求；

3）本专业设计所执行的主要法规和所采用的主要标准（包括标准的名称、编号、年号和版本号）；

4）其他专业提供的设计资料等。

（2）简述工程建设地点、建筑面积、规模、建筑防火类别、使用功能、层数、建筑高度等。

（3）设计范围。根据设计任务书和有关设计资料，说明本专业设计的内容、范围以及与有关专业的设计分工。当本专业的设计内容分别由两个或两个以上的单位承担设计时，应明确交接配合的设计分工范围。

（4）设计计算参数。

1）室外空气计算参数；

2）室内设计参数表见表2。

房间名称	夏季		冬季		风速(m/s)	新风量标准(m³/h·人)	噪声标准[dB（A）]
	温度（℃）	相对湿度（%）	温度（℃）	相对湿度（%）			

室内设计参数表 表2

（5）供暖。

1）供暖热负荷；

2）叙述热源状况、热媒参数、热源系统工作压力、室外管线及系统补水定压方式；

3）供暖系统形式及管道敷设方式；

4）供暖热计量及室温控制，系统平衡、调节手段；

5）供暖设备、散热器类型、管道材料及保温材料的选择。

（6）空调。

1）空调冷、热负荷；

2）空调系统冷源及冷媒选择，冷水、冷却水参数；

3）空调系统热源供给方式及参数；

4）各空调区域的空调方式，空调风系统简述，必要的气流组织说明；

5）空调水系统设备配置形式和水系统制式，系统平衡、调节手段；

6）洁净空调注明净化级别；

7）监测与控制简述；

8）管道、风道材料及保温材料的选择。

（7）通风。

1）设置通风的区域及通风系统形式；

2）通风量或换气次数；

3）通风系统设备选择和风量平衡。

（8）防排烟。

1）简述设置防排烟的区域及其方式；

2）防排烟系统风量确定；

3）防排烟系统及其设施配置；

4）控制方式简述；

5）暖通空调系统的防火措施。

（9）空调通风系统的防火、防爆措施。

（10）节能设计。节能设计采用的各项措施、技术指标，包括有关节能设计标准中涉及的强制性条文的要求。

（11）绿色建筑设计。说明绿色建筑设计目标，采用的主要绿色建筑技术和措施。补充绿建专篇，自评得分情况。

（12）废气排放处理和降噪、减振等环保措施。

4.3 设备表如表3所示，列出主要设备的名称、性能参数、数量等。

设备编号	名称	性能参数	单位	数量	安装位置	服务区域	备注

（1）性能参数栏应注明主要技术数据，并注明锅炉的额定热效率、冷热源机组能效比或性能系数、多联式空调（热泵）机组制冷综合性能系数、风机效率、水泵在设计工作点的效率、热回收设备的热回收效率及主要设备噪声值等。

（2）安装位置栏注明主要设备的安装位置，需注明设备服务区域等信息。

4.4　设计图纸：

（1）供暖通风与空气调节初步设计图纸一般包括图例、系统流程图、主要平面图。

（2）系统图。包括冷热源系统、供暖系统、空调水系统、通风及空调风路系统、防排烟等系统的流程。应表示系统服务区域名称、设备和主要管道和风道所在区域和楼层，标注设备编号。空调冷热水分支水路采用竖向输送时，应绘制立管图，注明干管管径及所接设备编号。系统流程图应绘出设备、阀门、计量，标注介质流向、管径及设备编号。流程图可不按比例绘制，但管路分支及与设备的连接顺序应与平面图相符。

（3）平面图。绘出建筑轮廓、主要轴线号、轴线尺寸、室内外地面标高、房间名称，底层平面图上绘出指北针。供暖平面绘出散热器位置，注明片数或长度、供暖干管及立管位置、编号，注明主要干管管道管径及标高。通风、空调、防排烟风道平面用双线绘出风道。标注主要干管风道尺寸（圆形风道注管径、矩形风道标注宽×高）、风口尺寸，消声器、调节阀、防火阀等各种部件位置。风道平面应表示出防火分区，排烟风道平面还应表示出防烟分区。空调管道平面单线绘出空调冷热水、冷媒、冷凝水等管道，绘出立管位置、注明管道管径。多联式空调系统应绘制冷媒管和冷凝水管。需另做二次装修的房间或区域，可按常规进行设计，宜按房间或区域标出设计风量。风道可绘制单线图，不标注详细定位尺寸，并注明按配合装修设计图施工。与通风空调系统设计相关的工艺或局部的建筑使用功能未确定时，设计可预留通风空调系统设置的必要条件，如土建机房、井道及配电等。在工艺或局部的建筑使用功能确定后再进行相应的系统设计。

通风、空调、制冷机房平面图中应绘出设备位置，设备编号，连接设备的风道、管道管件及走向，注明尺寸、管径、标高。

（4）暖通总平面图。绘制各建筑物的外形、名称、位置、标高、道路及其主要控制点坐标、标高、坡向，指北针（或风玫瑰图）、比例。绘制热力、燃气管网及构筑物的位置（坐标或定位尺寸）；标明热力管线的管径，标注管道接口处市政管网（检查井）的位置、标高、管径等。

5　建筑电气

5.1　在招标图纸设计阶段，建筑电气专业设计文件图纸部分应包括图纸目录、设计说明、设计图、主要设备表，电气计算部分出计算书。

5.2 图纸目录：应分别以系统图、平面图等按图纸序号排列。

5.3 设计说明：

(1) 工程概况：应说明建筑的建设地点、自然环境、建筑类别、性质、面积、层数、高度、结构类型等。

(2) 设计依据：

1) 建设单位提供的有关部门（如：供电部门、消防部门、通信部门、公安部门等）认定的工程设计资料，建设单位设计任务书及设计要求；

2) 相关专业提供给本专业的工程设计资料；

3) 设计所执行的主要法规和所采用的主要标准（包括标准的名称、编号、年号和版本号）；初步（或方案）设计审批定案的主要指标。

(3) 设计范围：

1) 根据设计任务书和有关设计资料说明本专业的设计内容，以及其他工艺设计的分工与分工界面；

2) 拟设置的建筑电气系统。

(4) 设计内容（应包括建筑电气各系统的主要指标）。

(5) 各系统的施工要求和注意事项（包括线路选型、敷设方式及设备安装等）。

(6) 设备主要技术要求（亦可附在相应图纸上）。

(7) 防雷、接地及安全措施（亦可附在相应图纸上）。

(8) 电气节能及环保措施。

(9) 绿色建筑电气设计。

1) 绿色建筑设计目标；

2) 建筑电气设计采用的绿色建筑技术措施；

3) 建筑电气设计所达到的绿色建筑技术指标。

(10) 与相关专业的技术接口要求。

(11) 其他专项设计、深化设计。

1) 其他专项设计、深化设计概况；

2) 建筑电气与其他专项、深化设计的分工界面及接口要求。

(12) 智能化设计。

1) 智能化系统设计概况；

2) 智能化各系统的供电、防雷及接地等要求；

3) 智能化各系统与其他专业设计的分工界面、接口条件。

5.4 图例符号（应包括设备选型、规格及安装等信息）。

5.5 电气总平面图。

(1) 标注建筑物、构筑物名称或编号、层数，注明各处标高、道路、地形等高线和用户的安装容量。

(2) 标注变、配电站位置、编号；变压器台数、容量；发电机台数、容量；室外配电箱的编号、型号；室外照明灯具的规格、型号、容量。

(3) 架空线路应标注：线路规格及走向，回路编号，杆位编号，档数、档距、杆高、拉线、重复接地、避雷器等（附标准图集选择表）。

（4）电缆线路应标注：线路走向、回路编号、敷设方式、人（手）孔位置。

（5）比例、指北针。

（6）图中未表达清楚的内容可随图作补充说明。

5.6 变、配电站设计图。

（1）高、低压配电系统图（一次线路图）。图中应标明变压器、发电机的型号、规格；母线的型号、规格；标明开关、断路器、互感器、继电器、电工仪表（包括计量仪表）等的型号、规格、整定值（此部分也可标注在图中表格中）。图下方表格标注：开关柜编号、开关柜型号、回路编号、设备容量、计算电流、导体型号及规格、敷设方法、用户名称、二次原理图方案号（当选用分隔式开关柜时，可增加小室高度或模数等相应栏目）。

（2）平、剖面图。按比例绘制变压器、发电机、开关柜、控制柜、直流及信号柜、补偿柜、支架、地沟、接地装置等平面布置、安装尺寸等。

（3）继电保护及信号。继电保护及信号明确保护类别及保护形式要求。控制柜、直流电源及信号柜、操作电源均应选用标准产品，规格和要求。

（4）配电干线系统图。以建筑物、构筑物为单位，自电源点开始至终端配电箱止，按设备所处相应楼层绘制，应包括变、配电站变压器编号、容量、发电机编号、容量、各处终端配电箱编号、容量。

（5）相应图纸说明。图中表达不清楚的内容，可随图作相应说明。

5.7 配电、照明设计图。

（1）配电箱（或控制箱）系统图（可以表格形式体现）。

（2）配电平面图应包括建筑门窗、墙体、轴线、主要尺寸、房间名称、工艺设备编号及容量；布置配电箱、控制箱，并注明编号；线路敷设方式（需强调时）；凡需专项设计场所，其配电和控制设计图随专项设计，但配电平面图上应相应标注预留的配电箱，并标注预留容量；图纸应有比例。

（3）照明平面图应包括建筑门窗、墙体、轴线、主要尺寸、标注房间名称、绘制配电箱、灯具、开关、插座等平面布置；图纸应有比例。

（4）图中表达不清楚的，可随图作相应说明。

5.8 建筑设备控制原理图。

（1）建筑电气设备控制原理图，有标准图集的可直接标注图集方案号或者页次。

1）控制原理图应注明设备明细表；

2）选用标准图集时若有不同处应做说明。

（2）建筑设备监控系统及系统集成设计图。

1）监控系统方框图、绘至 DDC 站止。

2）随图说明相关建筑设备监控（测）要求、点数，DDC 站位置。

5.9 防雷、接地及安全设计图。

（1）绘制建筑物顶层平面，应有主要轴线号、尺寸、标高、标注接闪杆、接闪器、引下线位置。注明材料型号规格、所涉及的标准图编号、页次，图纸应标注比例。

（2）绘制接地平面图（可与防雷顶层平面重合），绘制接地线、接地极、测试点、断接卡等的平面位置、标明材料型号、规格、相对尺寸等及涉及的标准图编号、页次，图纸应标注比例。

（3）当利用建筑物（构筑物）钢筋混凝土内的钢筋作为防雷接闪器、引下线、接地装置时，应标注连接方式，接地电阻测试点，预埋件位置及敷设方式，注明所涉及的标准图编号、页次。

（4）随图说明可包括：防雷类别和采取的防雷措施（包括防侧击雷、防雷击电磁脉冲、防高电位引入）；接地装置型式、接地极材料要求、敷设要求、接地电阻值要求；当利用桩基、基础内钢筋作接地极时，应采取的措施。

（5）除防雷接地外的其他电气系统的工作或安全接地的要求，如果采用共用接地装置，应在接地平面图中叙述清楚，交代不清楚的应绘制相应图纸。

5.10 电气消防。

（1）电气火灾监控系统。

1）应绘制系统图，以及各监测点名称、位置等。说明监控线路型号、规格及敷设要求；

2）一次部分绘制并标注在配电箱系统图上。

（2）消防设备电源监控系统。应绘制系统图，以及各监测点名称、位置等。说明监控线路型号、规格及敷设要求。

（3）防火门监控系统。防火门监控系统图、施工说明。

（4）火灾自动报警系统。

1）火灾自动报警及消防联动控制系统图、施工说明、报警及联动控制要求。线路型号、规格及敷设要求；

2）各层平面图，应包括设备及器件布置情况。

（5）消防应急广播。

1）消防应急广播系统图、施工说明。线路型号、规格及敷设要求；

2）各层平面图，应包括设备及器件布点。

5.11 智能化各系统设计。

1）智能化各系统及其子系统的系统图；

2）智能化各系统及其子系统的干线桥架走向平面图；

3）智能化各系统及其子系统竖井布置分布图；

4）智能化系统及其子系统点位布置图。

5.12 主要电气设备表。注明主要电气设备的名称、型号、规格、单位、数量等。

5.13 计算书。施工图设计阶段的计算书，计算内容同初设要求。

6 基坑与边坡工程设计

6.1 在招标设计阶段，深基坑专项设计文件中应有设计说明、设计图纸。

6.2 基坑工程设计说明应包括以下内容：

（1）工程概况。

（2）设计依据：

1）建筑用地红线图，场地地形图及地下工程建筑初步设计和结构初步设计图；

2）场地岩土工程（初勘）勘察报告；

3）基坑周边环境资料；

4）建设单位提出的与基坑有关的符合有关标准、法规以及甲方特殊约定的书面要求；

5）本专业设计所执行的主要法规和所采用的主要标准（包括标准的名称、编号、年号和版本号）；

6）基坑支护设计使用年限。

（3）基坑分类等级。

1）基坑设计等级；

2）基坑支护结构安全等级。

（4）主要荷载（作用）取值。

1）土压力、水压力；

2）基坑周边在建和已有的建（构）筑物荷载；

3）基坑周边施工荷载和材料堆载；

4）基坑周边道路车辆荷载。

（5）设计计算软件：基坑设计计算所采用的程序名称和版本号。

（6）基坑设计选用主要材料要求。

1）混凝土强度等级；

2）钢筋、钢绞线，型钢等材料的种类、牌号和质量等级及所对应的产品标准，各种钢材的焊接方法及对所采用的焊材的要求；

3）水泥型号、等级。

（7）支护方案的比选和技术经济比较。

（8）地下水控制设计。

（9）施工要点。

（10）基坑的监测要求。

（11）支护结构质量的检测要求。

（12）基坑的应急预案。

（13）对基坑周边环境影响的评估。

6.3 设计图纸应包括以下内容：

（1）基坑周边环境图。

1）注明基坑周边地下管线的类型、埋置深度、管线与开挖线的距离；

2）注明基坑周边建（构）筑物结构形式、基础形式、基础埋深和周边道路交通负载量；

3）注明地下室外墙线与红线、基坑开挖线及周边构筑物的关系。

（2）基坑周边地层展开图。

（3）基坑平面布置图。

1）绘制支护结构与主体结构基础边线的位置关系、支护计算分段等；

2）绘制内支撑的定位轴线和内支撑位置，标注必要的定位尺寸；

3）绘制支护体系的支护类型。

（4）主要的基坑剖面图和立面图。

（5）支撑平面布置图。

（6）基坑降水（排水）平面布置图、降水井构造图。

（7）基坑监测点平面布置图。

7 其他

7.1 由于本项目由能源中心提供空调冷热源，因此对"热能动力"内容未做要求。

7.2 为满足招标控制价编制，对于部分属于施工图深度要求的设计内容，如混凝土结构的配筋、动力照明末端配线图或消防喷淋末端DN50以下的管道等，这部分工程量参照概算定额的含量计算。

7.3 对于需要专项设计的专业，如抗震支吊架工程，深度要求后续补充。

7.4 关于弱电智能化工程，对于在出图前无法明确需求的系统，按暂估项编制。

6.1.2 划分设计界面

工程总承包单位的设计界面由招标文件界定，建设单位按招标文件提供基础文件，工程总承包单位应按招标文件完成相应的设计工作，建设单位在工程总承包招标前应根据工程情况准确界定设计界面。

以下提供某高层行政办公建筑工程总承包单位设计界面实例。

【实例6-2】 某高层行政办公建筑工程总承包单位设计界面

1. 所有经由总承包商完成的设计文件均需经原设计单位及业主确认后方可实施。

2. 总承包商提交的设计文件如果未达到原设计及业主的要求和意图，总承包商需要无条件配合调整和修改，直至获得通过。

3. 责任分工及界面划分见表1。

责任分工及界面划分　　　　　　　　　　　　　　表1

序号	类别	建设单位负责提供	工程总承包单位负责完成
1	建筑	设计说明、招标图	后续全部设计，包括施工图设计说明、施工图
2	结构	设计说明、招标图	后续全部设计，包括施工图设计说明、施工图，包括钢结构深化及加工图、钢结构施工阶段结构分析和验算、结构预变形设计、防火防腐施工设计等
3	给排水	设计说明、招标图、技术规格书	后续全部设计，包括施工图设计说明、施工说明、施工图。需建设单位确认的文件或待厂家中标后进行的深化设计：（1）厨房给排水末端点位深化、烹饪操作间排油烟罩及烹饪部位自动灭火装置，厨房设备灭火系统；（2）太阳能生活热水集热系统；（3）抗震支吊架设计；（4）园区及屋顶绿化
4	采暖	设计说明、招标图、技术规格书	后续全部设计，包括施工图设计说明、施工说明、施工图，包括隔声、减振措施、地板辐射供暖系统

序号	类别	建设单位负责提供	工程总承包单位负责完成
5	空调	设计说明、招标图、技术规格书	后续全部设计，包括施工图设计说明、施工说明、施工图。需建设单位确认的文件或待厂家中标后进行的深化设计：(1) 厨房区域深化设计；(2) 多联机系统深化设计；(3) 精密空调系统深化设计；(4) 抗震支吊架设计
6	通风	设计说明、招标图、技术规格书	后续全部设计，包括施工图设计说明、施工说明、施工图。需建设单位确认的文件或待厂家中标后进行的深化设计：厨房区域深化设计
7	建筑电气	设计说明、招标图、技术规格书	后续全部设计，包括施工图设计说明、施工说明、施工图
8	弱电	设计说明、招标图	后续全部设计，包括施工图设计说明、施工说明、施工图
9	消防	设计说明、招标图、技术规格书	后续全部设计，包括施工图设计说明、施工说明、施工图。需厂家中标后进行的深化设计：(1) 气体灭火系统；(2) 抗震支吊架设计
10	岩土	勘察文件、地形及周围环境资料、基坑支护初步方案	基坑支护、地基处理、桩基础、抗浮、地下水控制等后续设计，包括施工图
11	电梯	设计说明、技术规格书及装修标准	后续全部设计
12	经济	初步设计概算	清单及报价

6.1.3 编制合同文件中的设计条款

（1）《建设项目工程总承包合同（示范文本）》GF—2020—2016 的通用合同条件共计20条，其中第5条设计的内容包含承包人的设计义务、承包人文件审查、培训、竣工文件、操作和维修手册、承包人文件错误等，须在专用合同条件中根据项目的特点及具体情况对通用合同条件原则性约定细化、完善、补充，专用合同条件涉及承包人文件审查的期限、审查会议的审查形式和时间安排、审查会议的相关费用承担、第三方审查的约定、培训的时间、承包人为培训提供的条件、竣工文件的要求、操作和维修手册的约定等。

（2）工程总承包合同文件中对第5条设计的补充或另行约定，一般多涉及以下方面：设计工作范围的细化、分阶段的设计工作要求、建筑信息模型的内容及标准、符合审批及审查要求、设计人员安排、各阶段设计现场服务、设计质量奖罚标准、限额设计要求、设计优化要求等。

以下提供某高层科研办公建筑工程总承包招标文件中的补充及另行约定设计条款实例。

【实例6-3】 某高层科研办公建筑工程总承包招标文件中的补充及另行约定设计条款（部分内容）

5. 设计

5.1 承包人的设计义务条款的增加内容见5.1.3～5.1.7项。

5.1.3 在勘察设计过程中，承包人应与本项目相关的铁路、航道、水利、管线、电力、电信及其他相关建筑设施或特殊保护区域的主管部门进行协商，获得项目相关部门对推荐设计方案的认同意见、协议、批准文件或纪要等，以确保项目顺利实施。

5.1.4 发包人向承包人提供的所有资料均为保密资料，承包人在履行本合同下义务时可向受雇于承包人的相关研究人员透露外，不能在任何情况下（包括本合同有效期内及之后）向第三者透露，发包人书面同意的除外。

5.1.5 发包人及行业主管部门对勘察成果（包括研究试验成果）、设计文件的审查确认并不免除承包人的责任。

5.1.6 承包人应当按照法律、法规和工程建设强制性标准进行设计、防止因设计不合理导致安全生产隐患或者生产安全事故的发生。采用新结构、新材料、新工艺的工程和特殊结构的工程，承包人应当在设计文件中提出保障施工作业人员安全和预防生产安全事故的措施建议。承包人及其设计人员对其设计负责。承包人因补充施工图设计质量达不到合同约定或造成质量、安全事故的，应无偿补充修改设计，并按规定承担相应责任及赔偿。

5.1.7 承包人必须贯彻"技术先进、安全可靠、适用耐久、经济合理"的基本原则，加强总体设计，重视与城镇建设总体规划、土地开发利用规划、农田水利、森林植被、水土保持、生态环境、特殊设施保护区和其他建设工程的总体协调和配合，节约资源、保护环境、合理选用技术指标、树立全寿命周期成本的理念，充分发挥工程建设项目经济、社会和环境的综合效益。

5.1.8 设计文件必须保证工程质量和安全的要求，符合安全、适用、耐久、经济、美观的综合要求，并应特别注意沿线景观及沿线设施的协调性和环境保护、水土保持的要求。

5.1.9 设计文件中关于工程建设材料、配件和设备的选用，应当注明其性能及技术标准，其质量要求必须符合国家规定的标准。

5.1.10 对于已经获得批准的施工图设计文件，发包人认为有部分工程需要优化时，承包人应根据发包人的要求进行优化设计，其设计费用视为已包括在投标报价之中，发包人不另行支付。

5.1.11 承包人应在施工现场派驻经验丰富的设计代表常驻施工现场，做好施工现场配合服务，并负责解决施工过程中出现的设计问题。常驻施工现场的设计代表应满足项目实际需求，所有费用视为已包括在投标报价之中，发包人将不另行支付。

5.1.12 施工过程中的各种设计方案和施工工艺的优化、修订或变更，均应由承包人事先向发包人和监理人提出书面报告，视管理权限由监理人审核后报发包人审批通过或核备后方可组织实施，在此种情况下，并不免除承包人对发包人应承担的全部设计责任，也不改变本合同的任何责任和义务。

5.1.13 对于承包人设计文件中的错误、遗漏、含糊、不一致、不适当或其他缺陷，无论是否已通过各项审查，承包人均应自费对这些缺陷和其带来的工程问题进行改正。

5.1.14 承包人应按照主管部门相关规定做好设计的质量管理工作，建立健全设计质量保证体系，加强设计全过程的质量控制，建立完整的设计文件的设计、复核、会签和批准制度，明确各阶段的责任人，并对本合同工程的设计质量负责。

5.1.15 承包人在设计过程中，如果因其采用的技术方案等方面发生侵犯专利权的行为而引起索赔或诉讼，则承包人应承担全部责任，并保障发包人免于承担由此造成的一切损害和损失。

5.1.16 承包人应严格按照限额设计要求进行设计，确保投资控制目标。

5.1.17 设计人应当在设计过程中注明施工的主体部分与关键性部分，并取得发包人审核及有关部门批复认可。

5.3 设计审查条款的增加内容见5.3.4项。

5.3.4 发包人对设计文件提出的任何建议、审查和确认，并不能减轻或免除承包人的任何合同责任和合同义务。由于施工图设计质量不高造成施工图设计文件审核不能通过的，承包人应补充完善设计，由此造成的损失和工期延误由承包人负责。按照合同经审查批准后的设计文件，承包人应向发包人提供纸版三套、CAD电子版及相应BIM成果文件。若纸质版、CAD电子版设计图不一致时，发包人有权按不一致张数，以每张2000元的标准，在设计费中扣减。

6.2 总承包技术标准的编制

6.2.1 技术标准的作用

工程总承包招标文件中专用合同条件附件中的发包人要求应尽可能清晰准确，对于可以进行定量评估的工作，发包人要求不仅应明确规定其产能、功能、用途、质量、环境、安全，并且要规定偏离的范围和计算方法，以及检验、试验、试运行的具体要求。

发包人要求中的技术标准是其中的核心内容，技术标准也可称技术规格书，是发包人对设计、采购等详尽的要求，用以控制工程品质及造价，约束工程总承包单位的设计、采购及施工等。

6.2.2 技术标准的内容与深度

技术标准应与工程总承包合同价格形式相协调，采用的合同价格形式将影响技术标准的作用和内容，如采用暂定总价、最终据实结算的模式，可适当简化技术规格书内容和深度，保留部分建设单位在实施过程中的决策权和变更权，激励总承包单位加大设计优化力度，同时减少变更风险。如采用固定总价合同，技术规格书中应明确限定性的要求。

技术标准以保证工程质量、限定最低标准为重点，其用途应是承上启下，把建设单位对本项目的建设标准、使用功能、建筑风格及美观要求准确、客观地体现出来，并传达给总承包单位。

技术标准与初步设计说明不同，技术标准不能将招标图设计说明进行简单复制，招标图设计说明确定做法、明确型号，技术标准侧重于关键要素的限定性要求，技术标准中所采用的标准等应当是现行有效的，在技术标准完成前，应进行逐一核查、更新、修正，技术标准应体现建设单位的建设意图和要求，对设备、部品等档次、品牌和供应商进行必要的范围限定，如卫生洁具可列出不少于3个品牌，如电梯选型，可限定电梯的用途（客梯还是货梯)、服务面积、候梯时间、电梯产品等级、拖动方式、控制方式、门的型式、电梯厅门装饰材料、地面、门套的选取要求、是否配置空调等。如卫生洁具，可限定标准、配套五金件品牌、节水认证等要求，体现管内壁涂釉率、吸水率、冲水量、水箱配件、冲水方式等参数。技术标准与招标图设计说明的有效协调与配合能够使建筑品质及功能的关键技术要点更加明确、更有约束性和有操作性。

技术标准中可以适当规定一些关键的节点做法，但应合理控制过于具体的有规定内容，以免审核工作量大，以及变更的风险加大，也不利于工程承包单位进行合理的设计优化。

以下提供某高层行政办公建筑工程总承包招标文件中主要设备选用表及电梯技术标准实例，用以体现技术标准的内容与深度情况。

【实例6-4】 某高层行政办公建筑工程总承包招标文件中主要设备选用表、电梯技术标准（部分内容）

1. 承包人负责采购的主要设备见表1（略去品牌及厂家）。

主要设备选用表　　　　　　　　　　　　　　　　表1

序号	设备名称	设备选用参考品牌及厂家				备注
1	潜水泵					
2	变频泵组					
3	生活给水泵组					
4	风口、风阀					
5	送排风风机					
6	防排烟风机、诱导风机					
7	空调机组、新风机组、新风热回收机组					
8	普通风盘					
9	多联机（VRV）					
10	配电箱、柜					
11	电缆					
12	BTLY电缆					
13	真空断路器					
14	低压配电屏					
15	框架式空气断路器					
16	模制外壳断路器					
17	报警阀组					
18	喷头					
19	室内消火栓					
20	水流指示器					
21	稳压水泵					
22	消防水泵					
23	信号阀					

2. 电梯技术标准

2.1 参考品牌：A、B、C、D、E、F等品牌，品牌供参考，实际选用不低于、不限于参考品牌。

2.2 电梯技术标准见表2。

电梯技术标准 表2

序号	技术标准项目	技术要求描述
一、主要部件（7项）		
1	整梯	整梯国内生产，电梯零部件须全部采用全新产品
2	使用寿命	在符合使用说明书及电梯使用规范要求的情况下使用且没有人为损坏，保证20年的使用寿命
3	主要部件	曳引机、控制主板、变频器、门电机、安全钳、限速器等主要部件达到国内先进技术水平，主要部件品质不低于参考品牌的品质
4	电源要求	三相交流380/220V±10%，50Hz−4%～+6%
5	传动装置	永磁同步无齿轮曳引机，符合GB/T 24478—2009电梯曳引机；钢丝绳符合GB/T 8903—2018电梯钢丝绳
6	驱动装置	交流变频变压调速（VVVF）
7	门机控制	交流变频驱动装置
二、运行功能（23项）		
8	控制方式	集选控制（1台电梯），并联控制（2台电梯集中布置），梯群控制（3台及以上电梯集中布置）
9	修正运行	电梯因电源扰动、断电或对电梯系统的通信干扰导致电梯停在两层之间，当电源恢复或干扰消失后，驱动系统会把电梯运行到最近楼层
10	电源相位故障检测	电源相位故障监测功能在电梯供电电源中一相或几相电压过低或断相时使用电梯停止运行；供电源正常时电梯恢复正常运行
11	关门按钮	当乘用/离开的乘客均已进/出轿厢后，轿厢内的乘客按关门按钮，使轿厢门立即关闭
12	开门按钮	按轿厢内的门按钮可以打开正在关闭的门，以防止乘客及物品被夹住
13	检修操作运行	在检修运行模式，按检修运行按钮电梯以限定速度运行。操作检查盒，可进行检修点动运行
14	内呼快速开关	当有新内呼信号登记时，处于打开位置的门快速关闭
15	外呼重新开关	当电梯门已关门，但未启动时，本层同方向的外呼信号能重新开门
16	轿厢照明主开关	安装在机房墙上的轿厢照明主开关，可以切断轿厢照明电源，或当轿厢照明漏电时，防止人员触电
17	电梯主开关	安装在机房墙壁上的电梯主开关，可以切断除电梯照明供电以外的其他电梯供电
18	自动返基站	当电梯空闲时，自动返回基站；电梯门关闭。具有基站呼叫优先功能
19	满载直驶	当电梯满载时，只响应内呼，不响应外呼
20	外呼登记显示灯	显示灯亮表示外呼信号已被登记。外呼信号已被服务时灯熄灭
21	轿厢位置指示	轿厢位置指示器显示轿厢所在的楼层区域
22	运动方向指示	方向箭头显示轿厢实际或将要运行的方向
23	内呼登记显示灯	显示灯亮表示内呼信号已被登记；内呼信号已被服务时灯熄灭
24	启动计数器	控制柜内的控制主板统计电梯从一层到另一层的累积起动次数

序号	技术标准项目	技术要求描述
二、运行功能（23 项）		
25	强制关门	如果电梯开门保持时间超过预定值，电梯暂时忽略非接触式门传感器（外呼按钮）的作用，强制关门
26	司机操作功能	此模式下，电梯不能自动关门，只能按压关门按钮，门关闭后，电梯方可响应内外呼登记
27	中文语音报站	电梯应具备中文语音报站功能
28	轿内误指令消除	电梯应具备轿内误指令消除功能
29	上下班高峰运行	电梯应具备上下班高峰错峰运行功能
30	主层站待机	电梯应具备主层站待机功能
三、应急功能（6 项）		
31	紧急电动运行功能	当允许的部分安全回路断开时，使用该组按钮可移动轿厢
32	同步运行	如果电梯丢失楼层位置信号，电梯自动返回端站进行同步校正
33	应急轿厢照明	在轿厢照明电源故障时，轿厢中一个独立的应急照明灯亮
34	应急电池供应	应急电池始终给电梯报警系统供电，并在轿厢照明电源故障时给轿厢应急照明灯供电。电池在电梯正常时自动充电，具电池状况及电量一直被监控
35	消防联动（适用于所有电梯）	当大楼火警探测器动作并给电梯指令后，电梯驶到疏散层，开门释放乘客；停梯等待直到火警信号结束，并提供消防强制返回疏散层回答信号接点
36	消防功能电梯	含消防功能的电梯应能每层停靠
		电梯从首层至顶层的运行时间不宜大于 60s
		在疏散层的入口处应设置消防操作装置
		当电梯消防开关动作后，电梯自动返回疏散层，开门释放乘客后，电梯转入消防员运行状态
四、安全功能（11 项）		
37	光幕保护	装于轿厢入口或轿厢门板上光幕，当红外光线被遮挡时，防止关门或重新打开正在关闭的门
38	运行时间监控	当控制系统检测到因电梯的轿厢、对重或其他任何运动部件卡滞而产生的曳引机运转时间超过了设定的时间，会使曳引机停止运转
39	缓冲器开关	当采用液压缓冲器时，缓冲器的安全开关，反馈缓冲器工作状况
40	轿门触点	用于监控轿门是否关好
41	底坑急停开关	按下井道底坑急停开关，可使电梯停止运行
42	轿顶急停开关	按下轿顶急停开关，可使电梯停止运行
43	轿厢限速器安全开关	限速器装有安全开关，当电梯速度超过允许值时会使电梯停止运行
44	安全钳安全开关	当安全钳动作时，与之联动的安全开关使电梯停止运行
45	限速器涨紧轮安全开关	当限速器钢丝绳松动弛、松开或断裂时，使该安全开关动作，电梯停止运行
46	超载停梯功能	轿厢载重超过电梯承重的 10%，电梯不能启动，电梯门开着，轿厢内的超载信号闪烁或警报器响，提示部分乘客离开轿厢
47	轿顶安全装置	轿顶带安全护栏及检修开关和检修灯
五、人机界面（4 项）		
48	呼梯装置	304 发纹不锈钢配液晶显示器、圆形不锈钢按钮，按钮居中
		集选电梯、并联电梯和群控电梯，每台电梯每层均应设置独立的显示器
		群控电梯设层站到站灯
		会议楼和展厅采用感应式按钮

序号	技术标准项目	技术要求描述
五、人机界面（4项）		
49	轿厢内操纵盘	1350kg及以上电梯设主副操纵盘；1350kg以下电梯仅设主操纵盘；无障碍电梯设置主操纵盘和残疾人操纵盘。主副操纵盘应采用一体式操纵盘，采用发纹不锈钢按钮。会议楼和展厅采用感应式按钮
50	厅站到站钟	厅站到站钟
51	无障碍电梯	无障碍电梯可直达各层，配置不锈钢圆形盲文按钮的残疾人操纵盘
六、通信监控（8项）		
52	五方对讲	五方对讲是指轿厢、轿顶、底坑、机房和中控室之间可以通话
		五方对讲总线制，每区含一个中控室主机
		电梯厂家负责电梯控制箱至电梯轿厢、井道内所有线缆预留，提供中控室电话机
		中控室至电梯控制箱弱电线缆由智能化施工单位施工
53	通话（含随行电缆）	控制室里的一个对讲机可以和多台电梯通话
54	物联网远程监控	电梯需具备远程监控功能，具备国际标准的弱电楼宇总线控制系统，预留RS485接口，满足弱电远程操控要求
55	电梯监视系统接口	预留电梯监视系统接口（楼控系统接口）并接线至控制柜，接口类型为RS485或TCP/IPBA，智能化单位从电梯控制柜接线至中控室
56	视频采集系统接口预留	预留视频采集系统安装条件，并布放数字网络信号视频随缆
57	数字视频电缆预留	电梯应预留数字视频电缆
58	轿厢外刷卡功能预留	所有能到达建筑物地下部分的电梯，在地下车库层站需具备轿厢外身份识别功能（轿厢外刷卡）
59	手机信号覆盖预留	预留手机信号放大设备安装条件，并免费提供现场配合工作
七、外观装饰（略）		

6.3 总承包项目设计管理的关注点

（1）在项目实践中，高层办公建筑工程实施工程总承包模式下的项目设计管理会遇到许多实际操作难题，总承包单位的综合能力尚需提升和发展，建设单位须重视和强化工程总承包项目设计管理以保证项目的功能、品质与建设效率，不能"一包了之"。

（2）工程总承包项目建设单位的设计管理可分为两阶段，建设单位在方案设计到招标图设计阶段能够较为直接地控制设计工作，工程总承包单位则直接负责招标图设计阶段之后的设计工作，建设单位应考虑自始至终有效控制设计工作及设计成果，可以采取包括设计成果阶段审查、设计成果验收、审查技术标准实施情况、审查总承包单位的优化设计成果等措施，避免工程设计失控。

本章介绍某高层行政办公建筑工程总承包项目设计管理实例，目的是提示建设单位充分重视工程总承包项目设计管理，并提供相关的工程总承包招标图深度规定、设计界面、合同条款编制及技术标准等供参考。

第7章　工程设计监理

国家标准《建设工程监理规范》GB/T 50319—2013 中设计阶段监理服务的主要内容为审查设计单位提交的设计成果并提出评估报告，评估报告的主要内容为设计深度的符合性、设计任务书的完成情况、有关部门审查意见的落实情况、存在的问题及建议等，本章的工程设计监理是指监理单位受建设单位的委托，依据有关法律、法规以及合同对工程设计进行的监督管理工作。

某高层行政办公建筑项目的建设单位在建设管理中组织实施了工程设计监理，在初步设计前完成了监理单位的招标，在监理合同中明确工程监理的工作内容，要求承担设计监理的单位具备相应的工程监理资质，在近两年时间的设计监理工作中，项目设计监理机构采取阶段跟踪审查、对比审查、重点审查等方式，对初步设计文件、EPC 总包招标设计文件、施工图设计文件、深化设计文件等开展设计监理工作，分阶段提交设计监理报告，参加设计例会、协调会及专家论证会等，取得了显著的设计监理成效。

本章结合某高层行政办公建筑项目实践，总结分析工程设计监理的工作内容、程序、方法及效果。

7.1 设计监理内容与要求

7.1.1 设计监理工作内容

按照监理合同的约定范围，一般包括设计人员、设计进度、设计质量、设计成果提交等内容，其中核心的工作内容为审查设计单位提交的设计成果并提出评估报告，评估设计深度的符合性、设计任务书的完成情况、有关部门审查意见的落实情况、存在的问题及建议等。在高层办公建筑项目管理实践中，各阶段设计监理工作内容及要求如下。

1. 初步设计阶段监理内容

（1）审查项目设计团队的人员配备和管理情况。

（2）审查初步设计文件的编制深度。

（3）审查初步设计阶段建筑功能、结构体系、功能系统等合理性和适用性，审查各专业设计文件的一致性。

（4）审查限额设计的执行情况，审查初步设计概算编制的完整性、概算计价的准确性。

（5）审查建设单位有关设计管理要求的执行情况。

（6）审查合同约定的其他内容等。

2. 施工图设计阶段监理内容

（1）审查项目设计团队的人员配备和管理情况。

（2）审查施工图设计文件的编制深度。

（3）审查施工图设计和专业设计阶段各专业设计图纸表达的正确性、闭合性、可实施性等设计质量通病。

（4）审查限额设计的执行情况，重点审查结构、机电设备、幕墙、装饰装修等。

（5）审查建设单位有关设计管理要求的执行情况。

（6）审查合同约定的其他内容等。

7.1.2 设计监理工作的基本要求

（1）监理单位对工程设计监理工作负责，按照法规、标准、监理委托合同开展设计监理工作，按合同要求分阶段及时提供工程设计监理审查报告和工作报告。

（2）监理单位设立工程设计监理管理部门，明确工程设计监理负责人，配备与工程规模、特点和技术难点相适应的专业监理人员，专业设计监理人员应包括建筑、结构、给排水、暖通空调、建筑电气、造价等。

（3）工程设计监理负责人对设计监理工作负总责，各专业设计监理人员对本专业的工程设计监理工作负责。工程设计监理人员应具备以下资格：工程设计监理负责人应具备高级职称，五年以上设计工作经验，具备注册建筑师、工程师或监理工程师等执业资格，专业设计监理人员应具备三年以上的专业设计工作经验。

（4）工程设计监理负责人应组织编制工程设计监理规划，必要时编制工程建设监理实施细则。

（5）监理单位在收到设计文件后的规定日期内，提交设计监理审查报告，审查报告应包括以下内容：工程设计概况、设计监理审查依据，设计监理审查工作内容，存在的问题及建议等。工程设计监理审查报告应由设计监理负责人签字并加盖执业资格印章。设计单位在收到工程设计监理审核报告后的规定时间内，向建设单位提交整改说明，明确审查报告中问题及建议的落实情况。

（6）设计单位向建设单位提供的设计文件，必须经过工程设计监理单位审查，未经审查的工程设计文件不得下发。

7.2 设计监理程序与方法

设计监理单位开展服务前，应进行工作准备策划并编制工作计划，工程设计监理负责人组织编制项目设计监理规划，由监理单位审批同意后报建设单位审查确认后实施。监理规划一般包括监理目标、工作依据、监理组织机构及人员配备、分工及岗位职责、监理工作制度、设计质量管理的方法和措施、设计进度管理的方法和措施、设计投资管理的方法和措施、设计监理工作流程、设计监理工作资料等内容。

以下提供某高层行政办公建筑工程设计监理规划实例，用以介绍设计监理工作的程序、方法、措施及重点等。

【实例7-1】 某高层行政办公建筑工程设计监理规划（部分内容）

1. 设计监理范围

某行政办公建筑标段范围内的设计阶段（初步设计和施工图设计）监理工作

2. 设计监理工作内容

2.1 初步设计图纸审核阶段

（1）依据现行国家及地方相关规范、最新政策、标准图集等相关文件仔细审查图纸。

（2）根据图纸所处阶段不同，对于方案图与初步设计图纸等文件的错漏碰缺等进行审核；对初步设计各专业图纸的矛盾、建筑功能、结构体系、管线综合等进行审核，并提出书面优化建议。

（3）审查初步设计单位提出的设计概算，提出书面审查意见，并报委托人。

（4）对初步设计合同履行审核。

（5）监理人应按初步设计合同的内容检查初步设计成果、设计深度、设计质量和设计进度是否与初步设计合同要求相符合，并督促初步设计单位履行初步设计合同。

（6）对初步设计文件验收。

（7）初步设计文件验收的主要工作是检查初步设计单位提交的初步设计文件组成是否齐全。所有文件都应有初步设计单位各专业设计、审核人员的签字盖章。监理人在验收时，按交图目录和规定的份数逐一检查清点，代委托人签收。

2.2 工程总承包招标阶段，配合委托人完成工程总承包招标所需的相关技术文件；包括但不限于：

（1）审核初步设计单位提供的工程总承包招标的资料（包括工程技术要求和有关说明文件、满足招标要求深度的相应的招标图纸、BIM模型、技术补充文件等）。

（2）协助编制工程总承包招标所需的发包人技术文件。

（3）协助委托人组织现场踏勘与答疑会。

2.3　工程总承包实施阶段

（1）审核施工图设计

① 组织初步设计交底；

② 依据现行国家及地方相关规范、最新政策、标准图集等相关文件仔细审查图纸；

③ 审核施工图设计是否符合《党政机关办公用房建设标准》；

④ 审查承包人提交的施工图与初步设计概算批复的差异并作出对比分析，提出书面审查意见，报委托人；

⑤ 审核施工图设计的内容和范围是否符合工程总承包合同要求；对施工图设计文件中出现的错误、遗漏、含糊、不一致、不适当或其他缺陷，应提出书面审核意见，并督促承包人改正。

（2）设计进度控制。审核承包人提供的设计进度计划并按照委托人的时间要求进行设计进度管理。发现承包人出图计划存在问题时，应及时提出，并要求承包人增加设计力量保障进度。

（3）设计质量控制：

① 审查承包人是否按合同约定及工作需要投入设计人员的情况；

② 检查承包人设计质量保证体系及措施落实情况；

③ 审查图面表达是否准确、清楚；

④ 审查各专业施工图是否协调一致；

⑤ 审查主要设备、材料性能及数量清单。

（4）设计变更管理：

① 对委托人提出的设计变更需求，监理人应对承包人提交的施工图以及不同施工方案的材料选择、施工方法、施工工艺等进行对比分析，同时还应对根据委托人变更需求调整后的图纸进行功能合理性、造价合理性、材料合理性、施工工艺合理性审核，并提出书面优化建议；对承包人提出的设计变更需求提出审查意见；

② 设计变更的审查要点：设计变更审查应从变更理由、论证方案、报审程序、工程数量及单价的核实、资料是否齐全等环节严格审查；

③ 监理人应做好变更资料的收集、整理工作，对变更原因、理由、方案比较、工程数量和单价的核实等作详细说明。

（5）协调各方关系。协调委托人与承包人及其他各单位（如：消防、人防、环保、大市政工程、供水、供电、供热等）的设计关系。

（6）设计阶段投资控制。执行限额设计，落实监理职责，监理人按照监理合同对施工阶段工程投资控制进行监督管理，定期将投资造价、设计变更及洽商等情况向建设单位报告。

（7）按监理规范要求保管一套所有的设计文件及过程资料。

3. 设计监理目标

（1）通过设计监理团队认真细致的设计监理工作，以获得建设单位满意、圆满履行《监理合同》为设计监理服务的总目标。

（2）根据建设单位与设计单位签订的《设计合同》，采取技术、管理、组织、合同措施，通过对设计全过程进行有效的目标控制，保证本工程的设计文件质量、进度和信息管理目标始终处于受控状态之下。

（3）做好相关设计单位与建设单位的组织协调工作，及时处理有关问题，使设计工作顺利进行。

（4）工程设计投资管理目标，通过限额设计、优化设计方案和设计概算审核，确保设计概算全面真实反映设计图纸内容，设计概算控制在投资估算内。

（5）配合建设单位完成工程总承包招标所需的相关技术文件，加强施工图预算审查，确保设计投资管理目标的实现。

4. 项目监理工作依据

（1）中华人民共和国相关法律、行政法规、部门规章、地方性法规和政府规章。

（2）本项目执行《工程建设监理规程》，本项目工程监理执行国家和行业标准和规范。

（3）本项目招标文件及国家有关工程建设强制性条件和关于设计方面的现行技术标准、规范、规程。

（4）本项目的设计和技术性文件（包括招标文件、初设图纸、技术规范、技术要求、工程地质勘察报告等），以及与此相关并经委托人确认的说明、会审记录等；有关工程洽商的技术洽商记录、会议纪要、设计修改和变更文件等。

（5）本合同以及之后所签订的补充协议或变更协议。

（6）建设单位与第三方签订的与监理服务相关的其他合同，包括但不限于本项目的承包合同、分包合同、加工订货合同、采购供应合同和咨询顾问合同，以及委托人与其他方签订的有关本项目的协议书、合同、备忘录，以及该合同、协议书、备忘录等的补充或变更协议等。

（7）本项目实施过程中的有关来往函件等。

（8）国家及地方现行的工程计价相关文件规定。

（9）建设单位针对本项目制定的各项规章制度及与本项目有关的其他文件。

5. 项目监理工作的主要法规、标准（略）

6. 项目设计监理组织机构

（1）本项目采用项目总监负责制的直线型组织结构，项目设计监理组织架构见图1。

（2）本项目按照合同及建设单位的管理办法配备设计监理人员，设计监理人员配备见表1。

7. 监理岗位职责

7.1 总监理工程师的岗位职责

（1）项目总监理工程师对本项目设计监理工作进行总体管理。

（2）确定设计监理机构人员的分工和岗位职责。

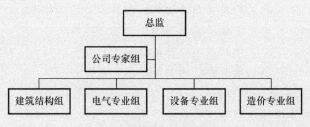

图1 项目设计监理组织架构

设计监理人员配备表 表1

序号	姓名	岗位/专业	职称	执业资格
1		总监	高级工程师	注册**工程师 注册**工程师
2		设计监理负责人	教授级高级工程师	注册**工程师
3		建筑专业	高级工程师	注册**工程师
4		结构专业	高级工程师	注册**工程师
5		电气专业	高级工程师	注册**工程师
6		暖通专业	高级工程师	注册**工程师
7		给排水专业	高级工程师	注册**工程师
8		造价专业	高级经济师	注册**工程师

（3）主持编写项目设计监理规划，审批设计监理实施细则，并负责设计监理机构的日常工作。

（4）检查和监督设计监理人员的工作，根据设计项目监理的进展情况进行人员调配，对不称职的人员应调换其工作。

（5）主动与建设单位及相关方沟通，征求改进服务工作的意见，提出改进方案，经批准后执行。

（6）审核初步设计，督促设计单位按合同规定的日期保质保量地提交设计图纸；对图纸及设计概（预）算进行审核。

（7）组织编写并签发监理月报、监理工作阶段报告和项目监理工作总结。

7.2 项目设计监理负责人岗位职责

（1）负责项目总体设计技术的协调，协助建设单位做好施工单位与设计单位的技术协调工作。

（2）组织各专业设计监理工程师审核各自专业的初步设计和施工图设计的图纸，并负责所提出的审核意见在设计单位的落实。

（3）主持、参加设计监理工作会议，协调解决设计过程中出现的问题，必要时组织召开专家评审会，提交评审报告，协助设计单位进行设计修改，确保设计工作顺利进行。

（4）主持收集相关资料，调查了解情况，进行分析论证，协助建设单位编制设计工作报告并提出项目的设计要求等文件。

(5) 组织设计单位提交的设计文件验收，出具书面验收意见。

(6) 在工程招投标阶段，协助建设单位编制招标技术文件。

(7) 组织编写、签发设计监理工作阶段报告。

(8) 负责组织对归档的监理资料的收集、审查和归档。

7.3 专业设计监理工程师岗位职责

(1) 负责本专业设计监理工作的具体实施。

(2) 审查本专业的初步设计和施工图设计图纸，并提出审核意见。

(3) 协调处理解决本专业设计技术问题。

(4) 协调本专业与其他专业工程的交叉或冲突问题。

(5) 在招标工作中，协助建设单位确定本专业材料设备的选型配置并解决其技术问题。

(6) 负责处理本专业设计变更的确认，并在施工中的落实。

(7) 审查投资估算、设计概算和施工图预算等造价文件中本专业编制的完备性和合理性，提出审核意见。

(8) 定期向总监提交本专业设计监理工作实施情况报告，对重大问题及时向总监请示和汇报。

(9) 负责本专业设计监理资料的收集、整理，参与编制设计监理月报和设计监理工作总结。

7.4 造价工程师岗位职责

(1) 负责审查投资顾问提交的设计概算和施工图预算，并提出审核意见。

(2) 协助建设单位进行招标工作，确定工程总投资及各专业分包的造价并控制执行。

(3) 协助建设单位审核投标单位的投标报价，参与评标、决标及中标后合同洽谈等工作中的审价工作。

(4) 负责审查本项目工程计量和造价管理工作，审核承建商工程进度用款和材料采购用款计划，严格控制投资。

(5) 编制工程投资完成情况的图表，及时进行投资跟踪。

(6) 对有争议的计量计价问题提出处理意见，提出索赔处理意见，对工程变更对投资的影响提出意见。

(7) 负责审核承建商提交的竣工结算。

(8) 收集、整理投资控制资料，参与编制设计监理月报和设计监理工作总结。

8. 设计监理的工作制度

8.1 会议制度

8.1.1 监理例会

(1) 监理例会按约定定期召开，由总监理工程师主持，建设单位、设计单位各方沟通情况、交流信息、协调处理、研究解决设计过程中存在的问题。

(2) 监理例会参加人员：总监理工程师、设计监理负责人及有关监理工程师；设计单位项目负责人及各专业设计负责人；建设单位代表及有关人员。

（3）例会由指定的监理人员记录，并整理会议纪要，经总监理工程师审阅，与会各方代表会签后发放，发放应有签收手续。

8.1.2 专题设计会议

（1）为解决专项设计问题召开专题设计会议，包括技术方案会议、各专业设计专题会议、设计协调会议等。

（2）会议由设计监理负责人或授权专业设计监理工程师等主持，专题设计会议应做好会议记录，并整理会议纪要，由会议主持人审阅，与会各方代表会签后发放有关各方，发放应有签收手续。

8.2 设计监理工作月报和工作总报告制度

8.2.1 监理月报

设计监理部每月提交设计监理工作月报，月报的主要内容包括：设计单位当月完成的工程勘测设计任务情况、设计质量与工作进度控制情况，合同执行情况，重要事件、现场会议及来往信函文件情况，设计监理当月主要工作情况以及工程设计、设计监理、建设管理等方面存在的问题及工作建议。重大问题必要时可提出专题报告报送建设单位。通过工作月报，建设单位可以全面了解掌握项目设计工作进展情况和设计监理工作情况。

8.2.2 工作报告

设计监理工作全部完成后，编制设计监理工作报告书提交给建设单位，对各设计阶段的设计监理内容、设计监理结果以及设计监理建议进行汇总，对设计监理工作进行全面总结。

8.3 设计审查制度

初步设计阶段，审核侧重于工程项目所采用的技术方案是否符合方案设计和设计任务书的要求，并根据限额设计要求，审查设计概算的合理性，并控制其中投资估算范围内。

施工图设计阶段，通过中间阶段性验收，侧重施工图设计规范性、标准性以及各专业协调一致性审查，并及时与设计人员沟通、协商解决设计中存在的问题，提醒设计人员进行限额设计，审查时结合初步设计图纸及概算，使施工图预算控制在设计概算范围内。

8.4 设计图纸会审制度

设计监理工程师在收到初步设计和施工图设计文件、图纸，在工程开工前，会同施工及设计单位复查设计图纸，广泛听取意见，避免图纸中的差错、遗漏。

8.5 工程设计变更审批制度

如因设计图错漏，或发现实地情况与设计不符时，由提议单位提出变更申请，经施工、设计、监理三方会审同意后进行变更设计，设计完成后由设计组填写变更设计通知单，建设单位审核无误签发《设计变更令》。

8.6 信息和资料管理制度

在监理工作过程中，根据项目监理机构信息档案管理制度，做好文件、资料及各种信息的收集处理工作，确保项目监理机构档案的齐全、完整与系统。

参照按监理单位发布的规范及标准清单，核对本项目的文件和资料，保证使用有效版本。

重点加强对设计文件及变更洽商的管理，建立台账及收发记录，对变更洽商及时标注在施工图纸上，对作废的文件和资料要及时撤出并登记，以防误用。严格执行监理单位《项目监理机构设计文件管理工作要求》。

监理资料应按单位工程建立档卷盒，分专业存放管理并应用计算机进行管理。

监理资料的收发、借阅必须通过资料管理人员履行手续，项目监理机构发出的资料文件及外来的各类文件资料均进行编号，分类保管。

9. 设计质量管理内容、方法和措施

设计质量主要体现在设计文件应满足建设单位所需的功能和使用价值，符合建设单位投资的意图，其次体现设计文件是否完全遵守有关城市规划、环保、节能、消防、人防、园林、防灾、安全等一系列的技术标准、规范、规程。

9.1 设计质量管理的主要工作内容

9.1.1 初步设计阶段

(1) 审查项目设计团队的人员配备和管理情况。

(2) 审查初步设计文件的编制深度。

(3) 审查初步设计阶段建筑功能、结构体系、管线综合等的合理性和适用性，审核各专业间设计文件的一致性。

(4) 审核限额设计的执行情况，重点审核初步设计概算编制的完整性、概算计价的准确性。

(5) 审查建设单位有关设计管理要求的执行情况。

(6) 审查合同约定的其他内容。

9.1.2 施工图设计阶段

(1) 审查项目设计团队的人员配备和管理情况。

(2) 审查施工图设计文件的编制深度。

(3) 审查施工图设计和专业设计阶段各专业设计图纸图面表达的正确性、闭合性、可实施性等设计质量通病。

(4) 审核限额设计的执行情况，重点审查结构、机电设备、外幕墙、装饰装修等重要分部分项。

(5) 审查建设单位有关设计管理要求的执行情况。

(6) 审查合同约定的其他内容。

9.2 工程设计可能存在的主要问题分析

(1) 设计单位的工程设计质量较差。在工程建设时许多设计问题在施工过程中暴露出来，必须对设计进行补充、变更和修改，造成施工单位的停工待图现象，甚至有些设计问题却是部分工程施工完毕后才发现，必须拆除重做。

(2) 设计单位对造价和工期不关心。设计单位重点关心的是工程设计安全问题，而对于在不影响或不严重影响工程质量的前提下，对任何增加投资、资金损失和浪费却漠不关心。

（3）设计人员设计思想过于保守。设计单位在考虑工程项目的可靠性、安全性、实用性等方面经常过分谨慎，加大安全系数，甚至对于那些并不能增强结构而投资却很大的做法，不假思索地加以采用，在公用工程及配套工程上采用大而全的设计，这些都大大加大了工程的投资。

9.3 设计质量管理工作程序、方法

（1）组织有建筑、结构、水电、环保、节能专家组成的专家顾问团队参加设计管理工作。

（2）收集和审查设计基础资料的正确性和完整性。

（3）编制设计任务书。

（4）组织设计监理公司人员学习和理解设计合同，找出执行合同的重点和难点，并对合同进行风险分析，提出防止风险的预案，报建设单位。

（5）审查设计单位和设计人员的资质，审查设计人员是否和设计投标文件和设计合同约定保持一致。

（6）督促设计单位完善质量体系，建立内部专业交底及会签制度。

（7）进行设计质量跟踪检查，控制设计图纸的质量，在跟踪检查过程中，填写设计跟踪检查记录单，对发现的问题、处理方案、整改结果作详细记录，并报建设单位备案。

（8）建立项目设计协调程序，在施工图设计阶段进行设计协调，使总体设计和各专业深化设计之间相互配合、衔接，及时消除隐患。

（9）审核施工图设计，并根据需要提出修改意见，确保设计质量达到设计合同要求及获得政府有关部门审查通过，确保施工进度计划顺利进行。

（10）审核特殊专业设计的施工图纸是否符合设计任务书的要求，是否满足施工的要求。

（11）组织专家顾问对施工图设计进行评审。

（12）施工图设计完成之后，组织建设单位、设计单位及相关协作单位对施工图设计进行检查验收。

（13）监督施工图审查单位审查意见的整改落实。

9.4 设计质量管理措施

（1）分阶段编制符合本项目需要的设计任务书。在各个设计阶段前编制一份好的设计任务书，分阶段提交给设计单位，明确各阶段设计要求和内容，是设计阶段进行质量控制的主要手段。设计任务书的编制是一个对工程项目的目标、内容、功能、规模和标准进行研究、分析和确定的过程。因此，设计阶段需要做好设计任务书的编制。设计任务书一般要包括以下内容：项目组成结构，项目的规模，项目的功能，设计的标准和要求，项目的目标，其中设计的要求是设计任务书的核心内容。

（2）要求设计单位加强工程设计的标准化工作。要求设计单位严格按照国家、行业设计标准和规范开展设计工作。凡是列入强制性条文的所有条文，要求设计单位必须严格执行，否则就会为工程带来一定的隐患，给建设单位和人民生命财产造成一定的损失甚至重大损失。

（3）督促设计单位严格执行设计成果校审制度、会签制度。设计文件校审是对设计所作的逐级检查和验证检查，以保证设计满足规定的质量要求。设计校审应按设计过程中规定的每一个阶段进行，对阶段性成果和最终成果质量进行严格校审，具体包括对计算依据的可靠性，成果资料的数据和计算结果的准确性，论证证据和结论的合理性，现行标准规范的执行，各阶段设计文件的内容和深度，文字说明的准确性，图纸的清晰与准确，成果资料的规范化和标准化等内容的校审。

设计文件的会签是保证各专业设计相互配合和正确衔接的必要手段。通过会签，可以消除专业设计人员对设计条件或相互联系中的误解、错误或遗漏，是保证设计质量的重要环节。在设计监理过程中要审查设计单位是否已经建立了设计成果校审制度、会签制度等内部质量控制制度，是否按照设计成果校审制度、会签制度等严格执行，确保设计单位自身严把设计质量关。

（4）鼓励设计单位开展设计创新。鼓励设计单位和设计人员增强创新意识，积极吸收应用新技术、新工艺，提出合理化建议，促进设计质量的提高，保证工程设计合理、先进，符合国家、行业设计标准和规范。

（5）做好设计过程中的沟通工作。主动与建设单位沟通，及时了解和掌握建设单位的设计需求变化，对建设单位的要求和意见要及时与设计单位沟通、研究贯彻。同时及时传递设计信息，使建设单位掌握设计动态。要与建设单位充分协商，取得一致意见，保证对设计单位口径一致，有利于设计监理顺利进行。

9.5 初步设计质量控制具体措施

（1）审核初步设计阶段的设计成果，提出评估报告。

（2）审核设计概算的合理性和准确性，并提出审核报告。

（3）应建设单位要求协助组织初步设计的专家会审和整理及提出会审报告。

（4）监督设计单位根据评审结论对设计文件进行修改。

9.6 初步设计质量控制审核要点

（1）初步设计阶段设计图纸的审核侧重于工程项目所采用的技术方案是否符合方案设计和设计任务书的要求，是否符合有关部门的审批意见和设计要求。

（2）工艺流程、设备选型先进性、适用性、经济合理性。

（3）建设法规、技术规范和功能要求的满足程度。

（4）技术参数先进合理性与环境协调程度，对环境保护要求的满足情况。

（5）设计深度是否满足初步设计阶段的要求。

（6）采用的新技术、新工艺、新设备、新材料是否安全可靠、经济合理。

9.7 施工图设计的质量控制具体措施

（1）督促并控制设计单位按照委托设计合同约定的日期，保质、保量、准时交付施工图。

（2）对设计过程进行跟踪监督，必要时，会同建设单位组织对单位工程施工图的中间检查验收，并提出评估报告。其主要检查内容为：

① 设计标准及主要技术参数是否合理；

②　是否满足使用功能要求；

③　地基处理与基础形式的选择；

④　结构选型及抗震设防体系；

⑤　建筑防火、安全疏散、环境保护及卫生的要求；

⑥　其他需要专门审查的内容。

（3）　审核设计单位交付的施工图，并提出评审验收报告。审核内容包括：

①　图纸的规范性。审查图纸是否符合设计大纲要求的规格和标准。如图纸的编号、名称、设计人、校核人、审定日期、版次等栏目是否齐全；

②　建筑造型与立面设计。考察在建筑造型与立面设计方面是否体现选定的设计方案风格；

③　平面设计。包括房间布置、面积分配、楼梯布置、总面积满足情况；

④　空间设计。包括层高、空间利用情况等；

⑤　装修设计。包括外立面、内墙、楼地面、吊顶装修设计标准及协调性，满足建设单位装修要求情况；

⑥　设备设计。包括设备的布置、选型；

⑦　满足城市规划、环境、消防、卫生等部门的要求情况；

⑧　各专业设计的协调一致情况。审查建筑、结构、水电等专业设计之间是否存在尺寸不一致等情况；

⑨　施工可行性。审查设计的施工可行性，例如：技术、设备与当前施工水平的适应情况。

（4）　根据国家有关法规的规定，将施工图报送当地政府建设行政主管部门指定的审查机构进行审查，并根据审查意见对施工图进行修正。

9.8　组织设计单位完成设计交底

施工图完成并经审查合格后，组织设计单位在设计文件交付施工时，按法律规定的义务就施工图设计文件向施工单位和监理单位作出详细的说明。设计交底应在施工开始前完成。设计交底的目的：

（1）　使施工单位和监理单位正确贯彻设计意图。

（2）　加深对设计文件特点、难点、疑点的理解。

（3）　掌握关键工程部位的质量要求，确保工程质量。

设计监理项目部要组织设计单位做好交底准备，并对会审问题清单拟定解答。设计交底以会议形式进行，先进行设计交底，后转入图纸会审问题解释。通过设计、监理、施工三方或参建多方研究协商，确定存在的图纸和各种技术问题的解决方案。

设计交底应由设计单位整理会议纪要，图纸会审应由施工单位整理会议纪要，与会各方会签。设计交底与图纸会审中涉及设计变更的尚应按监理程序办理设计变更手续。设计交底会议纪要、图纸会审会议纪要一经各方签认，即成为施工和监理的依据。

9.9　设计变更控制

为了保证建设工程的质量，设计监理单位和监理单位应对设计变更进行严格控制，并注意以下几点：

（1）应随时掌握国家政策法规的变化，特别是有关设计、施工的规范、规程的变化，有关材料或产品的淘汰或禁用，并将信息尽快通知设计单位和建设单位，避免产生设计变更的潜在因素。

（2）加强对设计阶段的质量控制。特别是施工图设计文件的审核。

（3）对建设单位和承包单位提出设计变更要求进行统筹考虑，确定其必要性，同时将设计变更对建设工期和费用的影响分析清楚并通报给建设单位，非改不可的要调整施工计划，以尽可能减少对工程的不利影响。

（4）建立设计变更程序，以明确责任，减少索赔。设计变更可能由设计单位自行提出，也可能由建设单位提出，还可能由承包单位提出，不论谁提出都必须征得建设单位同意并且办理书面变更手续，凡涉及施工图审查内容的设计变更，必须报请原审查机构审查后再批准实施。设计阶段设计变更由设计监理单位负责控制，施工阶段设计变更由监理单位负责控制。

10. 设计进度管理内容、方法和措施

10.1 设计进度控制目标

根据本工程项目的总控制进度计划，制定设计阶段的阶段进度控制点，并以此要求设计单位根据合同要求提出设计总进度控制计划、设计准备工作计划，方案设计、初步设计、施工图设计等设计工作进度计划。设计进度作业计划，设计监理工程师审查并督促其实施，及时进行计划进度与实际进度的比较。出现偏差时要求设计单位进行调整，以保证工程项目在规定期限内竣工并投入使用。

10.2 设计进度控制的方法

设计监理单位应按照设计合同总进度控制目标的要求，对设计方的进度实行动态的监控：

（1）首先审查设计单位编制的进度计划的合理性和可行性，是否包括各种不利的因素（如节假日、天气情况、人员流动、疫情防控等）。

（2）在设计进度计划实施过程中，设计监理单位对设计方在各阶段填写的设计图纸进度表进行核查分析。

（3）检查设计文件是否满足设计输入的要求，如规划红线、地形图、测量图、地质资料，各种设计依据的批文（包括投资、规划、消防、卫生等部门）。

（4）设计监理单位定期检查设计工作的实际完成情况，并与计划进度进行比较分析，一旦发现偏差，及时组织设计单位分析原因，采取有针对性的纠正措施进行整改。必要时，应对原进度计划进行调整或修订，以满足总的设计进度控制要求。

（5）实施有效的进度控制，除了要确定项目进度的总目标，还需要明确各阶段、各级分目标。

（6）协助设计方尽量减少设计过程中的设计变更，避免设计返工等重复工作，把问题解决在设计过程中，以免影响设计进度。

11. 设计投资管理内容、方法和措施

11.1 设计投标控制目标

设计阶段的工程造价控制目标：通过限额设计、优化设计方案和设计概算审核，确保设计概算全面真实反映设计图纸内容，设计概算控制在投资估算内。

11.2 设计阶段投资控制工作方法、措施

（1）限额设计管理

限额设计是就是按照设计任务书批准的投资估算额进行初步设计，按照初步设计概算造价限额进行施工图设计，按施工图预算造价对施工图设计的各个专业设计文件作出决策。在整个设计过程中设计人员与造价管理人员密切配合，做好技术与经济的统一。

设计监理单位将积极推行限额设计，在保证使用功能的前提下，通过优化设计，促进精心设计，使技术与经济紧密结合。限额设计管理的主要措施如下：

① 设计合同中要设专门条款予以明确，并且要求设计单位采用限额设计，并将限额设计与设计费挂钩，建立健全奖惩制度。设计单位在保证工程安全和不降低工程功能的前提下，采用新材料、新工艺、新设备、新方案节约投资的，应给予一定奖励，反之则视其超支情况扣减相应比例的设计费。

② 设计监理单位将检查本工程设计单位配备的项目组成员情况，确保设计单位为本项目同时配备设计技术人员和造价人员，造价人员应全程跟踪设计，设计技术人员和造价人员随时密切配合。

③ 协助建设单位确定合理的限额设计目标值。限额设计目标值应是对整个建设项目进行投资分解后，对各个单项工程、单位工程、分部分项工程的技术经济指标提出科学、合理、可行的控制额度。

④ 监督设计单位是否按照限额设计的流程进行限额设计。包括监督设计单位是否将限额分解到各个专业、各单项工程和单位工程，是否将责任落实到各专业、各位设计人员；协助设计人员认真研究实现限额的可能性，切实进行多方案比选，对技术经济方案的关键设备、方案和各项费用指标进行比较和分析，协助设计单位选出既能达到工程要求又不突破投资限额的初步设计方案，在此基础上完成施工图设计。

⑤ 在设计进展过程中及各阶段设计完成时，要求设计人员主动地对已完成的图纸内容进行估价，并与相应的概算、预算进行比较对照，若发现超投资情况，找出其中原因，并向建设单位提出建议，从而在建设单位授权后，指示设计人员修改设计，使投资降低到投资额内。必须指出，未经建设单位同意，设计人员无权提高设计标准和设计要求。

⑥ 在初步设计阶段要求设计人员重视方案选择，设计概算必须控制在设计任务书批准投资限额内。在施工图设计阶段要求设计人员要掌握施工图设计造价变化情况，严格按批准的初步设计确定的原则、内容、项目和投资额进行设计。但在设计过程中由于条件改变对设计局部修改、变更是正常现象。如果对初步设计有重大的变更时，则需通过原初步设计进行调整，重新调整投资控制额。

（2）审查设计概算，提高概算精度

① 审查设计概算的编制依据：审查编制依据的合法性、时效性、适用范围。

② 审查概算编制深度：审查编制说明、审查概算编制深度、审查概算的编制范围。

③ 审查工程概算的内容：审查编制方法、计价依据和程序是否符合现行规定，包括定额或指标的适用范围和调整方法是否正确。

审查工程量是否正确。工程量的计算是否根据初步设计图纸、概算定额、工程量计算规则和施工组织设计的要求进行，有无多算、重算和漏算，尤其对重要指标进行重点审查。

审查材料用量和价格。审查主要材料的用量数据是否正确，材料预算价格是否符合工程所在地的价格水平，材料价差调整是否符合现行规定及其计算是否正确等。

审查设备规格、数量和配置是否符合设计要求，是否与设备清单相一致，设备预算价格是否真实，设备原价和运杂费的计算是否正确，非标准设备原价的计价方法是否符合规定，进口设备的各项费用的组成及其计算程序、方法是否符合国家主管部门的规定。

审查综合概算、总概算的编制内容、方法是否符合现行规定和设计文件的要求，有无设计文件外项目，有无将非生产性项目以生产性项目列入。

审查技术经济指标。技术经济指标计算方法和程序是否正确，综合指标和单项指标与同类型工程指标相比，是偏高还是偏低，其原因是什么并予纠正。

12. 设计监理工作流程图（略）

13. 设计监理工作记录

设计监理审核记录见表 2。

设计监理审核记录　　　　　　　　　　　　　　　　　表 2

专业：　　　　　　　　　　　　　　　　日期：

工程名称		编号	
设计阶段	方案设计深化□ 初步设计□ 施工图设计□		
监理项目负责人			

图号	审核意见	处理结果

7.3　设计监理措施与实施效果

（1）在工程设计监理实践中，监理工作应密切围绕保证建筑功能、控制建筑品质这两个核心，在初步设计及后续阶段的设计监理中采取设计文件审查、造价文件复核等技术管理措施有效开展监理工作，通过审查设计文件的依约与合规性，审查各专业设计文件的一致与协调性，审查设计文件的可实施性等方面可以发挥设计监理作用，取得显著效果。

（2）工程设计监理作为阶段性的、有限度的项目设计管理，难以实现项目设计管理的全部职能。方案设计阶段对工程投资有着决定性影响，如果设计监理介入工程管理阶段较晚，未参与投资决策阶段工作，未参与工程总体目标策划等工作，未全面参与设计招标工作，难以对设计工作实施总体性的目标控制，对初步设计阶段及以后的工程投资控制难以发挥实际作用。

以下提供某高层行政办公建筑设计监理工作总结实例，用以体现设计监理工作过程及工作效果的实际情况。

【实例7-2】 某高层行政办公建筑设计监理工作总结（部分内容）

1. 开展的设计审查情况及发现问题

从开展设计监理工作以来，首先对设计单位设计人员配置及人员资质进行了审查，设计团队的配置和能力均满足设计任务要求。对该标段的初步设计、招标图设计、施工图设计、专项设计及其他设计问题等开展设计监理工作，设计监理的审查报告目录见表1。

某标段设计监理审查报告目录 　　　　　　　　　　　　　　　　表1

编号		报告名称	提交时间	意见条数	应落实数	备注
初-1		初步设计阶段				
		某标段初步设计初审报告	20＊＊年06月01日	合计429	429	已全部落实
	附件1	设计监理审核记录 SYSH-0A-造价01	20＊＊年04月07日	41	41	
	附件2	设计监理审核记录 SYSH-0B-造价01	20＊＊年04月07日	38	38	
	附件3	设计监理审核记录 SYSH-0A-结构01	20＊＊年04月07日	26	26	
	附件4	设计监理审核记录 SYSH-0B-结构01	20＊＊年04月07日	21	21	
	附件5	设计监理审核记录 SYSH-0A-建筑01	20＊＊年04月07日	20	20	
	附件6	设计监理审核记录 SYSH-0B-建筑01	20＊＊年04月07日	21	21	
	附件7	设计监理审核记录 SYSH-0A/0B-电气01	20＊＊年04月07日	20	20	
	附件8	设计监理审核记录 SYSH-0A-暖通01	20＊＊年04月07日	29	29	
	附件9	设计监理审核记录 SYSH-0B-暖通01	20＊＊年04月07日	28	28	
	附件10	设计监理审核记录 SYSH-0A-给排水01	20＊＊年04月07日	36	36	
	附件11	设计监理审核记录 SYSH-0B-给排水01	20＊＊年04月07日	34	34	
	附件12	设计监理审核记录 SYSH-0B-综合01	20＊＊年04月13日	51	51	
	附件13	设计监理审核记录 SYSH-0A-综合01	20＊＊年04月14日	49	49	
	附件14	某标段可研估算与设计概算梳理情况汇报	20＊＊年04月15日	15	15	

初步设计阶段						
编号	报告名称		提交时间	意见条数	应落实数	备注
初-2	某标段初步设计终审报告		20＊＊年09月06日	0	0	已全部落实
初-3	A、B地块工程总承包招标文件审查意见		20＊＊年06月19日	33	33	已全部落实
初-4	技术规格书审查记录(20＊＊0703)		20＊＊年07月03日	11	11	已全部落实
招-1	某标段招标图文件审查记录		20＊＊年07月05日	合计243	243	已全部落实
	附件1	设计监理审核记录 SYSH-0A-水暖01	20＊＊年07月04日	18	18	
	附件2	设计监理审核记录 SYSH-0B-水暖01	20＊＊年07月04日	17	17	
	附件3	设计监理审核记录 SYSH-0A-结构01	20＊＊年07月05日	18	18	
	附件4	设计监理审核记录 SYSH-0B-结构01	20＊＊年07月05日	18	18	
	附件5	设计监理审核记录 SYSH-0A-建筑01	20＊＊年07月05日	56	56	
	附件6	设计监理审核记录 SYSH-0B-建筑01	20＊＊年07月05日	59	59	
	附件7	设计监理审核记录 SYSH-0A/0B招标图-电气01	20＊＊年07月05日	13	13	
	附件8	设计监理审核记录 SYSH-0A-06造价	20＊＊年07月05日	21	21	
	附件9	设计监理审核记录 SYSH-0B-07造价	20＊＊年07月05日	23	23	
招-2	室内、景观、泛光设计方案审核及测算记录			合计56	56	已全部落实
	附件1	设计监理审核记录 SYSH-0A/0B - 室内01	20＊＊年07月09日	8	8	
	附件2	设计监理审核记录 SYSH-0A/0B - 景观01	20＊＊年07月09日	13	13	
	附件3	设计监理审核记录 SYSH-0A/0B - 照明01	20＊＊年07月09日	4	4	
	附件4	设计监理审核记录 SYSH-0A-07造价	20＊＊年07月10日	9	9	
	附件5	设计监理审核记录 SYSH-0B-08造价	20＊＊年07月10日	12	12	
	附件6	设计监理审核记录 SYSH-0A/0B - 0811 室内、景观、泛光	20＊＊年08月11日	10	10	

		初步设计阶段			
编号	报告名称		提交时间	意见条数	应落实数	备注

编号	报告名称		提交时间	意见条数	应落实数	备注
招-3	设计监理审核记录 SYSH-BIM 01		20＊＊年07月21日	12	12	已全部落实
招-4	设计监理审核记录 SYSH-0A/0B 钢结构斜撑、桁架及露台边梁		20＊＊年08月11日	6	6	已全部落实
招-5	基坑支护设计审核记录		20＊＊年08月25日	合计16	16	已全部落实
	附件1	设计监理审核记录 SYSH-基坑01	20＊＊年08月18日	10	10	
	附件2	基坑支护设计审查意见(二)	20＊＊年08月25日	6	6	
招-6	设计概算批复后调整初步设计图纸及概算审查记录		20＊＊年06月01日	22	22	已全部落实

		施工图阶段				
编号	报告名称		提交时间	意见条数	应落实数	备注
施-1	某标段施工图设计初审报告		20＊＊年01月22日	合计560	560	已全部落实
	附件1	设计监理审核记录 SYSH-0A-建筑	20＊＊年09月24日	26	26	
	附件2	设计监理审核记录 SYSH-0B-建筑	20＊＊年09月24日	43	43	
	附件3	设计监理审核记录 SYSH-0A、0B-结构01	20＊＊年09月29日	54	54	
	附件4	设计监理审核记录 SYSH-0A、0B-暖通01	20＊＊年09月29日	16	16	
	附件5	设计监理审核记录 SYSH-0A、0B-给排水01	20＊＊年09月29日	18	18	
	附件6	设计监理审核记录 SYSH-0A、0B-电气01	20＊＊年09月29日	37	37	
	附件7	施工图设计总体审查意见	20＊＊年10月13日	38	38	
	附件8	设计监理审核记录 SYSH-0A、0B-结构02	20＊＊年10月13日	10	10	
	附件9	设计监理审核记录 SYSH-0A、0B-建筑02	20＊＊年10月13日	6	6	
	附件10	设计监理审核记录 SYSH-0A、0B-电气02	20＊＊年10月13日	27	27	
	附件11	设计监理审核记录 SYSH-0A、0B-设备02	20＊＊年10月13日	8	8	
	附件12	设计监理审核记录 SYSH-0A、0B-结构03	20＊＊年10月22日	19	19	
	附件13	设计监理审核记录 SYSH-0A-结构04	20＊＊年11月12日	29	29	
	附件14	设计监理审核记录 SYSH-0B-结构04	20＊＊年11月12日	30	30	

施工图阶段					
编号	报告名称		提交时间	意见条数	应落实数	备注

编号		报告名称	提交时间	意见条数	应落实数	备注
施-1		某标段施工图设计初审报告	20**年01月22日	合计560	560	已全部落实
	附件15	设计监理审核记录 SYSH-0A、B-电气03	20**年11月13日	57	57	
	附件16	设计监理审核记录 SYSH-0A-建筑04	20**年11月14日	43	43	
	附件17	设计监理审核记录 SYSH-0B-建筑04	20**年11月14日	37	37	
	附件18	设计监理审核记录 SYSH-0A、B-给排水03	20**年11月14日	12	12	
	附件19	设计监理审核记录 SYSH-0A、B-暖通03	20**年11月14日	24	24	
	附件20	设计监理审核记录 SYSH-0A、B-BIM	20**年12月11日	26	26	
施-2		某标段施工图设计终审报告	20**年08月06日	824	824	已全部落实
	附件1	A、B地块照明系统节能设计情况监理审核意见	20**年03月29日	4	4	
	附件2	设计监理审核记录 SYSH-0A、0B-综合	20**年04月13日	5	5	
	附件3	设计监理审核记录 SYSH-0A、B-信息化-01	20**年05月06日	8	8	
	附件4	设计监理审核记录 SYSH-0A、B-卫生间视线	20**年05月21日	2	2	
	附件5	FZX-0901-0A地块地下部分初审意见书	20**年10月29日	248	248	
	附件6	FZX-0901-0A地块地上部分初审意见书	20**年12月14日	142	142	
	附件7	FZX-0901-0B地块地下部分初审意见书	20**年10月29日	233	233	
	附件8	FZX-0901-0B地块地上部分初审意见书	20**年12月11日	155	155	
	附件9	FZX-0901-0A地块地下部分复审意见书	20**年11月05日	14	14	
	附件10	FZX-0901-0A地块地上部分复审意见书	20**年12月21日	3	3	
	附件11	FZX-0901-0B地块地下部分复审意见书	20**年11月05日	10	10	
	附件12	FZX-0901-0B地块地上部分复审意见书	20**年12月18日	0	0	
	附件13	0A地下部分消防审查告知书(合格证)	20**年11月10日	0	0	

施工图阶段

编号	报告名称		提交时间	意见条数	应落实数	备注
施-2	某标段施工图设计终审报告		20＊＊年08月06日	824	824	已全部落实
	附件14	0A地下部分综合审查告知书(合格证)	20＊＊年11月10日	0	0	
	附件15	0B地下部分消防审查告知书(合格证)	20＊＊年11月12日	0	0	
	附件16	0B地下部分综合审查告知书(合格证)	20＊＊年11月12日	0	0	
	附件17	0A地上部分消防审查告知书(合格证)	20＊＊年12月22日	0	0	
	附件18	0A地上部分综合审查告知书(合格证)	20＊＊年12月22日	0	0	
	附件19	0B地上部分消防审查告知书(合格证)	20＊＊年12月22日	0	0	
	附件20	0B地上部分综合审查告知书(合格证)	20＊＊年12月22日	0	0	
施-3	备案图纸的意见修改情况审查记录		20＊＊年08月27日	合计41	41	已全部落实
	附件1	备案图纸的意见修改审查-建筑专业	20＊＊年08月19日	25	25	
	附件2	备案图纸的意见修改审查-结构专业	20＊＊年08月19日	16	16	
施-4	钢结构深化设计图纸审查报告(初审)		20＊＊年11月08日	2	2	已全部落实
施-5	幕墙施工图深化设计审查记录(初审)			合计76	76	整改中
	附件1	幕墙施工图深化设计审查记录(一)	20＊＊年11月22日	23	23	
	附件2	幕墙施工图深化设计审查记录(二)	20＊＊年11月22日	12	12	
	附件3	幕墙施工图深化设计审查记录(三)	20＊＊年11月22日	41	41	
施-6	某标段设计强条核查情况		20＊＊年12月22日	6	6	已全部落实
施-7	A和B地块变配电设计审图意见回复的监理审查意见		20＊＊年01月05日	10	10	已全部落实
施-8	钢结构深化设计图纸审查报告及记录(终审)		20＊＊年01月05日	0	0	已全部落实
施-9	幕墙施工图深化设计审查记录(终审)					完成

其他专项

编号	报告名称	提交时间	意见条数	应落实数	备注
专-1	设计监理审核记录信息化工程界面划分-01	20＊＊年11月28日	20	20	

编号	报告名称	提交时间	意见条数	应落实数	备注
专-2	设计监理审核记录 SYSH-0B-全要素 01	20＊＊年05月25日	1	1	
专-3	设计监理审核记录 SYSH-0A 全要素 01	20＊＊年05月25日	7	7	
专-4	界面划分审查意见	20＊＊年05月29日	19		
专-5	设计监理审核记录 SYSH-0B-全要素 02	20＊＊年06月01日	4	4	
专-6	设计监理审核记录 SYSH-0A-全要素 02	20＊＊年06月02日	7	7	
专-7	减振降噪设计施工技术 指南审查建议	20＊＊年01月01日	16		
专-8	信息化工程招标范围与 智能建筑设计标准对比	20＊＊年06月16日			

2. 设计监理审查问题统计

2.1 按审查阶段分类

(1) 项目设计监理人员完成对初步设计图纸、概算文件的审查，经过两轮审查，各专业共提出问题 541 条。其中建筑专业提出意见 81 条，结构专业提出意见 47 条，电气专业提出意见 24 条，给排水专业提出意见 57 条，暖通专业提出意见 70 条，概算专业提出意见 115 条，BIM 设计提出意见 12 条，其他综合意见 135 条，并提交初步设计初审报告和终审报告各一份。

(2) EPC 招标图审查，各专业共提出意见 287 条。其中建筑专业提出意见 115 条，结构专业提出意见 36 条，电气专业提出意见 13 条，给排水及暖通专业提出意见 35 条，概算专业提出意见 44 条，其他与招标有关意见 44 条，提交审查报告一份。

(3) 施工图阶段审查，各专业提出问题 541 条，其中建筑专业 157 条、结构专业 142 条、电气专业 125 条、信息化专业 8 条、给排水及暖通专业 78 条，BIM 设计 26 条，其他综合意见 5 条。提交审查报告一份。

2.2 按审查意见类别分类

开展设计监理以来，累计提出审查意见 1545 条，审查意见的分类统计见表 2。

审查意见的分类统计   表2

节约造价	减少质量 安全隐患	提高空间 利用率	改善使用 功能	提升建设 品质	满足规范	查漏补缺	其他
26	131	8	94	12	42	725	507

3. 设计监理实施成效

3.1 节约工程投资方面

在保证满足规范标准要求和使用功能的情况下，设计监理从结构设计、材料选用等方面提出了优化建议，共节约投资超过 1500 万元。

（1）在初步设计阶段，地下室基础平面图抗浮桩为全平面均匀布置，不符合抗浮设计的合理性，建议按抗浮水位、建筑平面布置（如主楼、裙房、纯地下室部分等）合理设置抗浮桩。在施工图设计阶段，采纳此建议，设计院进行抗浮桩优化，抗浮桩数量由1273根减少至641根，减少桩数632根，节约造价1553万元。

（2）在施工图设计阶段，地下室框架柱混凝土强度等级（C60），强度等级偏高，建议适当降低。设计院采纳此建议，混凝土强度等级由C60调整为C50，节约造价约20万元。

（3）结构设计总说明中，第9.7条第（6）款中，剪力墙在楼层处设置暗梁，在本项目地下室抗震等级三级的条件下，此构造做法要求偏高，建议取消。设计院采纳此建议，取消此结构构造做法，节约造价约15万元。

3.2　减少质量安全隐患方面

设计监理重点从标准规范的符合性、特殊房间的结构设计、缺项漏项情况等方面提出了意见和建议，设计单位根据意见进行修改后，既减少了质量安全隐患，也避免了后期拆改。

（1）A地块、B地块项目审查发现明挖法地下工程防水设防工程做法列表中，基础底板后浇带的做法为"基础底板温度后浇带采用复合止水（缓膨型遇水膨胀橡胶条＋外贴式止水带＋填充式膨胀混凝土）；基础底板结构后浇带采用复合止水（外贴式止水带＋填充式膨胀混凝土＋缓膨型遇水膨胀橡胶条＋SBS防水卷材加强层、附加层）"，因缓膨型遇水膨胀橡胶条使用效果较差，建议基础底板后浇带以及位于覆土部位纯地下室顶板后浇带采用钢板止水带。设计单位根据意见修改为（外贴式止水带＋填充式膨胀混凝土＋钢板止水带＋SBS防水卷材加强层、附加层），减少后期漏水隐患。某标段建议将基础底板后浇带和位于覆土部位纯地下室顶板后浇带的缓膨型遇水膨胀橡胶条调整为钢板止水带，即根据审查建议防水做法调整为（外贴式止水带＋填充式膨胀混凝土＋钢板止水带＋SBS防水卷材加强层、附加层），提高了后浇带防水质量，减少了后期渗漏隐患，设计院按此修改了设计做法。

（2）B地块档案室（密集柜）处的结构设计未考虑密集柜荷载需求。通过复核，设计院按照档案室（密集柜）荷载要求，对结构设计进行修改，确保了结构设计安全。

（3）审查发现施工图缺屋顶消防水箱间详图，建议补充消防水箱间防冻措施，设计院复核后，补充了屋顶水箱间详图和采用盘管加热的防冻方式，确保了屋顶水箱间冬季使用安全。

（4）审查发现A地块健身区排烟风机区域的排烟管道长度大于100m，存在排烟风机参数不匹配问题，建议设计院校核排烟风机参数，并调整了设备表，确保消防排烟系统的合理设计和安全使用。

（5）电气设计地上部分动力存在下列问题：缺动力配电箱柜系统图。智能化设备间空调应为24h运行，电源不应接入普通回路，并请落实空调方式是否独立系统，安防及消防控制室空调电源不应接自普通照明箱等。设计院按审查意见复核，并进行了修改和补充，确保系统正常使用。

3.3 提高空间利用率方面

设计监理重点从调整布局、优化数量等方面提出了意见和建议，设计单位根据意见进行了修改后，提高了空间利用率，改善了空间效果。

（1）施工图缺管线综合图，参考各专业图纸，在走廊有排烟、新风管情况下，不能满足吊顶标高（吊顶高度不低于《办公建筑设计标准》JGJ/T 67—2019 和建筑图）。在施工图阶段与设计、施工单位一起根据 BIM 设计进行综合排布调整，设计院对调整后的综合管线图进行确认和出图，确保各部位吊顶标高的实现。

（2）A 地块、B 地块项目审查发现标准层层高 4.0m，走道净高 2.6m，采用 0.5m 高挡烟垂壁，挡烟垂壁下净高仅为 2.1m，低于规范《办公建筑设计标准》JGJ/T 67—2019 中 4.1.11 第 5 款规定的走道 2.2m 净高要求。高度不满足要求的共有 142 处，建议调整为电动挡烟垂壁。设计单位根据意见改为电动挡烟垂壁，有效保证了空间净高。

3.4 改善使用功能方面

在充分吸取同类工程经验教训基础上，设计监理从人性化、满足基本功能等方面提出了建议和意见，设计单位根据意见进行修改后，保证了使用功能，提升了使用舒适性。

（1）A 地块、B 地块项目审查发现存在卫生间通视隐患。设计单位根据意见调整卫生间布局，避免了通视问题。

（2）A 地块地下一层厨房区的降板设计将影响地下二层对应部位送货通道的净空高度，建议调整降板的结构设计方式，框架梁改为部分上翻梁。设计院采纳此建议，保证了地下二层行车道高度，保证了后期货物运输车辆正常使用。

（3）B 地块地下三层电气平面图存在问题：

① 按 GB 50038 7.4.5 规定，各人员出入口和连通口的防护密闭门门框墙、密闭门门框墙上缺预埋管（应预埋 4～6 根备用管，管径为 50～80mm）；

② 缺风机房控制箱至风机设备的电源及控制线路；

③ 缺防火卷帘门电源等。设计院根据审查意见均进行了补充完善，确保使用功能实现。

（4）B 地块地下三层照明平面图及疏散照明平面存在下列问题：

① 补充人防掩蔽单元照明满足 75lx 的措施，是否换灯还是临战时增加回路及灯位；

② 报警阀间不应仅设置集中控制型的应急照明，应设置平时照明（做法应同风机房）；

③ 车道、车位正常照明建议考虑分组控制；

④ 明确应急照明灯 E5 的安装方式。如顶装应考虑风管、桥架等管线的遮挡。应急照明等数量建议核减。风机房内应急疏散灯建议取消。设计院根据审查意见均进行了修改补充，确保使用功能的实现。

3.5 提升建设品质方面

设计监理从使用便利性、耐久性、绿色建筑设计等方面提出了意见和建议，设计单位根据意见进行修改后，提升了使用舒适性和建设品质。

（1）A地块、B地块项目审查发现地上三层至八层均有空调机房紧邻办公区的情况。设计院按照建议，设备基础均设置减震底座，房间设置隔声墙面及吊顶，提高了后期办公区使用舒适度。

（2）会议室等部位设置的LED灯具电源适配器选型，应考虑同类工程经验，综合考虑噪声影响及散热问题，避免出现带风扇电源适配器噪声大，及不带风扇电源适配器温升较高易损坏的情况。设计院按照建议提出在产品订货技术标准中明确相关要求，提升了使用舒适性和建设品质。

3.6 满足规范方面

（1）办公室、接待室、会议室噪声控制值42dB（A），不满足《办公建筑设计标准》JGJ/T 67—2019。设计院已按标准要求修改。

（2）A地块、B地块项目审查发现下沉庭院位置栏杆高度不满足上人屋面位置处的要求，建议提高至1.2m。设计单位根据意见调整了栏杆高度，避免了后期使用安全隐患。

（3）A地块、B地块项目审查发现建筑说明备注中按照过期规范进行洁具数量的设计，建议卫生间洁具根据现行规范JGJ/T 67—2019表4.3.5相关规定进行计算与设计。设计单位根据意见优化了卫生间设计，增加洁具数量以满足标准。

（4）A地块、B地块项目审查发现厨房的热厨区应采用耐火极限不低于2.0h的防火隔墙与其他部位分隔，墙上的门、窗应采用乙级防火门、窗。设计单位根据意见，修改主、副食加工间、明档门为乙级防火门，防火隔墙200mm厚，耐火极限＞2.0h，满足标准要求。

（5）A地块、B地块项目审查地上部分施工图发现建筑内附属库房未采用乙级防火门，不符合《建筑设计防火规范》GB 50016—2014（2018年版）6.2.3的规定。设计单位根据意见修改为乙级防火门，满足标准要求。

（6）初步设计图中，S10-01基础结构平面图中"施工前试桩要求"与JGJ 106—2014中5.1.2规定不符，建议补充试桩方案。设计院按规范修改，并在施工图中补充了试桩方案。

（7）初步设计图中，结构设计说明中阻锈剂执行的标准GB/T 33803、JGJ/T 92与应执行的GB/T 31296、DB11/T 1314不符。设计院已按审查意见修改，确保了选用标准的符合性和适用性。

3.7 查漏补缺方面

（1）A地块、B地块项目审查初设阶段图纸发现缺少抗浮桩头防水做法。设计单位根据意见增加做法为复合防水（水泥基渗透结晶型防水涂料＋聚合物水泥防水砂浆＋缓膨型遇水膨胀橡胶条＋聚硫嵌缝膏）；参照08BJ6-1 P88 ②节点，完善了相关图纸表达，确保地下室防水系统的完整性和设计概算编制的完整性。

（2）A地块项目审查初设阶段图纸发现首层15～16/N首层平面图有进风竖井和百叶，立面图缺百叶；首层8～9/N设置进风竖井，平面和立面均无外墙百叶设置。设计单位根据意见修改核查，完善相关图纸表达，确保进风竖井设计完整性。

（3）B 地块项目审查初设阶段图纸发现地下一层 8～9/A 窗井建筑与结构不一致；首层 2～3/A 建筑图有进风竖井，结构未留洞，外立面未设置百叶；首层 6～7/A 建筑图有送风井，结构未留洞；地下二层 5～6/A 建筑图有送风井，结构未留洞；首层 12～13/A 建筑图有排风井，结构未留洞，外立面未设置百叶；首层 2～3/P 建筑图送风井位置有误，地下一层顶板结构未留洞，外立面未设置百叶；首层 8～9/P 建筑有取风井通地下一层变配电机房，地下一层顶板结构未留洞。设计单位根据意见修改核查，完善相关图纸表达，确保了设计图纸各专业间的一致性。

（4）A 地块、B 地块项目审查地上部分施工图发现公共建筑的外墙应在每层的适当位置设置可供消防救援人员进入的窗口。建议在平面及防火分区图上相应位置增加图例标注，设置位置应与消防车登高操作场地相对应。建议首层增加消防救援窗（门）标识。设计单位根据意见修改核查并补充标注，完善相关图纸表达，确保消防设计完整性。

（5）A 地块、B 地块项目审查地下部分施工图发现汽车坡道建筑图与结构图不一致，缓冲坡段上结构是下垂梁 400mm×800mm，建筑图是上翻梁，请确认做法并保证汽车坡道净高。设计单位根据意见修改核查，设计院核对后明确上翻梁做法，确保了汽车坡道的净高和使用要求。

（6）A 地块结构设计图中 M、N/4 处各楼层钢柱型号不一致，如 4、6 层为 Z1a，8 层为 Z3，其余楼层 Z1b，是否标注有误，请核查。设计院核对均调整为均为 Z1b。

（7）B 地块北楼首层北侧雨篷处建筑与结构不一致（建筑图有雨篷，结构图未设计）。结构设计按照审查意见补充完善。

（8）A 地块东南角建筑新增人防发电机房排风井，此处结构设计未调整。结构设计按照审查意见调整完善。

（9）部分洞口结构未预留，如 A 地块 9～10/P、4～5/P 等。结构设计按照审查意见修改。

（10）A 地块地下三层增加柴油发电设备，设备专业应完善排烟、油路、消防等设计内容。设计院按照意见补充柴油发电机房油路和消防设计。电气设计图中地下二层照明平面图，部分房间未设置照明灯具，地下一层报警平面图部分房间未设置火灾探测器，消防联动平面图缺消防手动硬拉线等。设计院按照审查意见调整补充完善。电气设计图中首层出入口门厅内未预留电源插座，不便于竣工后电动清洁工具和擦鞋机等临时用电设备使用。设计院按建议补充公共区域清扫插座。电气火灾监控系统图中缺少变电室低压柜监控。设计院按建议已将变电室低压柜补充纳入电气火灾监控系统。

3.8 其他方面

组织开展与同类工程的对比，完成了各专业分析意见，协助建设单位组织完成结构、幕墙、电气、消防等多项专家论证。

第8章 全过程咨询模式下的项目设计管理

2017年2月21日国务院办公厅颁发的《国务院办公厅关于促进建筑业持续健康发展的意见》（国办发〔2017〕19号）是建筑业改革发展的顶层设计，提出"培育全过程工程咨询。鼓励投资咨询、勘察、设计、监理、招标代理、造价等企业采取联合经营、并购重组等方式发展全过程工程咨询，培育一批具有国际水平的全过程工程咨询企业。制定全过程工程咨询服务技术标准和合同范本。政府投资工程应带头推行全过程工程咨询，鼓励非政府投资工程委托全过程工程咨询服务。在民用建筑项目中，充分发挥建筑师的主导作用，鼓励提供全过程工程咨询服务。"全过程咨询适应建设单位一体化服务需求，有利于增强工程建设管理过程的整体性和协同性，在国内多个地方的政府性投资项目中作为高质量建设的组织模式予以推行实施。

全过程咨询是工程咨询单位综合运用多学科知识、工程实践经验、现代科学技术和经济管理方法，采用多种服务方式组合，为建设单位在项目投资决策、建设实施乃至运营维护阶段提供局部或整体解决方案的智力性服务活动。全过程咨询按合同约定开展集成化、跨阶段、一体化工作，以定制化的整合管理提供技术咨询及管理咨询服务，建设单位不同程度地参与实施过程的决策和控制，并对许多决策工作有最终决定权，全过程咨询与项目管理有明显的区别。

《国家发展改革委 住房城乡建设部关于推进全过程工程咨询服务发展的指导意见》（发改投资规〔2019〕515号）明确了培育发展全过程工程咨询的两个着力点，要"在项目决策和建设实施两个阶段，着力破除制度性障碍，重点培育发展投资决策综合性咨询和工程建设全过程咨询"。全过程工程咨询可分为投资决策综合性咨询和工程建设全过程咨询。其中，工程建设全过程咨询又可分为工程勘察设计咨询、工程招标采购咨询、工程监理与项目管理服务。工程咨询方还可根据委托方需求提供其他专项咨询服务。工程咨询方可提供的专项咨询服务包括但不限于：项目融资咨询、政府和社会资本合作咨询、工程造价咨询、信息技术咨询、风险管理咨询、项目后评价咨询、建筑节能与绿色建筑咨询、工程保险咨询等。

根据国家及地方政策文件，全过程工程咨询业务范围一般包括七种咨询服务：投资咨询、招标代理、勘察、设计、监理、造价、项目管理。

按不同地区的政策文件规定，目前国内全过程工程咨询业务服务模式包含以下几种：

（1）由一家具有综合能力的咨询单位承担项目的全部咨询工作，实现综合性、跨阶段和一体化、一站式咨询服务。

（2）由两家及以上咨询单位组成联合体，其中一家为联合体牵头单位。

（3）由一家咨询单位承担主要工作（全过程咨询总包），其他咨询工作或不具备资质和能力的咨询工作按合同约定并经建设单位同意可进行分包，咨询分包对全过程咨询总包负责，后者对建设单位负责。

（4）工程勘察、工程设计可与其他全过程工程咨询业务一起打包委托，建设单位也可根据项目具体情况平行发包，另行委托。

（5）其他专项咨询业务，如 BIM 咨询、绿色建筑咨询等，建设单位可视项目具体情况，即可采用联合体、总分包发包方式，也可以采用平行发包方式，另行发包和委托。

全过程咨询在国内不同地区的实践情况有明显差异，目前两种主要的全过程咨询模式是"项目管理＋监理＋其他"及"设计＋监理＋其他"，在"项目管理＋监理＋其他"模式中，建设单位的项目设计管理与本书前面各章节中的内容一致，本章不再论述，在"设计＋监理＋其他"模式中，建设单位应重视并充分发挥全过程咨询单位的技术咨询与管理咨询作用，以实现全过程咨询模式集成化、一体化等优势，建设单位项目设计管理的核心工作为择优选择全过程咨询单位及以合同为主线开展项目设计管理，本章结合某高层商务办公建筑实例，对"设计＋监理＋其他"全过程咨询模式下的建设单位项目设计管理工作进行初步探讨。

8.1 咨询单位招标

8.1.1 招标文件的文本

中国招标投标协会 2021 年发布了团体标准 T/CTBA 008—2021《建设项目 全过程工程咨询服务 招标文件示范文本》，可以借鉴使用。其主要内容：（一）招标公告。区分公开招标与邀请招标，分别介绍了不同招标方式下招标公告应包括的主要内容。（二）投标人须知。主要介绍了参与建设项目全过程工程咨询服务应的各项程序、条件和要求。（三）评标办法。主要介绍了评审方法、评审标准（含初步评审、详细评审）及评审程序，并以评标办法前附表形式详细介绍了形式评审、内容评审、响应性评审、分值构成、商务及咨询服务方案、投标报价等的评审（评分）标准。（四）合同条款及格式。从合同协议书、通用合同条款、专用合同条款三部分详细介绍了建设项目全过程工程咨询服务涉及的关键合同条件，从有利于公平、效率以及风险防范角度，进一步约定合同双方权利义务。（五）委托人要求。对投资机构研究、项目建议书、可行性研究、专项评价评估、项目管理、勘察、设计、招标采购、造价、监理、项目后评价等 11 类服务，分别从工作内容、技术要求以及工作深度提出建议。

住房和城乡建设部建筑市场监管司 2020 年起草了《全过程工程咨询服务合同示范文本（征求意见稿）》，不久将正式发布，具有行业指导作用。

8.1.2 全过程咨询单位招标应符合所在地区的政策规定

如 2019 年 1 月 11 日河北雄安新区管理委员会印发的《雄安新区工程建设项目招标投标管理办法（试行）》中对全过程咨询招标的相关规定如下："第二十二条　推行全过程工程咨询服务，使用财政性资金的项目应当实行全过程工程咨询服务。全过程工程咨询是指对工程建设项目前期研究和决策以及工程项目实施和运行（运营）的全生命周期提供包含设计和规划在内的涉及组织、管理、经济和技术等各有关方面的工程咨询服务。第二十三条　依法必须招标的项目，可在计划实施投资时或项目立项后通过招标方式委托全过程工程咨询服务。经过依法招标的全过程工程咨询服务的项目，可不再另行组织工程勘察、设计、工程监理等单项咨询业务招标。第二十四条　承担全过程工程咨询服务的单位应具备相应业务的甲级及以上工程咨询资信评价等级或甲级工程设计资质的基本能力，同时还应具备基本能力以外的工程咨询资信评价、工程勘察、设计、监理、造价咨询和招标采购中的一项或一项以上资质或相应能力。承担全过程工程咨询服务的单位不能与本项目的工程总承包单位、施工单位以及建筑材料、构配件和设备供应单位之间存在控股、参股、隶属或其他管理等利益关系，不能为同一法定代表人。"

8.1.3 招标文件中的重点内容

全过程咨询单位招标以保证结构安全、功能适用、技术可行、绿色建筑等为基础，编制招标文件时应考虑有利于发挥全过程技术咨询与管理咨询的作用，实现造价合理及工期合理，在运行阶段保证商业价值、使用功能及便于维护等，在招标文件中宜制定以下方面的内容。

（1）明确设计质量管理控制责任，提出全过程咨询单位对设计总负责的要求，细化发挥设计项目负责人总体管控作用的要求等内容。

（2）提出协助建设单位完善与延续设计前期条件、优化细化设计任务书等要求，保证由前期策划阶段顺利转入工程设计阶段。

（3）提出方案设计阶段除应满足建设单位的建筑功能和使用价值要求外，还应进行设计方案的经济比选、提供必要的咨询报告，保证选定方案满足投资控制等要求。要求方案设计阶段完成主要设备选型、建筑节能、绿色建筑等设计工作，保证方案设计的可实施性。

（4）提出初步设计阶段的技术和造价等控制目标要求，要求对设计方案进行完善和优化，控制二次设计的范围及内容，控制初步设计的深度等。

（5）提出保证施工图设计深度及完整性的要求。明确全过程咨询单位在设备材料采购、深化设计、配合施工及试运行等方面的职责，明确全过程咨询单位在采购、工程现场服务等方面的职责，明确参与材料设备审查、质量管理等方面的工作要求。

以下提供某高层商务办公建筑全过程咨询招标文件中工程设计要求实例，用以体现全过程咨询招标文件中对设计范围、工作内容、成果等的要求。

【实例 8-1】 某高层商务办公建筑全过程咨询招标文件中工程设计要求（部分内容）

一、招标范围

提供本项目全过程工程咨询，包括可行性研究、设计、监理服务。

二、本工程设计范围

某项目相关建筑物、构筑物的有关的建筑、市政、结构、设备、电气、水暖、精装修、智能化、景观、幕墙等专业方案设计、初步及施工图设计。设计成果符合中国现行规范要求，设计深度满足《建筑工程设计文件编制深度规定》（2016 版）的文件编制要求和地区相关规定。

设计相关工作包括：方案设计；初步设计及概算；项目施工图设计以及各专项设计（本项目全部设计工作包括但不限于建筑设计、结构设计、市政道路、综合管网、水暖电、通风空调、交通设计、电梯、智能化、无障碍、绿色、标识导引、专项设计、精装修设计、景观设计、幕墙设计、泛光照明设计等）、项目施工及材料设备供应商招采阶段的技术服务、绿色建筑认证的技术服务、绿色运营技术咨询及顾问服务、协助竣工图编制。

三、本工程设计工作阶段划分

方案设计阶段、初步设计、施工图设计及施工配合四个阶段。

四、各阶段详细工作

1. 方案设计阶段

（1）与委托人充分沟通，深入研究项目基础资料，协助委托人提出本项目的发展规划和市场需求。

（2）根据委托人需求，做好本阶段方案汇报工作。

（3）完成方案设计文件、设计说明书等，提供满足深度的方案设计图纸，并制作符合政府部门要求的报规报建文件，协助委托人进行报审报批工作。

2. 初步设计阶段

(1) 完成编制初步设计文件，包含：初步设计图纸、设计说明书、设备表、专题论证报告（如有必要）、初步设计概算书、设备技术参数等。

(2) 制作报政府相关部门进行初步设计审查的设计图纸，配合委托人进行交通、园林、消防、供电、市政、气象等各部门的报审工作，提供相关的工程用量参数，并负责有关解释和修改。

3. 施工图设计阶段

(1) 完成编制施工图文件，包含：施工图纸、设计说明书等。

(2) 对委托人提出的审核修改意见进行修改、完善，保证其设计意图的最终实现。

(3) 根据项目实施进度要求及时提供各阶段报审图纸，协助委托人进行报审工作，根据审查结果在本合同约定的范围内进行修改调整，直至审查通过，并最终向委托人提交正式的施工图设计文件。

(4) 协助委托人进行工程招标答疑。

4. 施工配合阶段

(1) 负责工程设计交底，解答施工过程中施工承包人有关施工图的问题，设计负责人及各专业设计负责人，及时对施工中与设计有关的问题作出回应，保证设计满足施工要求。

(2) 根据委托人要求，及时参加与设计有关的专题会，现场解决技术问题。

(3) 协助委托人处理工程洽商和设计变更，负责有关设计修改，及时办理相关手续。

(4) 参与与咨询人相关的必要的验收以及项目竣工验收工作，并及时办理相关手续。

(5) 提供产品选型、设备加工订货、建筑材料选择以及分包商等考察等技术咨询工作。

(6) 负责所有深化设计文件的审核工作。

5. 委托人其他要求

5.1 BIM 设计要求

(1) 开展项目设计、施工、竣工各阶段应完成相应阶段的 BIM 模型。

(2) 咨询人在开展设计各阶段按委托人要求，分时段持续提供带材质 BIM 模型和满足工程计量的工程量清单，BIM 模型应满足工程计量需要。

(3) 咨询人在 BIM 模型建设过程中应提交详细的工作计划、BIM 模型建设方案、专业协作方式和模型质量管理办法等，形成的 BIM 模型成果原始文件校审完成后应按工作计划提交给委托人。

(4) 在施工图设计阶段咨询人应提交施工图以及与施工图一致的设计 BIM 模型，并采用 BIM 模型进行碰撞检查、设计交底等工作，同时提交相应技术记录。

(5) 咨询人在施工模型建设阶段将根据施工 BIM 模型进行施工进度、施工方案模拟等内容进行应用，并对设计内容进行错漏碰等方面进行检查，提交相应的施工 BIM 模型及应用检查文档。

（6）竣工交付阶段，咨询人需完成和竣工图纸保持一致性的 BIM 竣工模型，与竣工图一并交付给委托人验收，模型深度等级参照设计模型深度等级执行。

5.2 CIM 模型要求

（1）作为智慧城市融合中的一部分，CIM 模型应用应满足某地区对智慧城市平台的相关要求。

（2）咨询人应在竣工后，按照《城市建设工程竣工测量成果规范》（CH/T 6001—2014）提交竣工测量成果；按照《城市建设工程竣工测量成果更新地形图数据技术规程》（CH/T 9025—2014）对施工范围内的 1：500 地形图进行测绘更新并提交地形图成果。

（3）为确保数字城市与现实城市的同生共长，同步建设，咨询人应在施工期内以月为周期采集并处理完后提交倾斜摄影三维模型至地区 CIM 平台，在竣工后提交项目最终面貌倾斜摄影三维模型。

5.3 项目数字化建设管理要求

（1）咨询人在项目建设过程中应采用信息化和数字化的方式进行项目建设管理。

（2）咨询人须配合委托人数字化推进工作的相关工作，设置专门的信息管理部门，并明确分管领导。

（3）咨询人在项目实施过程配备至少 2 名专职信息化管理人员，2 名专职 BIM 建设和应用人员，配合委托人开展城市数字化建设管理工作，工作内容包括但不限于 BIM 模型移交、建设管理过程中的数字化成果移交、信息化数字化平台接口提供及对接、信息安全等。

5.4 绿色建筑要求

咨询人应按照地区绿色建筑设计导则的要求进行设计，包括但不限于以下要求：

（1）应遵循因地制宜的原则，结合地区的气候、环境、资源、经济及文化等特点，采用适宜的技术，提升建筑使用品质，降低对生态环境的影响，实现建筑的绿色、智能、创新。

（2）绿色建筑设计应符合城市总体规划、控制性详细规划及城市设计的要求。

（3）绿色建筑设计应通过场地规划、建筑、结构、材料、暖通空调、给水排水、电气、智能化 8 个方面的关键性指标进行表征和控制。每类指标分为"约束性要求"和"提高性要求"。

（4）绿色建筑的建筑形式、技术、设备和材料选择应遵循环境友好、经济发展与可持续发展的原则。

（5）绿色建筑设计过程管理应体现共享、协调、集成的理念。规划、建筑、结构、暖通空调、给水排水、电气与智能化、室内设计、景观等各专业应紧密配合。

（6）绿色建筑设计、绿色建造、绿色运营应深入融合，协同衔接。

（7）绿色建筑工程主持人应是项目绿色设计的统筹人及第一责任人，应起到绿色设计的主导、协调、监督作用；各专业设计负责人应是本专业绿色设计的第一责任人。

（8）绿色建筑设计的全过程、全专业应统筹应用建筑信息模型（BIM）技术。

（9）施工过程的设计变更与工程洽商带来的设计修改不应降低建筑的绿色性能要求。

（10）绿色建筑设计应贯穿整个工程建设全过程。

6. 咨询单位交付的工程设计文件

目录见表1。

咨询单位交付的工程设计文件目录　　　　　　　　　　　　　表1

序号	阶段	成果描述	份数	提交日期
1	方案设计	方案册（含效果图）	A3图册10套	详见设计进度表
2	初步设计	（1）设计总说明、各专业设计说明、材料做法表 （2）总平面图 （3）平立剖 （4）暖通、给排水、电气系统图及设备表	A3图册10套	详见设计进度表
		（5）初步设计概算资料	纸质版10套	详见设计进度表
3	施工图设计	（1）报审全套施工图图纸	蓝图10套	详见设计进度表
		（2）各专业计算书	满足报审要求	与施工图同步
4	现场配合	（1）技术交底 （2）关键材料选型 （3）相关的各项验收工作 （4）现场技术服务及相关技术咨询	满足委托人要求	施工图交底等
5	各阶段报审	协助委托人出具有关部门报批所需要的符合要求的设计文件	消防1套 人防1套 施工图审查3套 气象局及防雷1套 报规划1套	

8.2　项目机构及人员管理

8.2.1　相关标准

中国建筑业协会2020年发布了团体标准T/CCIAT 0024—2020《全过程工程咨询服务管理标准》，其主要内容：1总则；2术语；3基本规定；4全过程工程咨询服务管理策划；5项目决策阶段的咨询服务；6勘察设计阶段的咨询服务；7招标采购阶段的咨询服务；8工程施工阶段的咨询服务；9竣工验收阶段的咨询服务；10项目运营阶段的咨询服务；11全过程咨询服务的数字化管理。

中国工程建设标准化协会2022年发布了团体标准《建设项目全过程工程咨询标准》T/CECS 1030—2022，其主要内容：总则、术语、基本规定、全过程咨询组织机构、全过程咨询项目管理、项目投资决策咨询及管理、工程勘察设计咨询及管理、工程监理咨询及施工管理、工程招标采购咨询及管理、工程投资造价咨询及管理、工程专项专业咨询及管理、工程竣工验收咨询及管理、项目运营维护咨询及管理等。

国家发展和改革委员会固定资产投资司与住房和城乡建设部建筑市场监管司2020年起草了《房屋建筑和市政基础设施建设项目全过程工程咨询服务技术标准（征求意见稿）》（本章以下简称"征求意见稿"），其编制目的"① 统一思想认识。通过编制《全过程工程咨询服务技术标准》，明确全过程工程咨询的内涵和外延，解决人们对全过程工程咨询认识不一、理解各异的现实问题。②引领行业发展。通过编制《全过程工程咨询服务技术标准》，明确全过程工程咨询的范围和内容，引领一批有发展潜力的工程咨询类企业发展全过程工程咨询，增强国际竞争力。③指导咨询实践。通过编制《全过程工程咨询服务技术标准》，明确全过程工程咨询的程序、方法及成果，指导工程咨询类企业为委托方提供全过程工程咨询服务。"其编制最终目标"突出业务指导性和实际可操作性。编制《全过程工程咨询服务技术标准》的主要目的是落实相关文件精神，统一思想认识，明确咨询服务内容，切实引导和推进全过程工程咨询服务发展。同时，通过细化咨询服务内容，提升全过程工程咨询的实际可操作性。"该标准具有行业指导性和权威性、值得期待。

建设单位及项目管理单位应依托全过程咨询合同及相关标准开展过程管理工作。

8.2.2 咨询机构及人员管理

1. 主要人员管理

（1）全过程咨询的主要咨询人员包括咨询项目负责人、勘察负责人、设计负责人、总监理工程师、造价咨询负责人等，全过程咨询工作范围广、影响因素多、服务效果评价难，对主要咨询人员的职业道德、技术水平、工程经验及综合能力等均有很高的要求。

（2）高层办公建筑工程全过程主要咨询人员应符合以下基本条件：具备职业精神，关注并全力投入全过程咨询工作，追求最佳的咨询效果；熟悉工程建设的相关法规、政策、掌握工程技术及管理知识，深入了解工程各阶段的业务与管理要求；具有同类工程的经验，善于积累总结，有较强的学习能力和分析能力；善于组织协调，能够与主管部门及参建单位进行有效沟通，能够依托信息手段组织建立有效的工作机制及管控架构；有某方面的技术专长等。

（3）征求意见稿中全过程咨询项目负责人的基本职责包括"牵头组建工程咨询机构，明确咨询岗位职责及人员分工，并报送工程咨询单位或联合体批准；组织制定咨询工作大纲及咨询工作制度，明确咨询工作流程和咨询成果文件模板；组织审核咨询工作计划；根据咨询工作需要及时调配专业咨询人员；代表工程咨询方协调咨询项目内外部相关方关系，调解相关争议，解决项目实施中出现的问题；监督检查咨询工作进展情况，组织评价咨询工作绩效；参与工程咨询单位或联合体重大决策，在授权范围内决定咨询任务分解、利益分配和资源使用；审核确认工程咨询成果文件，并在其确认的相关咨询成果文件上签章；参与或配合工程咨询服务质量事故的调查和处理；定期向委托方报告项目进展计划完成情况及所有与其利益密切相关的重要信息等"。勘察负责人、设计负责人、总监理工程师、造价咨询负责人的基本职责包括"参与编制咨询工作大纲，组织编制所负责咨询工作计划；根据咨询工作大纲、咨询工作计划、相关标准及咨询任务分配，组织实施咨询服务工作；组织编制工程咨询成果文件，需要咨询项目负责人审核签章的，报送咨询项目负责人审核签章"。

2. 项目机构的管理

（1）征求意见稿中关于咨询机构的内容包括"工程咨询方设立的工程咨询机构可独立于委托方进行全过程工程咨询，也可将其专业咨询人员分别派入委托方相关职能部门共同形成一体化工作团队"。

（2）全过程工程咨询实行咨询项目负责人责任制。全过程工程咨询业务涉及勘察、设计、监理、造价咨询业务的，相应咨询业务应在咨询项目负责人的协调下，分别实行勘察项目负责人、设计项目负责人、总监理工程师、造价咨询项目负责人责任制。工程咨询机构可根据项目投资决策及建设实施不同阶段咨询内容或专项咨询内容设立不同的咨询工作部门，委派咨询工作部门负责人。咨询工作部门的咨询业务涉及勘察、设计、监理、造价咨询业务的，相应咨询工作部门负责人应为勘察项目负责人、设计项目负责人、总监理工程师、造价咨询项目负责人。按规定需要派驻施工现场的，工程咨询方应在施工现场派驻相应咨询工作部门。工程咨询机构应配备数量适宜、专业配套的专业咨询人员和其他辅助人员，其能力和资格应满足工程咨询服务工作需要。

（3）工程咨询方应根据全过程工程咨询合同要求及工程特点，制定和实施全过程工程咨询工作制度，明确全过程工程咨询工作流程，明晰工程咨询方内部及工程咨询方与委托方、其他利益相关方之间的管理接口关系。咨询工作部门负责人应在工程咨询服务工作开始前，组织相关专业咨询人员进行咨询工作计划交底。

（4）工程咨询机构应按全过程工程咨询合同及相关标准要求编制工程咨询成果文件，勘察项目负责人、设计项目负责人、总监理工程师、造价咨询项目负责人及全过程工程咨询项目负责人应在其确认的相关咨询成果文件上签章。工程咨询成果文件经咨询项目负责人审核签字，并经工程咨询方技术负责人审批后报送委托方。工程咨询方将自有资质证书许可范围外的咨询业务委托给其他机构实施的，工程咨询方应当对工程咨询成果承担相应责任。

以下提供某高层商务办公建筑全过程咨询机构主要人员设置表的实例。

【实例8-2】 某高层商务办公建筑全过程咨询机构主要人员设置实例（实例中略去项目人员的具体情况内容）

全过程咨询机构岗位及人员安排如表1所示。

全过程咨询机构岗位及人员安排　　　　　　　　　　　　　表1

岗位	姓名	性别	年龄	职称	学历	专业	派驻时间
项目总建筑师							项目启动
项目总工程师							项目启动
设计负责人							项目启动
技术负责人							项目启动
可研负责人							项目启动
总建筑师助理							项目启动
地盘建筑师							项目启动
品控负责人							项目启动

岗位	姓名	性别	年龄	职称	学历	专业	派驻时间
项目秘书							项目启动
总监理工程师							开工
总监代表							开工
安全总监							开工
专家组							项目启动

8.3 对设计管理的思考

8.3.1 项目设计管理的关注点

在"设计＋监理＋其他"全过程咨询实践中，建设单位及项目管理单位的关注点集中在以下方面：

（1）确保实现集成化咨询服务，避免碎片化的咨询。

（2）确保实现项目目标一体化管控，实现项目功能品质的整体管控。

（3）避免全过程咨询单位仅被动地进行服务配合。

8.3.2 全过程咨询模式下的咨询服务的增值方式

在"设计＋监理＋其他"全过程咨询模式下，全过程咨询单位如何为建设单位提供更有效的服务？如何实现咨询服务的增值？实践中有效的途径如下：

（1）全过程工程咨询中联合体针对各个阶段、系统或专业提出合理、可行的咨询建议，包括技术、造价、管理等，是当前实现增值服务的主要方式。

（2）联合体内各咨询单位提供各自的技术管理资源，由全过程项目负责人组织在各阶段深入开展专题研究、方案对比、专项论证、技术经济分析等工作，使联合体内各单位的优质技术管理资源在项目上发挥作用，能够使建设单位真正获益。

（3）全过程工程咨询中应用 IT 技术建立项目工作平台，为建设单位提供实时、准确、有效的工程信息，也是全过程工程咨询中实现增值服务的重要手段。

以下提供某高层商务办公建筑全过程咨询施工阶段的咨询工作实例，从实例中可以发现"设计＋监理＋其他"全过程咨询联合体内设计单位与监理单位的有效配合是实现集成化咨询服务的基础，实例中在"设计＋监理＋其他"模式全过程咨询项目的施工阶段，全过程咨询单位以功能及性能为目标对主要设备进行联合检查等工作，联合体内各咨询单位的有效配合能够实现"1＋1＞2"的咨询效果。实例中联合体内各咨询单位以有效交流与主动配合为基础，联合进行功能性问题的研究处理，在各咨询单位的支持下，由全过程咨询项目负责人对项目机构、职责、工作流程等进行有效整合，在全过程咨询中落实"一个架构、一个流程、一个声音"，最终通过调整及优化实现联合体内各咨询单位的充分融合、提高了工作效率。全过程咨询项目机构内工作机制的创新，能够保证对咨询服务需求的快速、有效的响应，也将会对联合体内各咨询单位的企业文化、组织制度、工作模式等产生影响，形成真正适应全过程咨询需求的服务供应链，适应行业新变化。

【实例8-3】 某高层商务办公建筑施工阶段的咨询工作实例

一、全过程咨询单位对空调机组等重要设备进行联合检查验收

全过程咨询联合体检查进场的空调机组、吊顶空调机组时，除关注质量证明文件外，对设备性能参数、技术规格书符合性及其他技术性能进行全面核查，能够全面控制设备的质量、及时处置缺陷或偏差。

实际检查情况及发现问题如下：

（1）已进场部分开箱验收时均提供了合格证和检验报告。经核对铭牌参数符合设计文件的设备选型要求、设备型号规格相符。

（2）控制器及模块等尚未到场或仅部分到场，机箱内已预留好安装条件，需要厂家将设备部件配齐并提供相应质量证明文件及检验报告后，按设计文件及设备招标文件技术要求核对，如动静平衡试验报告、电机内置智能控制模块资料等（本次均未提供）。

（3）需要进行设备弱电控制系统完善，确保与弱电深化设计和弱电施工方对接，设备噪声及设备减振消声措施待审核。

（4）进场箱体组装未按标准进行漏风量测试。

（5）核对设备招标文件技术要求，发现换热器等存在技术偏离要求逐项核查并处理。

二、全过程咨询单位组织大堂及多功能厅冬季室内温度偏低问题的处理

项目大堂及多功能厅冬季室内温度偏低、影响使用，初步处理时对建筑幕墙、外门等密封及保温进行检查和处理，检查了地暖及空调送风情况，全过程咨询联合体进行了以下工作：复核空调送风口的风量、余压、射程等技术参数，复核机组供热参数，组织专题会议分析等，经过复核、分析，全过程咨询联合体及时提出了解决意见，实施后取得了满意的效果。

参 考 文 献

[1] 中南建筑设计院股份有限公司. 建筑工程设计文件编制深度规定（2016 版）[P]. 北京：中国建筑工业出版社，2017.

[2] 中华人民共和国建设部. 中华人民共和国建设部令第 111 号超限高层建筑工程抗震设防管理规定 [P]. 2002.

[3] 住房和城乡建设部，应急管理部. 建科〔2021〕76 号住房和城乡建设部应急管理部关于加强超高层建筑规划建设管理的通知 [N]. 2021.

[4] 中华人民共和国住房和城乡建设部，中华人民共和国国家发展和改革委员会. 建科〔2020〕38 号住房和城乡建设部　国家发展改革委关于进一步加强城市与建筑风貌管理的通知 [N]. 2020.

[5] 中华人民共和国建设部. 中华人民共和国建设部令第 160 号建设工程勘察设计资质管理规定 [P]. 2007.

[6] 中华人民共和国住房和城乡建设部. GB/T 50326—2017 建设工程项目管理规范 [S]. 北京：中国建筑工业出版社，2017.

[7] 北京双圆工程咨询监理有限公司. 超高层写字楼工程管理创新实录 [M]. 北京：中国建筑工业出版社，2016.

[8] 北京双圆工程咨询监理有限公司. 超高层建筑工程及项目咨询管理实录 [M]. 北京：中国建筑工业出版社，2013.

[9] 泛华建设集团. 建筑工程项目管理服务指南 [M]. 北京：中国建筑工业出版社，2005.

[10] 上海市建设工程咨询行业协会. 建设工程项目管理服务大纲和指南（2018 版）[M]. 上海：同济大学出版社，2019.

[11] 中华人民共和国建设部. 建市〔2004〕200 号建设工程项目管理试行办法 [P]. 2004.

[12] 中华人民共和国住房和城乡建设部，国家工商行政管理总局. GF—2015-0209 建设工程设计合同示范文本（房屋建筑工程）[P]. 2015.

[13] 中华人民共和国住房和城乡建设部，国家市场监督管理总局. GF—2020-0216 建设项目工程总承包合同（示范文本）[P]. 2016.

[14] 上海金属结构行业协会. DG/TJ 08—56-2019 建筑幕墙工程技术标准 [S]. 上海：同济大学出版社，2020.

[15] 江苏省装饰装修发展中心，南京环达装饰工程有限公司. DB32/T 4065—2021 建筑幕墙工程技术标准 [S]. 南京：江苏凤凰科学技术出版社，2021.

[16] 中建科工集团有限公司. T/CECS 606—2019 钢结构工程深化设计标准 [S]. 北京：中国计划出版社，2019.

[17] 中国建筑科学研究有限公司，江河创建集团股份有限公司. T/CECS 745—2020 装配式幕墙工程技术规程 [S]. 北京：中国计划出版社，2020.

[18] 应急管理部四川消防研究所. T/CECS 806—2021 建筑幕墙防火技术规程 [S]. 北京：中国计划出版社，2021.

[19] 中国建筑业协会. T/CCIAT0024—2020 全过程工程咨询服务管理标准 [S]. 北京：中国建筑工业出版社，2020.

[20] 中国招标投标协会. T/CTBA 008—2021 建设项目 全过程工程咨询服务 招标文件示范文本 [S]. 北京：中国计划出版社，2021.